Tony Crilly

50 Schlüsselideen
Mathematik

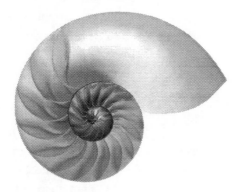

Aus dem Englischen übersetzt von Thomas Filk

Inhalt

Einleitung

Die Mathematik umfasst ein riesiges Gebiet, und niemand kann davon alles wissen. Doch man kann versuchen, für sich einen Zugang zur Mathematik zu finden. Dieses Buch wird Sie in andere Zeiten und andere Kulturen führen und zu Ideen, mit denen sich die Mathematiker über die Jahrhunderte beschäftigt haben.

Aus Indien und den arabischen Ländern haben wir unser heutiges Zahlensystem übernommen, und teilweise haften ihm noch einige historische Eigenarten an. Doch auch das „60er"-System der Babylonier aus dem zweiten oder dritten vorchristlichen Jahrtausend finden wir in unserer Kultur wieder – eine Minute hat 60 Sekunden und eine Stunde 60 Minuten; ein rechter Winkel hat immer noch 90 Grad und nicht 100, wie es Frankreich zur Zeit der Revolution in einem weiteren Schritt zur Dezimalisierung einführen wollte.

Viele technische Errungenschaften der Gegenwart beruhen auf Mathematik, und die Zeiten, als man noch stolz darauf war, in der Schule schlecht in Mathe gewesen zu sein, sind vermutlich vorbei. Natürlich ist die Schulmathematik etwas anderes, da sie oft mit einem Blick auf die Abschlussprüfungen unterrichtet wird. Der schulische Zeitdruck tut das Seine, denn eigentlich ist die Mathematik kein Gebiet, bei dem Schnelligkeit ausschlaggebend ist. Es dauert seine Zeit, bis mathematische Ideen wirklich verinnerlicht sind. Einige der größten Mathematiker haben die grundlegenden Konzepte ihres jeweiligen Forschungsgebiets erst nach mühseliger und langwieriger Kleinarbeit verstanden.

Auch mit diesem Buch hat es keine Eile, und Sie können in aller Ruhe eintauchen und sich auf eine Reise zu den Inseln der mathematischen Schlüsselideen begeben. Vielleicht mögen Sie sich zunächst über die Spieltheorie informieren und dann den magischen Quadraten zuwenden. Sie können aber auch mit dem Goldenen Schnitt beginnen und anschließend zu dem berühmten letzten Satz von Fermat übergehen. Oder Sie wählen einen ganz anderen Weg.

Es ist eine aufregende Zeit für die Mathematik. Einige der größten Probleme wurden erst in den letzten Jahren gelöst. Die rasante Entwicklung im Bereich der Computer hat bei manchen dieser Probleme geholfen, bei anderen aber auch nicht. Das Vier-Farben-Problem wurde mithilfe eines Computers gelöst, doch die Riemann'sche Vermutung, mit der sich das letzte Kapitel in diesem Buch beschäftigt, ist immer noch ungelöst, und weder der Computer noch irgendein anderes Verfahren haben bisher den Durchbruch gebracht.

Mathematik ist für alle da. Die weite Verbreitung von Sudoku beweist, dass viele Leute mathematische Fähigkeiten haben (ohne es zu wissen) und sich auch gerne mit mathematischen Problemen beschäftigen. Ähnlich wie in der Kunst oder der Musik gibt es auch in der Mathematik die großen Genies, aber es dreht sich nicht immer alles nur um diese Einzelpersonen. Sie werden feststellen, dass manche bekannte Köpfe in mehr als nur einem Kapitel auftauchen. Ein Beispiel ist Leonhard Euler, der im Jahre 2007 300 Jahre alt geworden wäre; er wird uns auf diesen Seiten oft begegnen. Doch der wirkliche Fortschritt in der Mathematik beruht auch auf der Arbeit der vielen Unbekannten, die über die Jahrhunderte dazu beigetragen haben.

Die Auswahl der 50 Themen in diesem Buch beruht sicherlich auf persönlichen Vorlieben, doch ich habe versucht, einen gewissen Ausgleich zwischen alltäglichen und fortgeschrittenen Themen, zwischen reiner und angewandter Mathematik, zwischen abstrakten und konkreten Konzepten und zwischen alter und neuer Mathematik zu finden. Die Mathematik ist jedoch überaus ein umfangreiches Gebiet, und die Schwierigkeit bestand weniger darin, interessante Themen auszuwählen, als darin, andere interessante Themen wegzulassen. Es hätten ebenso gut 500 Ideen sein können, doch für Ihre mathematische Laufbahn sind 50 ein guter Anfang.

01 Die Null

In jungen Jahren betreten wir das Land der Zahlen mit einem gewissen Zögern. Wir lernen, dass die 1 am Beginn des „Zahlenalphabets" steht und zu den natürlichen Zahlen 1, 2, 3, 4, 5, ... hinführt. Die natürlichen Zahlen sind genau das, was der Name besagt: Mit ihnen zählen wir natürliche Dinge, wie Äpfel, Orangen, Bananen und Birnen. Erst viel später lernen wir, dass wir auch die Anzahl der Äpfel in einer Kiste zählen können, in der sich kein Apfel befindet.

Sowohl im frühen Griechenland, dem die Mathematik einen gewaltigen Schritt vorwärts verdankt, als auch im alten Rom, das für seine technischen Errungenschaften bekannt ist, war man verunsichert, wie man mit der Anzahl der Äpfel in einer leeren Kiste umgehen soll. Das „Nichts" hatte in der Mathematik keinen Namen. Die Römer konnten praktisch alle Zahlen aus ihren Ziffern I, V, X, L, C, D und M zusammensetzen, doch wo war die 0? „Nichts" wurde nicht gezählt.

Die Null betritt die Bühne   Die Verwendung eines eigenen Symbols für „Nichts" hat ihren Ursprung vermutlich schon vor Tausenden von Jahren in der Kultur der Maya im heutigen Mexiko. Dort gab es unterschiedliche Formen für den Gebrauch der Null. Später verwendete der Astronom Claudius Ptolemäus, beeinflusst durch die Babylonier, ein unserer heutigen 0 sehr ähnliches Symbol in seinem Zahlensystem als Platzhalter. Mit diesem Symbol konnte er beispielsweise zwischen den Zahlen 75 und 705 (in heutiger Schreibweise) unterscheiden, wohingegen in der alten babylonischen Schreibweise dieser Unterschied aus dem Zusammenhang erschlossen werden musste. In diesem Sinne könnte man die Einführung der 0 mit der Einführung des „Kommas" in der Sprache vergleichen – in beiden Fällen geht es darum, die richtige Bedeutung zu *lesen*. Und ebenso wie es Regeln für den Gebrauch des Kommas gibt, bedarf es auch Regeln für den Umgang mit der Null.

Im siebten Jahrhundert verwendete der indische Mathematiker Brahmagupta die Null nicht mehr nur als Platzhalter, sondern wirklich als „Zahl", und er legte auch Regeln für den Umgang mit dieser Zahl fest. Dazu gehörte unter anderem: „Die Summe von einer positiven Zahl und null ist positiv", und „die Summe von null und null ist null". Dieser Schritt von der Null als Platzhalter zu der Null als Zahl war ein großer Fortschritt. Das hindu-arabische Zahlensystem, zu dem auch die Null gehörte, wurde im Westen durch

Zeitleiste

700 v. Chr.

Den Babyloniern dient die Null als Platzhalter in ihrem Zahlensystem

628 n. Chr.

Brahmagupta verwendet die Null als Zahl und legt Rechenregeln fest

das im Jahre 1202 erschienene Buch *Liber Abaci* (Das Buch vom Zählen) bekannt. Geschrieben hatte es Leonardo di Pisa, den man später auch Fibonacci nannte. Er wuchs in Nordafrika auf und erlernte dort die hindu-arabische Zählweise. So erkannte er die Vorzüge des zusätzlichen Symbols 0 und verwendete es zusammen mit den hinduistischen Symbolen 1, 2, 3, 4, 5, 6, 7, 8 und 9.

Die Aufnahme der Null in das Zahlensystem führte zu einigen Problemen, die Brahmagupta nur ungenügend lösen konnte: Wie sollte man mit dem Neuling rechnerisch umgehen? Wie sollte man die bestehenden Rechenregeln in mathematischer Strenge auf die Null erweitern? In einigen Fällen lagen die neuen Regeln nahe, so zum Beispiel für die Addition und die Multiplikation. Doch im Zusammenhang mit der Subtraktion und der Division bereitete der Neuling etliches Kopfzerbrechen. Hier fehlten noch die Konzepte, mit denen die Null in die existierenden Rechenregeln eingebunden werden konnte.

Wie rechnet man mit der Null? Für Addition und Multiplikation schienen die Vorschriften also naheliegend, obwohl auch hier etwas Vorsicht geboten ist: Wenn man 0 zu 10 hinzufügt, erhält man 100. Unter Addition soll hier jedoch die gewöhnliche Summation von zwei Zahlen verstanden werden, nicht die Aneinanderreihung von Symbolen. Wenn man 0 zu einer anderen Zahl addiert, ändert sich diese Zahl nicht. Multipliziert man hingegen eine beliebige Zahl mit 0, so erhält man als Antwort 0. Zum Beispiel ist $7 + 0 = 7$ und $7 \times 0 = 0$. Die Subtraktion ist zwar einfach, aber sie kann zu negativen Zahlen führen: $7 - 0 = 7$ und $0 - 7 = -7$. Wirkliche Schwierigkeiten entstehen bei der Division – der Teilung – im Zusammenhang mit der Null.

Stellen wir uns vor, wir wollten mit einem Messstab eine Länge ausmessen. Der Messstab habe eine Länge von 7 Einheiten, und wir möchten wissen, wie oft der Stab in eine gegebene Länge hineinpasst. Angenommen, die auszumessende Länge habe 28 Einheiten, dann lautet die Antwort 28 dividiert durch 7 oder ausgedrückt in Symbolen $28 : 7 = 4$. Eine andere, manchmal einfachere Schreibweise für die Division ist der Bruch:

$$\frac{28}{7} = 4$$

Indem wir beide Seiten mit 7 multiplizieren, können wir dies auch in die Form $28 = 7 \times 4$ bringen. Wie können wir nun die Aufgabe „0 geteilt durch 7" interpretieren? Wir nehmen an, die Antwort sei eine Zahl a, sodass gilt:

$$\frac{0}{7} = a$$

Wir multiplizieren wieder beide Seiten mit 7 und erhalten $0 = 7 \times a$. Damit diese Gleichung richtig sein kann, muss a offensichtlich 0 sein, denn wenn die Multiplikation von

830	**1100**	**1202**
Mahavira entwickelt Vorstellungen über die Rolle der Null in ihrem Verhältnis zu den anderen Zahlen	Bhaskara gebraucht 0 als Symbol in der Algebra und versucht zu beschreiben, wie dieses Symbol zu verwenden ist	Fibonacci verwendet das neue Symbol 0 zusammen mit dem hindu-arabischen Zahlensystem 1, ..., 9, allerdings noch nicht auf gleicher Ebene mit diesen Zahlen

zwei Zahlen das Ergebnis 0 ergibt, muss eine der beiden Zahlen selbst gleich 0 sein. Da 7 nicht 0 ist, muss *a* gleich 0 sein.

Das ist *nicht* die eigentliche Schwierigkeit im Zusammenhang mit der Null. Das Gefährliche ist die Division durch 0. Wenn wir den Wert von 7/0 auf die gleiche Weise bestimmen wollen wie bei 0/7, dann erhalten wir zunächst die Gleichung

$$\frac{7}{0} = b \, .$$

Wir multiplizieren beide Seiten mit 0 und erhalten $0 \times b = 7$. Daraus folgt das unsinnige Ergebnis 0 = 7. Wenn wir zulassen, dass 7/0 eine Zahl ist, können wir in großem Stil mathematischen Unsinn betreiben. Es gibt nur einen Ausweg: 7/0 ist nicht definiert. Wir dürfen 7 (oder irgendeine andere von null verschiedene Zahl) nicht durch 0 teilen, und daher verbieten wir diese Operation – so wie man ja auch kein Komma in die Mit,te eines Wortes setzen kann, ohne dabei Unsinn zu erhalten.

Im 12. Jahrhundert nahm der indische Mathematiker Bhaskara die Ideen von Brahmagupta auf und beschäftigte sich mit der Division durch 0. Er schlug vor, das Ergebnis der Division einer Zahl durch 0 sei unendlich. Das erscheint vernünftig, denn wenn wir eine gegebene Zahl durch eine sehr kleine Zahl dividieren, ist die Antwort eine sehr große Zahl. Teilen wir beispielsweise 7 durch ein Zehntel, erhalten wir 70, teilen wir 7 durch ein Hundertstel, ist das Ergebnis 700. Je kleiner der Nenner wird, umso größer wird das Ergebnis. Für die kleinste Zahl – null – sollte das Ergebnis daher unendlich sein. Wenn wir jedoch dieser Argumentation folgen, müssen wir ein noch seltsameres Konzept erklären – das Konzept von unendlich. Irgendwie scheint die Unendlichkeit hier nicht zu helfen. Unendlich (die übliche mathematische Schreibweise ist ∞) passt nicht zu den üblichen Rechenregeln und ist im herkömmlichen Sinne keine Zahl.

Wenn 7/0 schon ein Problem ist, was machen wir dann mit 0/0? Die Annahme 0/0 = *c* führt auf die Gleichung $0 = 0 \times c$ und damit zu der Aussage 0 = 0. Das ist zwar nicht besonders erhellend, aber es ist auch kein Unsinn. Tatsächlich könnte *c jede beliebige Zahl* sein, ohne dass wir auf einen Widerspruch stoßen. Wir kommen also zu dem Schluss, dass 0/0 alles sein kann. In höflicher mathematischer Ausdrucksweise sagt man auch, 0/0 ist „unbestimmt" oder „indeterminiert".

Insgesamt haben unsere Überlegungen zur Division durch null zu dem Ergebnis geführt, dass wir diese Operation am besten explizit ausschließen. Die Arithmetik kommt ganz gut ohne die Division durch null aus.

Wozu ist die Null gut?   Ohne 0 ginge fast nichts. Ein Großteil des wissenschaftlichen Fortschritts hängt mit der 0 zusammen. Wir sprechen über den 0. Längengrad und eine Temperatur von 0 Grad Celsius. Und selbst in der Alltagssprache finden wir die „Stunde null" oder den Begriff „null Bock".

Aber natürlich kann man mit der 0 noch mehr anfangen. Wenn Sie in New York von der Fifth Avenue aus das Empire State Building betreten, gelangen Sie in eine beeindruckende Eingangshalle, die sich auf *Floor 1* befindet. Die Stockwerke werden durchnummeriert, beginnend mit 1 für das erste, 2 für das zweite etc., bis schließlich das einhun-

Alles über Nichts

Die Summe von null und einer positiven Zahl ist positiv.

Die Summe von null und einer negativen Zahl ist negativ.

Die Summe von einer positiven Zahl und einer negativen Zahl ist gleich der Differenz der beiden Zahlen; wenn sie gleich sind, ist die Summe null.

Null dividiert durch eine negative oder positive Zahl ist entweder null oder ein Bruch mit null als Zähler und einer endlichen positiven Zahl als Nenner.

Brahmagupta, 628 n. Chr.

dertundzweite Stockwerk *Floor 102* entspricht. In Europa beginnen wir oft mit dem Stockwerk 0, obwohl dies selten so ausgedrückt wird.

Ohne die Null gäbe es praktisch keine Mathematik. Erst durch dieses mathematische Konzept lassen sich Zahlentheorie, Algebra und Geometrie überhaupt sinnvoll betreiben. Auf der Zahlengeraden teilt die 0 die positiven von den negativen Zahlen und nimmt somit eine Sonderstellung ein. Im Dezimalsystem dient die Null als Platzhalter, unter anderem auch zur Darstellung sowohl von sehr großen als auch sehr kleinen Zahlen.

Im Verlauf der Jahrhunderte erkannte man die Bedeutung der Null, und man sah in ihr eine der wichtigsten Erfindungen des Menschen. In Anlehnung an Shakespeares *Sommernachtstraum* beschrieb im 19. Jahrhundert der amerikanische Mathematiker G. H. Halsted in poetischer Form die Null als eine wesentliche Kraft des Fortschritts: „Einem luftgen Nichts nicht nur festen Wohnsitz und einen Namen, ein Bild, ein Symbol zu geben, sondern auch natürliche Macht, das ist das Wesen der Hindu-Kultur, aus der es hervorging."

Anfänglich galt die 0 als eine Kuriosität, doch die Mathematiker stürzen sich gerne auf seltsame Konzepte, die oft erst sehr viel später ihre Nützlichkeit unter Beweis stellen. Eine entsprechende Konstruktion findet man heute in der Mengenlehre. Eine Menge ist dabei eine Ansammlung von Elementen. In dieser Theorie bezeichnet man mit Ø die Menge ohne irgendein Element, die sogenannte „leere Menge". Auch das ist ein seltsames Konzept, und ebenso wie die 0 ist es unverzichtbar.

Das Nichts hat's in sich

02 Zahlensysteme

Ein Zahlensystem ist eine Vorschrift zum Umgang mit dem Konzept von „wie viel". Verschiedene Kulturen haben zu verschiedenen Zeiten unterschiedliche Verfahren entwickelt, angefangen bei dem einfachen „eins, zwei, drei, viele" bis hin zu der ausgeklügelten Dezimalschreibweise, die wir heute verwenden.

Die Sumerer und Babylonier, die vor ungefähr 4 000 Jahren das Gebiet des heutigen Syrien, Jordanien und Irak bewohnten, verwendeten für den alltäglichen Umgang mit Zahlen ein System, bei dem der Wert eines Zeichens bzw. Symbols durch seinen Platz in einer Zeichenfolge bestimmt ist. Wir sprechen in diesem Zusammenhang von einem „Stellenwertsystem", denn der Zahlenwert ergibt sich aus der Stellung des Symbols. Außerdem verwendeten sie die 60 als ihre Grundeinheit – wir bezeichnen dies heute als 60er-System oder Sexagesimalsystem. Wir finden immer noch Überreste dieses 60er-Systems: Eine Minute hat 60 Sekunden und eine Stunde 60 Minuten. Bei der Angabe von Winkeln verwenden wir immer noch 360 Grad für den Vollkreis, obwohl es durchaus Bestrebungen gab, den Vollkreis durch 400 Grad auszudrücken (sodass ein rechter Winkel 100 Grad entspräche).

Auch wenn unsere frühen Vorfahren die Zahlen in erster Linie für praktische Belange nutzten, gibt es Anzeichen, dass sich diese frühen Kulturen auch von der Mathematik selbst angezogen fühlten und neben den praktischen Anwendungen eine gewisse Zeit mit rein theoretischen Überlegungen verbrachten. Diese Untersuchungen führten unter anderem zu dem, was wir heute als „Algebra" bezeichnen würden, sowie zu Einsichten über die Eigenschaften von geometrischen Figuren.

Das ägyptische System aus dem 13. vorchristlichen Jahrhundert verwendete die 10 als Basis einer Hieroglyphenschreibweise. Die Ägypter entwickelten auch schon eine Schreibweise für den Umgang mit Brüchen, doch unser heutiges dezimales Stellenwertsystem beruht auf einer von den Hindus erweiterten babylonischen Schreibweise. Dieses System hat den Vorteil, dass man sowohl sehr kleine als auch sehr große Zahlen einfach schreiben kann. Mit den hindu-arabischen Zeichen 1, 2, 3, 4, 5, 6, 7, 8 und 9 ließen sich auch vergleichsweise leicht Berechnungen durchführen. Dem steht das römische System gegenüber; es genügte zwar den alltäglichen Anforderungen, doch nur Spezialisten konnten mit dieser Schreibweise auch Berechnungen durchführen.

Zeitleiste

30 000 v. Chr.

Es gibt erste Zahlenmarkierungen auf Knochen von paläolithischen Menschen in Europa

2000 v. Chr.

Die Babylonier verwenden Symbole für Zahlen

Das römische System Die Grundsymbole der römischen Schreibweise beziehen sich auf die „Zehner" (I, X, C und M) und die „Fünfer" (V, L und D). Je nach Kombination dieser Zeichen enthält man andere Zahlen. Vermutlich beruht die Schreibweise von I, II, III und IIII auf einer Symbolisierung unserer Finger, *V* auf der Form einer Hand, und wenn wir dieses Symbol auf den Kopf stellen und mit der anderen Hand kombinieren, erhalten wir X für zwei Hände oder zehn Finger. C leitet sich ab von dem lateinischen Wort für hundert – *centum* – und M von dem für tausend – *mille*. Die Römer verwendeten auch das Symbol *S* für „ein halb" sowie ein System zur Darstellung von Brüchen, das auf der 12 beruhte.

Das römische System verwendete eine „Vorher-Nachher"-Vorschrift für die Zusammenstellung der Symbole, allerdings waren die Regeln nicht immer einheitlich. Im antiken Rom zog man die Schreibweise IIII der später eingeführten Form IV vor. Die Kombination IX scheint gebräuchlich gewesen zu sein, und unter SIX hätte ein Römer vermutlich 8½ verstanden. Die Tabelle rechts gibt die Grundsymbole des römischen Systems an sowie einige Erweiterungen, die im Mittelalter hinzugefügt wurden.

Der Umgang mit römischen Zahlen ist nicht leicht. Beispielsweise wird die Bedeutung von MMMCDXLIIII erst deutlich, wenn man in Gedanken Klammern einführt, sodass (MMM)(CD)(XL)(IIII) in unserer Schreibweise $3\,000 + 400 + 40 + 4 = 3\,444$ entspricht. Man versuche jedoch einmal, die Summe MMMCDXLIIII + CCCXCIIII zu berechnen. Ein in dieser Kunst geübter Römer hatte vermutlich seine Tricks, doch für uns wird es schwierig, die richtige Antwort zu finden, ohne diese zunächst im Dezimalsystem zu berechnen und dann wieder in die römische Schreibweise zu übertragen:

Das römische Zahlensystem

im römischen Kaiserreich		spätere Erweiterungen	
S	ein halb		
I	eins		
V	fünf	$\overline{V}$	fünftausend
X	zehn	$\overline{X}$	zehntausend
L	fünfzig	$\overline{L}$	fünfzigtausend
C	hundert	$\overline{C}$	hunderttausend
D	fünfhundert	$\overline{D}$	fünfhunderttausend
M	tausend	$\overline{M}$	eine Million

Addition

$3\,444$	$\rightarrow$	MMMCDXLIIII
$+ 394$	$\rightarrow$	CCCXCIIII
$= 3\,838$	$\rightarrow$	MMMDCCCXXXVIII

Die Multiplikation zweier Zahlen ist noch schwieriger und dürfte selbst für den geübten Römer in dem ursprünglichen System unmöglich gewesen sein! Für das Produkt $3\,444 \times 394$ benötigen wir schon die zusätzlichen Zeichen aus dem Mittelalter.

600 n. Chr.	**1200**	**1600**
In Indien ist ein Vorläufer unserer heutigen Dezimalschreibweise in Gebrauch	Die hindu-arabische Zahlenschreibweise mit den Ziffern 1, ..., 9 sowie einer Null wird allgemein bekannt	Die Zeichen des Dezimalsystems nehmen ihre heutige Form an

Multiplikation

3 444	$\rightarrow$	MMMCDXLIIII
$\times$ 394	$\rightarrow$	CCCXCIIII
= 1 356 936	$\rightarrow$	$\overline{\text{MC}}\overline{\text{C}}\overline{\text{CL}}\overline{\text{V}}\text{MCMXXXVI}$

Die Römer kannten kein besonderes Symbol für die Null. Wenn Sie einen römischen Vegetarier gefragt hätten, wie viele Flaschen Wein er an diesem Tag schon getrunken habe, hätte er vielleicht III aufschreiben können. Doch wenn Sie ihn gefragt hätten, wie viele Hühner er an diesem Tag schon verspeist habe, hätte er keine 0 schreiben können. Überreste des alten römischen Systems finden wir heute noch in der Seitennummerierung von Büchern (allerdings nicht diesem) und in den Grundsteinen mancher Gebäude. Einige Darstellungsformen hätten die Römer selbst nie verwendet, beispielsweise MCM für 1900. Sie wurden in neuerer Zeit aus stilistischen Gründen eingeführt. Ein Römer hätte dafür MDCCCC geschrieben. Der 14. König Ludwig von Frankreich ist heute allgemein als Ludwig XIV. bekannt, doch er selbst zog die Schreibweise Ludwig XIIII vor. Außerdem machte er es zur Regel, dass auf seinen Uhren die 4 (von 4 Uhr) immer als IIII geschrieben wurde.

Eine Uhr
aus der Zeit
Ludwigs *XIIII*

Ganze Dezimalzahlen Für uns sind „Zahlen" ganz selbstverständlich Dezimalzahlen. Das Dezimalsystem beruht auf der Basis zehn und verwendet die Zahlen 0, 1, 2, 3, 4, 5, 6, 7, 8 und 9. Genau genommen besteht es aus „Potenzen von zehn" und „Einheiten", doch die Einheiten lassen sich als Potenz von zehn ausdrücken. Wir können die Dezimalbedeutung der Zahl **394** folgendermaßen verdeutlichen: Sie besteht aus **3** Hundertern, **9** Zehnern und **4** Einsern, und wir schreiben dafür

$$394 = 3 \times 100 + 9 \times 10 + 4 \times 1$$

Das können wir auch durch Potenzen von zehn ausdrücken:

$$394 = 3 \times 10^2 + 9 \times 10^1 + 4 \times 10^0$$

wobei $10^2 = 10 \times 10$ und $10^1 = 10$ bedeutet, außerdem legen wir noch fest, dass $10^0 = 1$. In dieser Schreibweise erkennen wir die *Dezimal*basis unseres Zahlensystems deutlicher. Die Addition und die Multiplikation werden in diesem System vergleichsweise einfach.

Das Dezimalkomma Bisher haben wir die Darstellung ganzer Zahlen betrachtet. Lässt sich das Dezimalsystem auch auf Teile einer Zahl anwenden, beispielsweise auf $^{572}/_{1\,000}$? Das bedeutet

$$\frac{572}{1000} = \frac{5}{10} + \frac{7}{100} + \frac{2}{1000}$$

Wir können die „Kehrwerte" von 10, 100 und 1 000 auch durch *negative* Potenzen ausdrücken und erhalten so:

$$\frac{572}{1000} = 5 \times 10^{-1} + 7 \times 10^{-2} + 2 \times 10^{-3}$$

Diese Zahl schreiben wir auch als **0,572**, wobei das Dezimalkomma den Beginn der negativen Potenzen von 10 andeutet. Wenn wir zu diesem Dezimalausdruck noch 394 addieren, erhalten wir die Dezimalschreibweise für die Zahl $394^{572}/_{1000}$, was einfach zu **394,572** wird.

Für sehr große Zahlen kann die Dezimalschreibweise zu unhandlich langen Ausdrücken führen, sodass man in diesem Fall oft zur „wissenschaftlichen" Schreibweise übergeht. Zum Beispiel lässt sich 1 356 936 892 auch in der Form $1{,}356936892 \times 10^9$ schreiben, das auf Taschenrechnern oft in der Form „$1{,}356936892 \times 10E9$" erscheint; die Zahl 9 ist um eins kleiner als die Gesamtzahl der Ziffern in der Zahl, und der Buchstabe E steht für „Exponential". Manchmal wollen wir über noch größere Zahlen sprechen, beispielsweise über die Anzahl der Wasserstoffatome im beobachtbaren Universum. Eine Schätzung dieser Zahl führt auf $1{,}7 \times 10^{77}$. Entsprechend ist $1{,}7 \times 10^{-77}$, mit einer negativen Potenz, eine sehr kleine Zahl, und auch diese lässt sich in der wissenschaftlichen Schreibweise leicht ausdrücken. Mit dem römischen Zahlensystem hätte man über solche Zahlen noch nicht einmal nachdenken können.

Potenzen von 2	Dezimal-schreibweise
2^0	1
2^1	2
2^2	4
2^3	8
2^4	16
2^5	32
2^6	64
2^7	128
2^8	256
2^9	512
2^{10}	1 024

Nullen und Einsen Die Basis 10 ist uns im Alltag sehr vertraut, doch für manche Anwendungen sind andere Basen einfacher. Das Binärsystem hat als Basis die 2 und wird von den modernen Computern verwendet. Die Schönheit des Binärsystems beruht darauf, dass sich jede Zahl nur durch die Symbole 0 und 1 ausdrücken lässt. Der Nachteil dieser Vereinfachung besteht in oft sehr langen Ausdrücken.

Wie können wir **394** in binärer Schreibweise ausdrücken? In diesem Fall haben wir es mit Potenzen von 2 zu tun, und nach einer kurzen Rechnung finden wir folgenden Ausdruck:

$$394 = 1 \times 256 + 1 \times 128 + 0 \times 64 + 0 \times 32 + 0 \times 16 + 1 \times 8 + 0 \times 4 + 1 \times 2 + 0 \times 1$$

sodass wir nun die Nullen und Einsen in der binären Schreibweise von **394** ablesen können: **110001010**.

Da die binäre Schreibweise zu arg langen Ausdrücken führen kann, finden im Zusammenhang mit Computern auch andere Basissysteme Verwendung. Es gibt das Oktalsystem (Basis 8) und das Hexadezimalsystem (Basis 16). Im Oktalsystem benötigen wir nur die Symbole 0, 1, 2, 3, 4, 5, 6 und 7, während wir im Hexadezimalsystem 16 Symbole brauchen. Üblicherweise nimmt man hier die Symbole 0, 1, 2, 3, 4, 5, 6, 7, 8, 9, A, B, C, D, E, F. Die 10 entspricht daher dem Buchstaben A, und somit erhalten wir für 394 in der Hexadezimaldarstellung die Schreibweise 18A. Es ist kaum schwerer als das ABC – das in Dezimalschreibweise der Zahl 2 748 entspricht!

Wie schreibt man Zahlen?

03 Brüche

Ein Bruch ist – im wörtlichen Sinne – eine „gebrochene Zahl". Wenn wir eine ganze Zahl unterteilen wollen, geht das mit Brüchen recht einfach. Betrachten wir als klassisches Beispiel den berühmten Kuchen, der in drei gleich große Stücke geteilt werden soll.

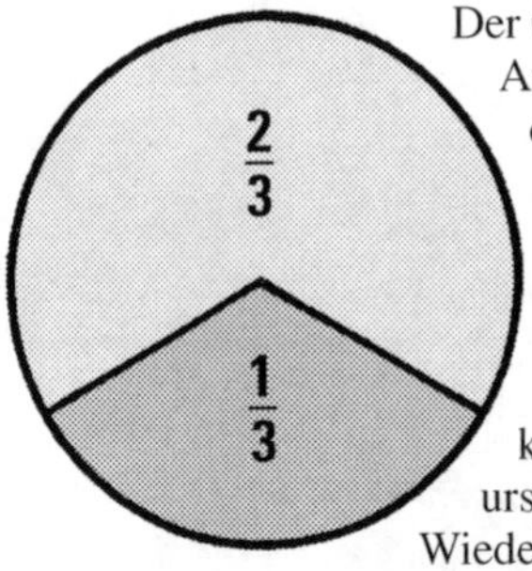

Der Glückspilz, der zwei Drittel des Kuchens erhält, bekommt einen Anteil von ⅔. Der Unglücksrabe erhält nur ⅓. Setzen wir die beiden Anteile des Kuchens wieder zusammen, erhalten wir den ganzen Kuchen; ausgedrückt in Brüchen: ⅔ + ⅓ = 1, wobei 1 hier dem kompletten Kuchen entspricht.

Ein weiteres Beispiel: Ein Geschäft bietet als Sonderangebot ein Hemd für einen Preis an, der vier Fünftel des ursprünglichen Preises ausmacht. Dieser Anteil wird als ⅘ geschrieben. Man könnte umgekehrt auch sagen, dass das Hemd um ein Fünftel des ursprünglichen Preises reduziert wurde, was man als ⅕ schreibt. Wieder sehen wir, dass ⅕ + ⅘ = 1, wobei 1 dem ursprünglichen Preis entspricht.

Ein Bruch hat immer die Form „ganze Zahl über ganzer Zahl". Die untere Zahl bezeichnet man als „Nenner". Sie sagt uns, aus wie vielen Teilen das Ganze besteht. Die obere Zahl ist der „Zähler", denn sie gibt an, wie viele der Teile vorliegen. Somit hat ein Bruch in der bekannten Schreibweise die folgende Form:

$$\frac{\text{Zähler}}{\text{Nenner}}$$

Bei dem Beispiel mit dem Kuchen möchten Sie vielleicht auch lieber den Anteil mit ⅔ erhalten, wobei 3 der Nenner und 2 der Zähler ist. ⅔ besteht aus 2 Anteilen des Stammbruchs ⅓.

Es gibt auch Brüche der Form ¹⁴⁄₅. Ist der Zähler größer als der Nenner, spricht man von unechten Brüchen. Wenn wir 14 durch 5 teilen, erhalten wir 2 mit einem Rest 4, was wir auch in der „gemischten" Schreibweise 2⅘ ausdrücken können. Diese Zahl besteht aus der ganzen Zahl 2 und dem „echten" Bruch ⅘. In früheren Zeiten schrieb man dafür auch manchmal ⅘2. Üblicherweise stellt man Brüche in einer Form dar, bei der Zähler und Nenner (oben und unten) keinen gemeinsamen Faktor enthalten. Beispielsweise enthalten der Zähler und der Nenner von ⁸⁄₁₀ den gemeinsamen Faktor 2, denn 8 = 2 × 4 und

Zeitleiste

1800 v. Chr.	**1650** v. Chr.
Die babylonischen Kulturen verwenden Brüche	Die Ägypter benutzen Brüche mit 1 als Zähler

10 = 2 × 5. Wenn wir den Bruch in der Form $^8/_{10} = {^{2 \times 4}/_{2 \times 5}}$ schreiben, können wir die 2 „herauskürzen" und erhalten $^8/_{10} = {^4/_5}$, also eine einfachere Form mit demselben Zahlenwert. Zahlen, die sich als Brüche darstellen lassen, bezeichnen die Mathematiker auch als „rationale Zahlen". Für die alten Griechen waren die rationalen Zahlen auch die „messbaren" Zahlen.

Addition und Multiplikation
Brüche haben die ungewöhnliche Eigenschaft, dass sie sich leichter multiplizieren als addieren lassen. Die Multiplikation von ganzen Zahlen ist so aufwendig, dass teilweise geniale Verfahren dafür erfunden wurden. Bei den Brüchen ist jedoch die Addition schwieriger und bedarf einiger Überlegungen.

Beginnen wir mit der Multiplikation von Brüchen. Wenn Sie ein Hemd für vier Fünftel des ursprünglichen Preises von 30 Euro kaufen, dann beträgt der Verkaufspreis 24 Euro. Die 30 Euro werden in fünf Teile zu 6 Euro aufgeteilt, und vier dieser fünf Teile ergeben 4 × 6 = 24, den zu zahlenden Betrag für das Hemd.

Angenommen, der Geschäftsführer muss feststellen, dass sich die Hemden immer noch nicht so gut verkaufen lassen wie erhofft, und er reduziert den Preis ein zweites Mal. Nun wirbt er mit einem Preis, der nochmals die Hälfte, also ½ des Verkaufspreises ist. Wenn Sie nun das Hemd kaufen, bezahlen Sie nur 12 Euro. Das sind ½ × $^4/_5$ × 30 = 12. Will man zwei Brüche multiplizieren, multipliziert man einfach getrennt die Zähler miteinander und die Nenner miteinander:

$$\frac{1}{2} \times \frac{4}{5} = \frac{1 \times 4}{2 \times 5} = \frac{4}{10}$$

Hätte der Geschäftsführer die beiden Ermäßigungen in einem Zug gegeben, hätte er die Hemden für vier Zehntel des ursprünglichen Preises von 30 Euro angeboten. Das Ergebnis ist $^4/_{10}$ × 30 = 12.

Die Addition von zwei Brüchen ist schwieriger. Bei der Addition von $^1/_3 + {^2/_3}$ war es kein Problem, weil die Nenner gleich sind. In diesem Fall addieren wir einfach die beiden Zähler und erhalten $^3/_3$ oder 1. Doch was ist die Summe aus zwei Drittel des Kuchens und vier Fünftel des Kuchens? Wie berechnen wir $^2/_3 + {^4/_5}$? Wenn wir sagen könnten $^2/_3 + {^4/_5} = {^{2+4}/_{3+5}} = {^6/_8}$, wäre das Leben einfach, aber leider ist dieses Ergebnis falsch.

Zur Addition von Brüchen müssen wir anders vorgehen. Wollen wir die Summe aus $^2/_3$ und $^4/_5$ berechnen, müssen wir zunächst jeden dieser beiden Brüche als Bruch mit *demselben* Nenner darstellen. Wir multiplizieren zuerst den Zähler und den Nenner von $^2/_3$ jeweils mit 5 und erhalten $^{10}/_{15}$. Nun multiplizieren wir Zähler und Nenner von $^4/_5$ mit 3 und erhalten $^{12}/_{15}$. Jetzt haben beide Brüche die 15 als gemeinsamen Nenner, und zur Berechnung der Summe müssen wir nur noch die neuen Zähler addieren:

$$\frac{2}{3} + \frac{4}{5} = \frac{10}{15} + \frac{12}{15} = \frac{22}{15}$$

100 n. Chr.	**1202**	**1585**	**1700**
Die Chinesen entwickeln Rechenregeln für Brüche	Durch Leonardo von Pisa (Fibonacci) wird die Schreibweise mit einem Bruchstrich allgemein bekannt	Simon Stevin entwickelt eine Theorie der Dezimalbrüche	Die Schreibweise mit einem Bruchstrich ist allgemein verbreitet (wie in *a/b*)

Die Umrechnung in Dezimalzahlen

Die Umrechnung in Dezimalzahlen In den Wissenschaften und den meisten Anwendungen der Mathematik werden zur Darstellung von Brüchen Dezimalzahlen bevorzugt. Der Bruch ⅘ ist dasselbe wie der Bruch ⁸⁄₁₀, der 10 als Nenner hat und den wir daher als die Dezimalzahl 0,8 schreiben können.

Brüche mit einem Nenner von 5 oder 10 lassen sich leicht umrechnen. Doch wie können wir beispielsweise ⅔ als Dezimalzahl schreiben? Eigentlich müssen wir nur eines wissen: Wenn man eine ganze Zahl durch eine andere ganze Zahl teilt, dann geht die Rechnung entweder genau auf, oder wir erhalten einen sogenannten „Rest".

Wir betrachten ⅞ als Beispiel für die Vorschrift, wie man einen Bruch in eine Dezimalzahl umrechnet:

* Teilen Sie zunächst 7 durch 8. Es geht nicht; sie können auch sagen, es geht 0-mal, und es bleibt ein Rest von 7. Für das Ergebnis dieses Rechenschritts schreiben wir die Null und das Dezimalkomma: „0,".
* Nun teilen Sie 70 (den Rest des vorherigen Schritts multipliziert mit 10) durch 8. Das geht 8-mal, denn $8 \times 8 = 64$, und es bleibt ein Rest von $70 - 64 = 6$. Die 8 schreiben wir neben das Ergebnis des vorherigen Schritts und erhalten: „0,8".
* Nun teilen wir 60 (den Rest des vorherigen Schritts multipliziert mit 10) durch 8. Da $7 \times 8 = 56$, lautet die Antwort nun 7, und der Rest ist 4. Die 7 schreiben wir neben unser bisheriges Ergebnis: „0,87".
* Schließlich teilen wir noch 40 (den Rest des vorherigen Schritts multipliziert mit 10) durch 8. Das Ergebnis ist *exakt* 5, ohne einen Rest. Wenn wir als Rest 0 erhalten, sind wir fertig. Die endgültige Antwort lautet somit: „0,875".

Wenn wir diese Umrechnungsvorschrift auf andere Brüche anwenden, kann es vorkommen, dass wir niemals fertig werden! Es könnte endlos weiter gehen. Wenn wir beispielsweise ⅓ in eine Dezimalzahl umrechnen wollen, finden wir bei jedem Schritt, dass wir 20 durch 3 zu teilen haben. Das Ergebnis ist 6 und der Rest 2. Also haben wir beim nächsten Schritt wieder 20 durch 3 zu teilen, und wir kommen nie an den Punkt, an dem der Rest 0 ist. In diesem Fall erhalten wir die unendlich lange Dezimalzahl 0,666666... Das schreibt man auch als $0,\bar{6}$, um anzudeuten, dass sich die Dezimalziffer 6 unendlich oft wiederholt.

Es gibt viele Brüche, die in dieser Form nie enden. Ein interessantes Beispiel ist ⁵⁄₇. In diesem Fall erhalten wir 0,714285714285714285..., und wir sehen, dass sich die Folge 714285 ständig wiederholt. Sobald ein Bruch eine solche wiederkehrende Ziffernfolge hat, können wir ihn nicht als endlich lange Dezimalzahl schreiben, und die Schreibweise mit den überstrichenen Ziffern wird wichtig. Das Ergebnis von ⁵⁄₇ ist somit $0,\overline{714285}$.

Brüche im alten Ägypten

Brüche im alten Ägypten Im zweiten vorchristlichen Jahrtausend verwendeten die Ägypter ein System von Brüchen, das sie mit Hieroglyphen darstellten und das auf sogenannten Stammbrüchen beruhte, also Brüchen, deren Zähler 1 ist. Wir wissen von diesem System aus dem Rhind-Papyrus, das im Britischen Museum in London aufbewahrt wird. Es handelte sich um ein derart kompliziertes System, dass nur der wirklich Geübte seine tieferen Geheimnisse kennen und konkrete Berechnungen anstellen kann.

Die Ägypter kannten einige besondere Brüche, wie ⅔, doch alle anderen Brüche wurden durch Stammbrüche wie ½, ⅓, 1/11 oder 1/168 ausgedrückt. Dies waren ihre „Einheiten", aus denen alle anderen Brüche zusammengesetzt wurden. Beispielsweise ist 5/7 kein Stammbruch, lässt sich aber als eine Summe von Stammbrüchen ausdrücken:

$$\frac{5}{7} = \frac{1}{3} + \frac{1}{4} + \frac{1}{8} + \frac{1}{168}$$

wobei *verschiedene* Stammbrüche verwendet werden müssen. Eine Besonderheit dieses Systems ist, dass es oft mehrere Möglichkeiten gibt, Brüche in dieser Form zu schreiben, und manche Möglichkeiten sind kürzer als andere. So gilt auch:

$$\frac{5}{7} = \frac{1}{2} + \frac{1}{7} + \frac{1}{14}$$

Die ägyptische Stammbruchentwicklung ist vielleicht nicht von großem praktischen Nutzen, aber sie hat Generationen von Mathematikern zu rein mathematischen Überlegungen angeregt und viele interessante Probleme aufgeworfen, von denen einige immer noch ungelöst sind. So gibt es bis heute keine umfassende Theorie der Verfahren, mit denen sich die kürzeste Stammbruchentwicklung finden lässt.

Ägyptische Brüche

Eine Zahl über der anderen

04 Quadratzahlen und Quadratwurzeln

Wenn Sie gerne Punkte malen und zu geometrischen Figuren ordnen, dann scheinen Sie ähnliche Vorlieben zu haben wie die alten Pythagoreer. Deren Anführer Pythagoras, der in erster Linie durch „seinen Satz" bekannt ist, wurde auf der griechischen Insel Samos geboren, doch sein religiöser Geheimbund agierte in Süditalien. Für die Pythagoreer war die Mathematik der Schlüssel zum Verständnis des Universums.

Betrachten wir die Anzahl der Punkte in nebenstehenden Quadraten. Für das erste „Quadrat" zählen wir nur einen Punkt. Die 1 war für die Pythagoreer die wichtigste Zahl überhaupt; man schrieb ihr eine übernatürliche Existenzform zu. Das ist schon einmal ein guter Anfang. Zählen wir nun die Punkte in den folgenden Quadraten, so finden wir die sogenannten „Quadratzahlen": 1, 4, 9, 16, 25, 36, 49, 64, ... Man spricht manchmal auch von „perfekten Quadratzahlen". Um zur jeweils nächsten Quadratzahl zu kommen, addiert man die Anzahl der Punkte in dem Haken ⌐ außerhalb des vorherigen Quadrats – zum Beispiel 9 + 7 = 16. Die Pythagoreer interessierten sich nicht nur für die Quadratzahlen, sondern sie untersuchten auch andere geometrische Formen, beispielsweise Dreiecke, Fünfecke und andere Polygone (Figuren mit vielen Seiten).

Die aufgemalten Dreieckszahlen sehen aus wie ein Steinhaufen. Für die Anzahl der Punkte findet man 1, 3, 6, 10, 15, 21, 28, 36, ... Wenn Sie eine Dreieckszahl berechnen wollen, nehmen Sie die vorherige Dreieckszahl und addieren die Anzahl der Punkte in der untersten Reihe. Welche Dreieckszahl folgt nach der 10? Die unterste Reihe hat 5 Punkte, also erhalten wir als Summe 10 + 5 = 15.

Die Zahl 36 finden wir sowohl bei den Dreieckszahlen als auch unter den Quadratzahlen. Doch ein Vergleich der beiden Listen führt auf weitere überraschende Beziehun-

Zeitleiste

1750 v. Chr.	**525** v. Chr.	um **300** v. Chr.
Die Babylonier erstellen Tabellen für Quadratwurzeln	Die Pythagoreer beschäftigen sich mit zu geometrischen Figuren angeordneten Quadratzahlen	Die von dem griechischen Mathematiker Eudoxos entwickelte Theorie der irrationalen Zahlen wird im 5. Buch von Euklids *Elementen* beschrieben

gen. Was ist zum Beispiel die Summe von jeweils zwei aufeinanderfolgenden Dreieckszahlen? Wir rechnen es aus und schreiben das Ergebnis in eine Tabelle – und siehe da, die Summe aus zwei aufeinanderfolgenden Dreieckszahlen ist eine Quadratzahl. Der Grund lässt sich auch ohne viele Worte einsehen. Dazu betrachten wir ein Quadrat aus vier Reihen mit jeweils vier Punkten und ziehen eine diagonale Linie etwas oberhalb der diagonalen Punkte im Quadrat. Die Punkte oberhalb der Linie bilden ein Dreieck und die Punkte unterhalb der Linie das nächstgrößere Dreieck. Das gilt für jedes beliebige Quadrat.

Von diesen „gepunkteten" Diagrammen ist es nur noch ein kleiner Schritt zur Ausmessung von Flächen. Die Fläche eines Quadrats mit der Seitenlänge 4 beträgt $4 \times 4 = 4^2 = 16$ Quadrateinheiten. Ganz allgemein gilt: Bezeichnen wir die Länge einer Quadratseite mit x, dann ist die Fläche x^2.

Die Quadratfunktion x^2 ist auch die Grundlage für die Parabel. Die parabolische Form findet man zum Beispiel in Satellitenschüsseln und den Reflektorspiegeln von Autoscheinwerfern. Eine Parabel besitzt einen Brennpunkt. Die parallelen Signalstrahlen aus der Umgebung werden von der Schüssel reflektiert und treffen sich alle im Brennpunkt. Ein Sensor im Brennpunkt empfängt diese Strahlen und kann sie an einen Verstärker weiterleiten.

Bei einem Autoscheinwerfer ist es genau umgekehrt: Im Brennpunkt des parabolischen Reflektors befindet sich eine Glühbirne, deren Strahlen vom Reflektor als parallele Lichtstrahlen ausgesendet werden. Unter den Sportlern werden Kugelstoßer, Diskuswerfer und Hammerwerfer in der Parabel die Bahnkurve wiedererkennen, entlang der sich geworfene Gegenstände bewegen, bevor sie zur Erde fallen.

Die Summen aus zwei aufeinanderfolgenden Dreieckszahlen	
1 + 3	4
3 + 6	9
6 + 10	16
10 + 15	25
15 + 21	36
21 + 28	49
28 + 36	64

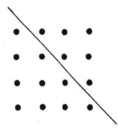

Quadratwurzeln   Nun drehen wir die Frage um und suchen die Seitenlänge eines Quadrats mit einer Fläche von 16 Quadrateinheiten. Die Antwort lautet einfach 4. Die Quadratwurzel von 16 ist 4, man schreibt meist $\sqrt{16}$. Das Symbol $\sqrt{\ }$ für Quadratwurzeln gibt es seit dem Beginn des 16. Jahrhunderts. Zu allen perfekten Quadratzahlen gehören ganze Zahlen als Quadratwurzeln: $\sqrt{1} = 1$, $\sqrt{4} = 2$, $\sqrt{9} = 3$, $\sqrt{16} = 4$, $\sqrt{25} = 5$ usw. Dazwischen gibt es jedoch viele Lücken auf der Zahlengeraden, nämlich 2, 3, 5, 6, 7, 8, 10, 11, ...

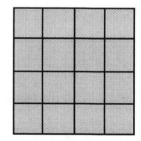

Für Quadratwurzeln gibt es noch eine interessante alternative Schreibweise. Ebenso wie x^2 das Quadrat einer Zahl angibt, können wir für eine Quadratwurzel auch $x^{1/2}$ schreiben. Das passt zu der Vorschrift, dass man Zahlen multipli-

---

630 v. Chr.

Brahmagupta entwickelt Verfahren zur Berechnung von Quadratwurzeln

1550

Das Symbol $\sqrt{\ }$ wird für Quadratwurzeln verwendet

1872

Richard Dedekind formuliert eine Theorie der irrationalen Zahlen

ziert, indem man ihre Potenzen addiert. Auf diesem Prinzip beruht auch das Rechnen mit dem Logarithmus, der ungefähr seit 1600 bekannt ist. Damals erkannte man, wie man das Problem der Multiplikation in ein Problem der Addition umwandeln kann. Aber das ist eine andere Geschichte. Alle oben genannten Zahlen haben Quadratwurzeln, allerdings handelt es sich nicht um ganze Zahlen. Fast jeder Taschenrechner hat eine $\sqrt{\ }$-Taste zum Ziehen einer Quadratwurzel, damit finden wir zum Beispiel $\sqrt{7} = 2{,}645751311$.

Betrachten wir $\sqrt{2}$ genauer. Auch die Zahl 2 hatte für die Pythagoreer eine besondere Bedeutung, denn sie ist die erste gerade Zahl. (Die Griechen erachteten die geraden Zahlen als weiblich und die ungeraden Zahlen als männlich – und den kleinen Zahlen ordneten sie eigenständige Persönlichkeiten zu.) Wenn Sie auf Ihrem Taschenrechner $\sqrt{2}$ bestimmen, erhalten Sie 1,414213562 (falls Ihr Taschenrechner diese Anzahl von Dezimalstellen ausgibt). Doch ist das wirklich die Quadratwurzel von 2? Zur Überprüfung berechnen wir $1{,}414213562 \times 1{,}414213562$ und erhalten 1,999999999. Das ist nicht ganz 2, denn 1,414213562 ist tatsächlich nur eine Näherung für die Quadratwurzel von 2.

Bemerkenswert ist jedoch, dass wir *nie* mehr als eine Näherung erhalten können! Die Dezimaldarstellung von $\sqrt{2}$ ist selbst mit Millionen von Dezimalstellen immer nur eine Näherung. Die Zahl $\sqrt{2}$ hat in der Mathematik eine besondere Bedeutung. Vielleicht ist sie nicht ganz so wichtig wie π oder e (▶ Kapitel 5 und 6), doch immerhin wichtig genug, um einen eigenen Namen zu haben – man nennt sie manchmal die „Pythagoreische Zahl".

Lassen sich Quadratwurzeln als Brüche schreiben?

Diese Frage hängt eng mit der Theorie des Messens zusammen, wie sie von den alten Griechen entwickelt wurde. Angenommen, wir wollen die Länge einer Linie AB ausmessen; gegeben ist uns eine unteilbare Einheit CD, mit der wir diese Messung vornehmen. Für die Messung legen wir unsere Einheit CD mehrfach hintereinander an die Länge AB. Wenn wir die Einheit m-mal anlegen können, und das Ende der letzten Einheit passt genau mit dem Ende von AB (am Punkt B) zusammen, dann ist die Länge von AB einfach m. Sollte das nicht der Fall sein, legen wir eine zweite Kopie von AB hinter die ursprüngliche Länge und fahren mit der Messung fort (siehe Abbildung). Die Griechen waren davon überzeugt, dass es mit einer endlichen Zahl n von Kopien von AB gelingt, die Einheiten genau abzutragen (sagen wir m-mal), sodass das Ende der m-ten Einheit genau mit dem Endpunkt der n-ten Kopie von AB übereinstimmt. Die Länge von AB wäre in diesem Fall m/n. Bräuchte man beispielsweise drei Kopien von AB und könnte man die Einheit CD genau 29-mal daneben legen, dann wäre die Länge von AB 29/3.

Die Griechen hatten sich auch überlegt, wie man die Länge der Seite AB (der Hypotenuse) in einem rechtwinkligen Dreieck ausmessen kann, bei dem die anderen beiden Seiten genau eine „Einheit" lang sind. Nach dem Satz des Pythagoras würde man die Länge von AB symbolisch in der Form $\sqrt{2}$ schreiben. Die Frage lautet also nun, ob es zwei Zahlen m und n gibt, sodass $\sqrt{2} = m/n$?

Aus unseren Überlegungen und Erfahrungen mit dem Taschenrechner wissen wir, dass die Dezimaldarstellung von $\sqrt{2}$ möglicherweise unendlich lang ist, und diese Tatsache (dass die Dezimaldarstellung kein Ende hat) deutet bereits darauf hin, dass sich $\sqrt{2}$ nicht als Bruch darstellen lässt. Andererseits hat auch die Zahl 0,3333333... kein Ende, doch sie entspricht dem Bruch 1/3. Wir brauchen also überzeugendere Argumente.

Ist $\sqrt{2}$ ein Bruch? Diese Frage führt uns zu einem der berühmtesten Beweise in der Mathematik. Er beruht auf einem Verfahren, das die Griechen geliebt haben: die *reductio ad absurdum* (die Rückführung auf einen Widerspruch). Zunächst wird angenommen, dass $\sqrt{2}$ nicht gleichzeitig ein Bruch und kein Bruch sein kann. Dieses Gesetz der Logik bezeichnet man als *tertium non datur* – den Ausschluss einer dritten Möglichkeit. In dieser Logik gibt es für Gegensätze kein Sowohl-als-auch. Die Beweisidee der Griechen war genial: Sie nahmen an, dass es einen Bruch gibt, und führten diese Annahme durch eine Folge von strengen logischen Schritten zu einem Widerspruch. Also gehen wir ebenfalls so vor. Angenommen

$$\sqrt{2} = \frac{m}{n}$$

Wir können zusätzlich noch voraussetzen, dass m und n keinen gemeinsamen Faktor besitzen. Diese Annahme ist möglich, denn andernfalls könnten wir diesen gemeinsamen Faktor herausdividieren. (Zum Beispiel hat der Bruch 21/35 denselben Wert wie 3/5, man hat lediglich durch den gemeinsamen Faktor 7 geteilt.)

Nun quadrieren wir beide Seiten der Gleichung $\sqrt{2} = m/n$ und erhalten $2 = m^2/n^2$ und somit $m^2 = 2n^2$. Hier können wir unsere erste Schlussfolgerung ziehen: Da m^2 das Doppelte einer anderen Zahl ist, muss m^2 eine gerade Zahl sein. Doch dann kann auch m selbst keine ungerade Zahl sein (denn das Quadrat einer ungeraden Zahl ist wieder eine ungerade Zahl), also muss m eine gerade Zahl sein.

Bisher ist die Logik zwingend, also fahren wir fort. Da m gerade ist, muss es das Doppelte einer anderen Zahl sein, sodass wir $m = 2k$ schreiben können. Indem wir beide Seiten dieser Gleichung quadrieren, erhalten wir $m^2 = 4k^2$. Zusammen mit der Tatsache $m^2 = 2n^2$ führt uns das auf die Beziehung $2n^2 = 4k^2$, und indem wir diese Gleichung durch 2 kürzen, erhalten wir $n^2 = 2k^2$. Doch auf eine ähnliche Gleichung sind wir schon einmal gestoßen! Wiederum können wir schließen, dass n^2 gerade sein muss, und damit muss auch n gerade sein. Durch reine Logik sind wir also zu dem Schluss gekommen, dass sowohl m als auch n gerade sein müssen, also haben sie 2 als gemeinsamen Faktor. Das widerspricht jedoch unserer Annahme, dass m und n keinen gemeinsamen Faktor haben sollen. Die Schlussfolgerung ist daher: $\sqrt{2}$ kann kein Bruch sein.

Ganz ähnlich lässt sich beweisen, dass sich keine Wurzel aus einer ganzen Zahl als Bruch darstellen lässt (außer es handelt sich um eine perfekte Quadratzahl). Zahlen, die sich nicht als Bruch darstellen lassen, bezeichnet man als „irrationale" Zahlen. Wir sind also auf diesem Wege zu dem Ergebnis gekommen, dass es unendlich viele irrationale Zahlen geben muss.

Der Weg zu den irrationalen Zahlen

05 π

π ist die berühmteste Zahl der Mathematik. Gleichgültig, welche Konstanten man auch betrachtet, π wird immer an der Spitze stehen. Gäbe es einen Oscar für Zahlen, wäre sie wohl jedes Jahr unter den Gewinnern.

Man erhält die Zahl π, ausgesprochen pi, wenn man den Umfang eines Kreises durch den Kreisdurchmesser dividiert. Ihr Wert, das Verhältnis dieser beiden Längen, hängt nicht von der Größe des Kreises ab; π ist wirklich eine mathematische Konstante. Auch wenn die Zahl π in natürlicher Weise mit dem Kreis zusammenhängt, taucht sie überall in der Mathematik auf, selbst an Stellen, die zunächst nichts mit einem Kreis zu tun zu haben scheinen.

Archimedes von Syrakus Schon in der Antike wurde dem Verhältnis von Kreisumfang zu Kreisdurchmesser ein großes Interesse entgegengebracht. Bereits um 2000 v. Chr. erkannten die Babylonier, dass der Umfang eines Kreises ungefähr dreimal so lang ist wie sein Durchmesser.

Um 225 v. Chr. stellte Archimedes von Syrakus erste theoretische Überlegungen zur Zahl π an. Archimedes zählt sicherlich zu den größten mathematischen Genies der Geschichte. Mathematiker lieben Vergleiche, und Archimedes wird oft auf eine Stufe gesetzt mit Carl Friedrich Gauß (dem „Fürsten der Mathematik") und Sir Isaac Newton. Gäbe es für Mathematiker eine Hall of Fame, wäre Archimedes in jedem Fall dort zu finden. Man kann von ihm allerdings nicht behaupten, dass er in einem Elfenbeinturm lebte. Abgesehen von seinen Beiträgen zu Astronomie, Mathematik und Physik entwarf er auch Kriegsgeräte wie Katapulte, Hebebäume und „Brennspiegel", alles zu dem Zweck, die Römer auf Abstand zu halten. Trotzdem scheint er auch etwas von der geistigen Verschrobenheit eines Professors gehabt zu haben, anders lässt sich kaum verstehen, dass er plötzlich aus seinem Bad springt, nackt durch die Straßen rennt und „Heureka" schreit, weil er das Gesetz vom hydrostatischen Gleichgewicht entdeckt hat. Wie er seine Entdeckungen zur Zahl π gefeiert hat, ist nicht bekannt.

Wenn π als das Verhältnis von Kreisumfang zu Kreisdurchmesser definiert ist, ergibt sich sofort die Frage: Was hat das mit der Kreisfläche zu tun? Man kann ableiten, dass die Fläche eines Kreises mit dem Radius r gleich πr^2 ist diese For-

Für einen Kreis mit dem Durchmesser d und Radius r gilt:

Umfang $= \pi d = 2\pi r$
Fläche $= \pi r^2$

Für eine Kugel mit dem Durchmesser d und Radius r gilt:

Oberfläche $= \pi d^2 = 4\pi r^2$
Volumen $= \dfrac{4}{3}\pi r^3$

Zeitleiste

2000 v. Chr.	250 v. Chr.
Die Babylonier nehmen für π den Wert 3	Archimedes gibt für π die gute Näherung 22/7 an

mel ist vermutlich bekannter als die obige Definition von π (das Verhältnis von Umfang zu Durchmesser). Zunächst überrascht jedoch, dass π diese Doppelfunktion für die Fläche und den Umfang übernimmt.

Wie kann man das beweisen? Eine Kreisfläche lässt sich in eine große Anzahl von schmalen gleichschenkligen Dreiecken aufteilen. Die Grundseite dieser Dreiecke bezeichnen wir mit b, und ihre Höhe ist näherungsweise gleich dem Radius r. Diese Dreiecke bilden zusammen ein Polygon (Vieleck) innerhalb des Kreises, dessen Fläche ungefähr der Kreisfläche entspricht. Beginnen wir mit 1 000 Dreiecken. Insgesamt wird es darum gehen, Kreisfläche und Kreisumfang immer besser anzunähern. Wir können je zwei benachbarte Dreiecke (näherungsweise) zu einem Rechteck zusammensetzen, dessen Fläche durch $b \times r$ gegeben ist, sodass die Gesamtfläche des Polygons $500 \times b \times r$ ist. Andererseits entspricht $500 \times b$ ungefähr der Hälfte des Umfangs und damit πr. Also ist die Fläche des Polygons ungefähr $\pi r \times r = \pi r^2$. Je mehr Dreiecke wir nehmen, umso näher kommt die Fläche des Polygons der Fläche des Kreises; letztendlich ist die Kreisfläche gleich πr^2.

Archimedes hatte festgestellt, dass der Wert von π zwischen 223/71 und 220/70 liegen muss. Ihm verdanken wir also die bekannte Näherung von 22/7 für den Wert von π. Die Ehre, das heutige Symbol π eingeführt zu haben, gebührt dem wenig bekannten walisischen Mathematiker William Jones, der im 18. Jahrhundert Vizepräsident der Royal Society von London wurde. Allgemein bekannt wurde das Symbol π als das Verhältnis von Kreisumfang zu Kreisdurchmesser durch den Mathematiker und Physiker Leonhard Euler.

Der exakte Wert von π   Wir werden den exakten Wert von π niemals genau kennen, denn im Jahre 1768 konnte Johann Lambert beweisen, dass es sich um eine irrationale Zahl handelt. Die Dezimaldarstellung ist unendlich lang und zeigt keine erkennbaren Regelmäßigkeiten. Die ersten 20 Dezimalstellen sind 3,14159265358979323846... Im antiken China verwendete man für π den Wert $\sqrt{10} = 3{,}16227766016837933199$, und dieser Wert wurde auch von Brahmagupta um 500 n. Chr. übernommen. Das ist tatsächlich etwas genauer als der grobe Wert 3 und zeigt erst an der zweiten Dezimalstelle eine Abweichung zu π.

π lässt sich auch über Zahlenreihen bestimmen. Eine bekannte Darstellung ist:

$$\frac{\pi}{4} = 1 - \frac{1}{3} + \frac{1}{5} - \frac{1}{7} + \frac{1}{9} - \frac{1}{11} + \ldots$$

Allerdings konvergiert diese Reihe nur sehr langsam gegen π. Zur Berechnung des Zahlenwerts ist sie nicht geeignet. Eine interessante gegen einen Ausdruck von π konvergierende Reihe stammt von Euler:

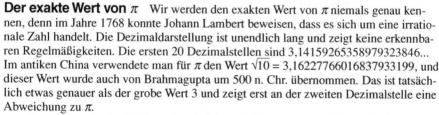

1706 n. Chr.	**1761**	**1882**
William Jones führt das Symbol π ein	Lambert beweist, dass π irrational ist	Lindemann beweist die Transzendenz von π

$$\frac{\pi^2}{6} = 1 + \frac{1}{2^2} + \frac{1}{3^2} + \frac{1}{4^2} + \frac{1}{5^2} + \frac{1}{6^2} + \dots$$

Der geniale Autodidakt Srinivasa Ramanujan fand einige bemerkenswerte Näherungsformeln für π, unter anderem die folgende, die nur die Quadratwurzel von 2 enthält:

$$\frac{9801}{4412}\sqrt{2} = 3,14159927300133056603139961890\dots$$

Für die Mathematiker war π schon immer eine faszinierende Zahl. Während Lambert zeigen konnte, dass es sich bei π nicht um einen Bruch handeln kann, konnte der deutsche Mathematiker Ferdinand von Lindemann im Jahre 1882 eines der wichtigsten offenen Probleme im Zusammenhang mit π lösen. Er bewies, dass π eine „transzendente" Zahl ist. Das bedeutet, π kann keine Lösung einer algebraischen Gleichung sein. (Eine algebraische Gleichung enthält nur endliche Potenzen von der Unbekannten x und ihre Koeffizienten sind rationale Zahlen.) Durch die Lösung dieses „Jahrtausendproblems" konnte Lindemann gleichzeitig auch das Problem der „Quadratur des Kreises" lösen. Die Frage war, ob man aus einem gegebenen Kreis ein Quadrat mit demselben Flächeninhalt konstruieren kann, wobei man für diese Konstruktion nur Zirkel und Lineal verwenden darf. Aus Lindemanns Beweis folgte eindeutig die Unmöglichkeit einer solchen Konstruktion. Heute spricht man von einer „Quadratur des Kreises", wenn man zum Ausdruck bringen will, dass etwas unmöglich ist.

Auch die Berechnung von π machte rasche Fortschritte. Im Jahre 1853 behauptete William Shanks, den Wert auf 607 Stellen genau berechnet zu haben (tatsächlich war seine Rechnung nur für die ersten 527 Stellen richtig). Heute können wir mithilfe von Computern den Wert von π auf zunehmend mehr Dezimalstellen bestimmen. Im Jahre 1949 benötigte ein ENIAC-Computer rund 70 Stunden, um π auf 2 037 Dezimalstellen zu berechnen. Im Jahre 2002 bestimmte man die Dezimaldarstellung von π auf schwindelerregende 1 241 100 000 000 Stellen genau, und es hat kein Ende. Würden wir entlang des Äquators die Zahl π aufschreiben, benötigten wir für den Wert von Shanks vielleicht 1,2 Meter, doch die Länge der Berechnung von 2002 würde uns 62-mal rund um die Erde führen!

Im Zusammenhang mit π wurden viele Fragen gestellt und viele auch beantwortet. Sind die Ziffern von π eine Zufallsfolge? Kann man in der Dezimaldarstellung jede beliebig vorgegebene endliche Zahlenfolge finden? Ist es beispielsweise möglich, irgendwo in der Entwicklung die Folge 0123456789 zu finden? Um 1950 hatte man noch keine Antworten auf diese Fragen. Niemand hatte diese Zahlenfolge in den 2 000 damals bekannten Dezimalstellen von π gefunden. Der führende holländische Mathematiker L. E. J. Brouwer behauptete sogar, diese Frage sei sinnlos, weil sie seiner Meinung nach nie überprüft werden könne. Tatsächlich fand man diese Zahlenfolge im Jahre 1997 beginnend an der Stelle 17 387 594 880. Bei unserem Bild vom Äquator würde diese Zahlenfolge ungefähr 5 000 Kilometer vor der ersten Erdumrundung auftauchen. Schon nach weniger als 1 000 Kilometern findet man zehnmal die Ziffer 6 hintereinander, doch man muss die Erde einmal umrunden und noch 6 500 Kilometer weiter gehen, bis man zum ersten Mal die Ziffer 7 zehnmal in Folge entdeckt.

π in der Dichtung

Wenn man sich wirklich die ersten Ziffern in der Dezimaldarstellung von π merken möchte, hilft vielleicht ein kleines Gedicht in englischer Sprache. Verfasst wurde es von dem Mathematiker Michael Keith in Anlehnung an das Gedicht *The Raven* von Edgar Allen Poe.

Der Anfang des Gedichts von Poe:

The Raven E. A. Poe
Once upon a midnight dreary, while I
pondered weak and weary,
Over many a quaint and curious volume of
forgotten lore, ...

Der Anfang von Keiths Version für π:

Poe, E. Near a Raven
Midnights so dreary, tired and weary.
Silently pondering volumes extolling all by-
now obsolete lore.

Nimmt man jeweils die Anzahl der Buchstaben in jedem Wort (zehn Buchstaben entsprechen der Null), so erhält man aus Keiths gesamtem Gedicht die ersten 740 Dezimalstellen der Zahl π.

Die Bedeutung von π   Welchen Vorteil bringt es, die Zahl π auf so viele Stellen genau zu kennen? Für die meisten Berechnungen reichen einige wenige Stellen vollkommen aus. Vermutlich benötigt keine praktische Anwendung mehr als zehn Dezimalstellen, und in vielen Fällen ist sogar die Näherung 22/7 von Archimedes gut genug. Doch die aufwendigen Berechnungen sind mehr als reiner Spaß. In erster Linie verwendet man sie, um die Leistungsfähigkeit von Computern zu testen. Außerdem üben diese Zahlen eine magische Faszination auf eine Gruppe von Mathematikern aus, die sich selbst die „Freunde von pi" nennen.

    Die vielleicht seltsamste Geschichte im Zusammenhang mit der Zahl π war ein Versuch im amerikanischen Bundesstaat Indiana, den Wert von π per Gesetz festzulegen. Gegen Ende des 19. Jahrhunderts brachte der Arzt Dr. E. J. Goodwin diesen Gesetzesentwurf ein, um π „handhabbarer" zu machen. Während des Verfahrens stieß man jedoch auf das praktische Problem, dass der Antragsteller den gewünschten Wert nicht absolut angeben konnte. Zum Glück für Indiana erkannte man, was für ein Unsinn es war, den Wert von π per Gesetz festlegen zu wollen, bevor das Gesetz verabschiedet wurde. Seither haben die Politiker die Zahl π in Ruhe gelassen.

Worum es geht

Das A und O von π

06 *e*

Im Vergleich zu seinem großen Rivalen π ist *e* eher ein Neuling. Während π eine erhabene Vergangenheit hat und sich bis zu den Babyloniern zurückverfolgen lässt, ist die Geschichte von *e* eher bescheiden. Die Konstante *e* ist jung und dynamisch, und sie tritt immer dann auf, wenn es um „Wachstum" geht. Gleichgültig ob in Populationen von Organismen, im Zusammenhang mit Geld oder anderen physikalischen Größen – Wachstum hat immer etwas mit *e* zu tun.

Die Zahl *e* hat ungefähr den Wert 2,71828. Was soll daran besonders sein? Es handelt sich nicht um eine zufällig gewählte Zahl, sondern es ist eine der wichtigsten Konstanten der Mathematik. Zum ersten Mal tauchte sie im 17. Jahrhundert auf, als einige Mathematiker das Konzept des Logarithmus untersuchten, mit dem man die Multiplikation großer Zahlen in eine Addition umwandeln kann.

In Wirklichkeit beginnt die Geschichte jedoch im 17. Jahrhundert mit einem Problem aus der Finanzwelt. Damals lebte Jacob Bernoulli, Sohn einer illustren Schweizer Familie, die der Welt gleich eine ganze Dynastie von ausgezeichneten Mathematikern bescherte. Im Jahre 1683 begann Bernoulli sich mit dem Problem der Verzinsung mit Zinseszins zu beschäftigen.

Geld, Geld und nochmals Geld Angenommen, wir besitzen ein Startkapital (ein sogenanntes „Grundkapital") von 1 Euro und möchten wissen, was aus diesem Kapital bei einer Zinsrate von satten 100 % nach einem Zeitraum von einem Jahr geworden ist. Natürlich bekommen wir selten 100 % Zinsen, aber mit dieser Zahl lässt sich leichter rechnen, außerdem lässt sich das Konzept auch an realistischere Zinsraten von 4 % oder 5 % anpassen. Und falls wir ein größeres Grundkapital haben, beispielsweise 10 000 Euro, dann können wir alles mit 10 000 multiplizieren.

Am Ende des Jahres haben wir unser Grundkapital von 1 Euro sowie die Zinsen von 100 %, die in diesem Fall ebenfalls 1 Euro ausmachen. Ingesamt haben wir also die königliche Summe von 2 Euro. Nun nehmen wir an, dass wir nur die Hälfte an Zins bekommen, nämlich 50 %, allerdings jeweils für ein halbes Jahr. Im ersten halben Jahr erhalten wir 50 Cent Zinsen, und unser Kapital ist am Ende des ersten Halbjahres auf 1,50 Euro angewachsen. Am Ende des gesamten Jahres besitzen wir also diesen Betrag plus nochmals 75 Cent an Zinsen für das zweite Halbjahr. Aus unserem Euro wurden 2,25

Zeitleiste

1618	1727
Im Zusammenhang mit Logarithmen stößt John Napier auf die Konstante *e*	Euler verwendet die Schreibweise *e* im Zusammenhang mit der Theorie der Logarithmen; *e* wird manchmal auch Euler-Zahl genannt

Euro am Ende des ersten Jahres! Indem wir den Zins halbjährig ausgezahlt bekommen, haben wir nochmals 25 Cent gewonnen. Das mag nicht viel sein, doch bei einem Grundkapital von 10 000 Euro hätten wir immerhin 12 500 Euro statt 10 000 Euro Zinsen erhalten. Aufgrund der halbjährigen Auszahlung der Zinsen hätten wir 2 500 Euro mehr.

Wenn wir bei einer halbjährigen Zinsauszahlung auf unser Erspartes mehr verdienen, verdient die Bank umgekehrt auch mehr an unseren Schulden – wir müssen also vorsichtig sein. Nun unterteilen wir das Jahr in vier Vierteljahre, und der Zins soll für jedes Vierteljahr 25 % betragen. Mit einer ähnlichen Rechnung wie vorher finden wir nun, dass aus unserem einen Euro insgesamt 2,44141 Euro geworden sind. Das Geld nimmt also noch schneller zu, und bei einem Grundkapital von 10 000 Euro wäre es vorteilhaft, wenn wir das Jahr in immer kleinere Zeiträume mit entsprechend kleineren Zinsraten aufspalten könnten.

Würde unser Geld in diesem Fall über alle Grenzen anwachsen, und wären wir nach einem Jahr Millionäre? Wenn wir das Jahr ebenso wie den Zins in immer kleinere Einheiten unterteilen, dann zeigt die nebenstehende Tabelle, dass bei diesem „Grenzprozess" der Geldbetrag am Ende des Jahres gegen eine konstante Zahl zu streben scheint. Als realistische Zinsperiode ist natürlich der Tag die untere Grenze (so rechnen auch die Banken), doch die Mathematik sagt uns, dass in diesem theoretischen Grenzfall aus unserem einen Euro Startkapital schließlich ein Betrag wird, den der Mathematiker e nennt. Diesen Betrag besäßen wir, wenn die Zinsauszahlung kontinuierlich erfolgen würde. Ist das gut oder schlecht? Sie kennen die Antwort: Es ist gut, wenn Sie das Geld sparen, und es ist schlecht, wenn Sie jemandem Geld schulden.

Zinsauszahlung pro	angesammelter Betrag
Jahr	EUR 2,00000
Halbjahr	EUR 2,25000
Vierteljahr	EUR 2,44141
Monat	EUR 2,61304
Woche	EUR 2,69260
Tag	EUR 2,71457
Stunde	EUR 2,71813
Minute	EUR 2,71828
Sekunde	EUR 2,71828

Der genaue Wert von e Ebenso wie π ist auch e eine irrationale Zahl, das heißt wir können den exakten Wert nie kennen. Auf 20 Dezimalstellen genau ist $e = 2{,}71828182845904523536...$

Wenn wir e durch einen Bruch annähern wollen, bei dem Zähler und Nenner nicht mehr als zweistellig sein sollen, ist 87/32 der beste Wert. Seltsamerweise ist der beste Bruch mit dreistelligen Zahlen im Zähler und Nenner durch 878/323 gegeben. Dieser Bruch ist eine Art palindromische Erweiterung des ersten Bruchs. Solche Überraschungen findet man oft in der Mathematik. Eine bekannte Reihenentwicklung für e ist die folgende:

$$e = 1 + \frac{1}{1} + \frac{1}{2\times 1} + \frac{1}{3\times 2\times 1} + \frac{1}{4\times 3\times 2\times 1} + \frac{1}{5\times 4\times 3\times 2\times 1} + ...$$

An dieser Stelle wird die Fakultätsschreibweise mit einem Ausrufezeichen nützlich. Beispielsweise ist $5! = 5 \times 4 \times 3 \times 2 \times 1$. Mit dieser Schreibweise nimmt e die bekanntere Darstellung an:

748

ler berechnet e auf 23 Dezimalstellen; ihm
rd um diese Zeit die Entdeckung der berühm-
ı Formel $e^{i\pi} + 1 = 0$ zugeschrieben

1873

Hermite beweist, dass e eine transzendente Zahl ist

2007

e wird auf 10^{11} Dezimalstellen berechnet

$$e = 1 + \frac{1}{1!} + \frac{1}{2!} + \frac{1}{3!} + \frac{1}{4!} + \frac{1}{5!} + \dots$$

Offensichtlich gibt es bei der Zahl *e* einige Regelmäßigkeiten. Hinsichtlich seiner mathematischen Eigenschaften erscheint *e* „symmetrischer" als π.

Es gibt viele Möglichkeiten, sich die ersten Dezimalstellen von *e* zu merken. Wenn Sie sich in amerikanischer Geschichte auskennen, funktioniert vielleicht „*e* = 2,7 Andrew Jackson Andrew Jackson". Andrew Jackson war der siebte Präsident der Vereinigten Staaten und wurde im Jahre 1828 gewählt. Es gibt viele Eselsbrücken dieser Art, sie sind jedoch selten von besonderem mathematischem Interesse.

Leonhard Euler bewies im Jahre 1737, dass *e* eine irrationale Zahl ist (kein Bruch). Im Jahre 1840 zeigte der französische Mathematiker Joseph Liouville, dass *e* keine Lösung einer quadratischen Gleichung sein kann, und im Jahre 1873 bewies sein Landsmann Charles Hermite in einer bahnbrechenden Arbeit, dass *e* eine transzendente Zahl ist (also keine Lösung einer algebraischen Gleichung sein kann). Von besonderer Bedeutung ist in diesem Zusammenhang das von Hermite benutzte Verfahren. Neun Jahre später übernahm Ferdinand von Lindemann die Idee von Hermite und bewies die Transzendenz von π, ein Problem von weit größerem Kaliber.

Eine Frage war damit beantwortet, doch es folgten weitere. Ist *e* hoch *e* transzendent? Dieser Ausdruck ist so seltsam, wie sollte es anders sein? Und doch konnte es bis heute nicht wirklich bewiesen werden und gilt daher im streng mathematischen Sinne immer noch als eine Vermutung. Es gibt Beweise, die in die Richtung gehen; beispielsweise konnte gezeigt werden, dass nicht sowohl *e* hoch *e* als auch *e* hoch e^2 transzendent sein können. Immerhin etwas!

Die Beziehungen zwischen π und *e* sind ebenfalls faszinierend. Die Werte für e^π und π^e liegen nahe beieinander, allerdings kann man leicht zeigen (ohne tatsächlich die Werte zu berechnen), dass $e^\pi > \pi^e$ ist. Sollten Sie „schummeln" und auf Ihren Taschenrechner blicken, dann finden Sie die ungefähren Werte $e^\pi = 23{,}14069$ und $\pi^e = 22{,}45916$.

Die Zahl e^π bezeichnet man als Gelfond'sche Konstante (nach dem russischen Mathematiker Aleksandr Gelfond). Von ihr konnte bewiesen werden, dass sie transzendent ist. Von π^e weiß man dagegen noch nicht einmal, ob sie irrational ist.

Ist *e* wichtig?

Am häufigsten findet man *e* im Zusammenhang mit Formen von Wachstum. Beispiele sind ökonomisches Wachstum oder das Wachstum von Populationen. Eng damit verbunden sind die Kurven zur Beschreibung von radioaktivem Zerfall, die ebenfalls durch *e* ausgedrückt werden.

Die Zahl *e* tritt jedoch auch im Zusammenhang mit Problemen auf, die nichts mit Wachstum zu tun haben. Pierre Montmort beschäftigte sich im 18. Jahrhundert mit einem Problem der Wahrscheinlichkeitstheorie, das seither intensiv untersucht wurde. In einer einfachen Version geht eine Gruppe von Personen zum Mittagessen, und anschließend nimmt jeder zufällig einen der abgelegten Hüte. Wie groß ist die Wahrscheinlichkeit, dass niemand seinen eigenen Hut nimmt?

Man kann zeigen, dass die Wahrscheinlichkeit durch 1/*e* gegeben ist (ungefähr 37 %). Die Wahrscheinlichkeit, dass zumindest eine Person ihren eigenen Hut aufnimmt, ist somit 1 − 1/*e* (63 %). Dieses Beispiel aus der Wahrscheinlichkeitstheorie ist nur eines von vielen. Ein weiteres ist die Poisson-Verteilung im Zusammenhang mit seltenen Ereignissen. Eine sehr bemerkenswerte Formel für das Verhalten von *n*! für sehr große Werte von *n* stammt von James Stirling, und sie enthält sowohl *e* als auch π. Die in der Statistik bekannte „Glockenkurve" für die Normalverteilung hängt ebenfalls von *e* ab. Ein weiteres Beispiel aus der Technik ist die mathematische Beschreibung der Form einer Hängebrücke. Die Liste ist schier endlos.

Eine erstaunliche Gleichung

Der Preis für die erstaunlichste Formel in der Mathematik gebührt wohl einer Gleichung, die ebenfalls die Zahl *e* enthält. Einige der berühmtesten Zahlen in der Mathematik sind 0, 1, π, *e* sowie die imaginäre Zahl $i = \sqrt{-1}$. Wer hätte gedacht, dass es zwischen diesen Zahlen eine Beziehung gibt:

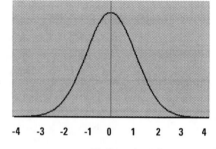

Die Normalverteilung

$$e^{i\pi} + 1 = 0$$

Der Beweis dieser Formel wird Euler zugeschrieben.

Die wirkliche Bedeutung von *e* liegt vielleicht in ihrer geheimnisvollen Aura, mit der sie Generationen von Mathematikern in ihren Bann gezogen hat. In der Mathematik lässt sich *e* kaum vermeiden. Weshalb ein Autor wie E. V. Wright auf die Idee kommt, einen Roman zu schreiben, in dem der Buchstabe „e" nicht vorkommt (der Roman heißt *Gadsby*), bleibt rätselhaft. Man kann sich kaum vorstellen, dass ein Mathematiker auf die Idee käme, ein *e*-loses Buch zu schreiben.

Die natürlichste aller Zahlen

07 Unendlichkeit

Wie groß ist unendlich? Eine kurze Antwort wäre, dass ∞ (das Zeichen für unendlich) sehr groß ist. Man denke an eine gerade Linie mit immer größer werdenden Zahlen, und diese Linie erstreckt sich „bis ins Unendliche". Neben jeder noch so großen Zahl, beispielsweise 10^{1000}, gibt es immer eine noch größere Zahl, in diesem Fall $10^{1000} + 1$.

Diese Vorstellung von Unendlichkeit ist weit verbreitet: eine endlose Zahlenkette. Der Mathematiker verwendet unendlich auf vielerlei Arten und Weisen, doch man muss vorsichtig sein: Unendlich ist keine gewöhnliche Zahl.

Zählen Der deutsche Mathematiker Georg Cantor hatte ein vollkommen anderes Konzept der Unendlichkeit. Im Zusammenhang mit der Klärung dieses Begriffs entwickelte er eine neue Theorie, auf der ein Großteil der modernen Mathematik beruht. Dieser Theorie liegt eine sehr einfache Vorstellung von „Zählen" zugrunde, noch einfacher als unser vertrautes „1, 2, 3, ...".

Versuchen wir uns einen Hirten vorzustellen, der überhaupt keine Ahnung von Zahlen hat. Wie kann er abends wissen, ob alle Schafe wieder im Stall sind? Ganz einfach! Wenn er die Schafe morgens auf die Weide lässt, legt er für jedes Schaf einen Stein auf einen Haufen, und wenn die Schafe abends zurückkommen, nimmt er für jedes Schaf wieder einen Stein von diesem Haufen. Wenn ein Schaf fehlt, bleibt am Schluss ein Stein liegen. Ohne irgendwelche Zahlen zu verwenden, handelt der Hirte nach einem sehr mathematischen Prinzip. Er benutzt die Idee einer Eins-zu-Eins-Beziehung zwischen den Schafen und den Steinen. Diese einfache Idee hat überraschende Konsequenzen.

Cantors Theorie beruht auf *Mengen* (eine Menge ist einfach eine Ansammlung von Objekten). Beispielsweise steht $\mathbf{N} = \{1, 2, 3, 4, 5, 6, 7, 8, ...\}$ für die Menge der (positiven) ganzen Zahlen. Ist eine Menge gegeben, können wir auch über Teilmengen sprechen, das sind kleinere Mengen innerhalb der großen Menge. Die am nächsten liegenden Teilmengen im Zusammenhang mit unserem Beispiel $\mathbf{N}$ sind die Mengen $\mathbf{U} = \{1, 3, 5, 7, ...\}$ und $\mathbf{G} = \{2, 4, 6, 8, ...\}$, also die Mengen der ungeraden bzw. geraden Zahlen. Angenommen, Sie würden gefragt werden, ob es ebenso viele ungerade wie gerade Zahlen gibt. Was würden Sie sagen? Sie können diese Frage zwar nicht dadurch beantworten, dass Sie die Elemente in jeder der beiden Mengen zählen und die Ergebnisse vergleichen, trotzdem lautete Ihre Antwort sicherlich „ja". Worauf beruht Ihre Zuversicht?

Zeitleiste

350 v. Chr.

Aristoteles argumentiert gegen eine tatsächlich existierende Unendlichkeit

1639

Girard Desargues führt das Konzept von unendlich in der Geometrie ein

Vermutlich haben Sie den Eindruck „die Hälfte der ganzen Zahlen sind ungerade und die Hälfte sind gerade". Cantor würde Ihnen zustimmen, allerdings aus einem anderen Grund. Er würde sagen, dass es zu jeder ungeraden Zahl einen geraden „Partner" gibt. Die Schlussfolgerung, dass die Mengen **U** und **G** dieselbe Anzahl von Elementen enthalten, beruht auf der Möglichkeit einer paarweisen Zuordnung von ungeraden und geraden Zahlen:

$$
\begin{array}{ccccccccccc}
\text{U:} & 1 & 3 & 5 & 7 & 9 & 11 & 13 & 15 & 17 & 19 & 21\ldots \\
& \updownarrow & \updownarrow & \updownarrow & \updownarrow & \updownarrow & \updownarrow & \updownarrow & \updownarrow & \updownarrow & \updownarrow & \updownarrow \\
\text{G:} & 2 & 4 & 6 & 8 & 10 & 12 & 14 & 16 & 18 & 20 & 22\ldots
\end{array}
$$

Würde man uns nun fragen, ob es ebenso viele natürliche Zahlen gibt wie gerade Zahlen, wäre die Antwort vermutlich „nein", mit dem Argument, dass die Menge der natürlichen Zahlen **N** doppelt so viele Zahlen enthält wie die Menge der geraden Zahlen **G**.

Doch Begriffe wie „mehr", „doppelt so viel" etc. verlieren ihre Schärfe, wenn es um Mengen mit unendlich vielen Elementen geht. Das Konzept der Eins-zu-Eins-Beziehung erweist sich in diesem Fall als besser. Und überraschenderweise gibt es eine Eins-zu-Eins-Beziehung zwischen **N** und der Menge der geraden Zahlen **G**:

$$
\begin{array}{ccccccccccc}
\text{N:} & 1 & 2 & 3 & 4 & 5 & 6 & 7 & 8 & 9 & 10 & 11\ldots \\
& \updownarrow & \updownarrow & \updownarrow & \updownarrow & \updownarrow & \updownarrow & \updownarrow & \updownarrow & \updownarrow & \updownarrow & \updownarrow \\
\text{G:} & 2 & 4 & 6 & 8 & 10 & 12 & 14 & 16 & 18 & 20 & 22\ldots
\end{array}
$$

Wir gelangen zu der überraschenden Feststellung, dass es „ebenso viele" ganze Zahlen wie gerade Zahlen gibt! Das widerspricht sowohl dem „gesunden Menschenverstand" als auch dem Anfang der *Elemente* von Euklid von Alexandrien, wo es heißt: »Das Ganze ist größer als der Teil.«

Kardinalzahlen Die Anzahl der Elemente in einer Menge bezeichnet man als ihre „Mächtigkeit" oder auch „Kardinalzahl" oder „Kardinalität". Für die Menge der Schafe ist die Kardinalzahl eine natürliche Zahl, sagen wir 42. Die Mächtigkeit der Menge $\{a, b, c, d, e\}$ ist 5, und man schreibt dafür $card\{a, b, c, d, e\} = 5$. Die Kardinalzahl ist daher ein Maß für die „Größe" einer Menge. Für die Kardinalzahl der ganzen Zahlen **N** und jeder anderen Menge, die in Eins-zu-Eins-Beziehung zu **N** steht, verwendete Cantor das Symbol $\aleph_0$ ($\aleph$ oder „Aleph" ist der Anfangsbuchstabe des hebräischen Alphabets;

1655

John Wallis wird zugeschrieben, als Erster den „Liebesknoten" ∞ als Symbol für unendlich verwendet zu haben

1874

Cantor entwickelt ein strenges Konzept von unendlich und unterscheidet verschiedene Ordnungen von Unendlichkeit

1960er

Abraham Robinson formuliert eine neue Art von Arithmetik, die auf dem Konzept des Infinitesimalen beruht

das Symbol $\aleph_0$ wird als „Aleph Null" gelesen). In mathematischer Schreibweise erhalten wir somit: $card(\mathbf{N}) = card(\mathbf{G}) = card(\mathbf{U}) = \aleph_0$.

Eine Menge, die in einer Eins-zu-Eins-Beziehung zu $\mathbf{N}$ steht, bezeichnet man als „abzählbar unendliche" Menge. Abzählbare Unendlichkeit bedeutet daher, dass wir von den Elementen der Menge eine Liste anfertigen können. Zum Beispiel wäre die Liste der ungeraden Zahlen einfach 1, 3, 5, 7, 9, ... – und wir wissen genau, welches das erste Element ist, welches das zweite usw.

Gibt es abzählbar unendlich viele Brüche?

Die Menge der Brüche $\mathbf{Q}$ ist eine größere Menge als $\mathbf{N}$, zumindest in dem Sinne, dass wir uns $\mathbf{N}$ als eine Teilmenge von $\mathbf{Q}$ vorstellen können. Können wir eine Liste aller Elemente von $\mathbf{Q}$ angeben? Gibt es eine Vorschrift für die Erstellung einer Liste, sodass jeder Bruch (einschließlich der negativen Brüche) irgendwo in dieser Liste auftaucht? Zunächst könnte man meinen, dass eine derart große Menge nicht mit $\mathbf{N}$ in eine Eins-zu-Eins-Beziehung gebracht werden kann. Doch es ist möglich!

Der erste Schritt besteht darin, zweidimensional „zu denken". Wir schreiben zunächst alle ganzen Zahlen in eine Reihe, positive und negative Zahlen abwechselnd. Darunter schreiben wir alle Brüche mit dem Zähler 2, allerdings ohne die Brüche, deren Wert schon in der ersten Zeile steht (wie 6/2 = 3). Unter diese Reihe schreiben wir alle Brüche mit dem Zähler 3, wiederum außer den Brüchen, deren Wert schon aufgetreten ist. In dieser Weise fahren wir fort, natürlich ohne jemals fertig zu werden. Wir wissen allerdings genau, an welcher Stelle in diesem Diagramm jeder Bruch zu stehen kommt. Beispielsweise befindet sich der Bruch 209/67 in der 67. Reihe ungefähr 200 Plätze rechts von 1/67.

Nachdem wir zumindest in Gedanken sämtliche Brüche in dieser Form hingeschrieben haben, können wir eine eindimensionale Liste erstellen. Würden wir einfach in der obersten Reihe beginnen und jedes Mal um einen Schritt nach rechts gehen, würden wir nie zur zweiten Reihe gelangen. Gehen wir jedoch entlang einer gewundenen Zick-Zack-Route, so haben wir Erfolg. Bei 1 beginnend erhalten wir unsere Liste: 1, –1, 1/2, 1/3, –1/2, 2, –2, ... Wir müssen nur den Pfeilen wie in dem Schema der natürlichen Zahlen links folgen. Jeder Bruch, ob positiv oder negativ, taucht irgendwo in unserer eindimensionalen Liste auf, und umgekehrt bestimmt die Position den zugehörigen Partner in der zweidimensionalen Liste der Brüche. Wir kommen also zu dem Schluss, dass die Menge der Brüche $\mathbf{Q}$ abzählbar unendlich ist und schreiben $card(\mathbf{Q}) = \aleph_0$.

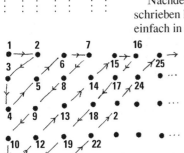

Gibt es eine Liste der reellen Zahlen?

Obwohl die Menge der Brüche bereits viele Elemente der reellen Zahlenachse umfasst, gibt es auch reelle Zahlen wie $\sqrt{2}$, e und π, die *keine* Brüche sind. Dies sind die irrationalen Zahlen. Sie „füllen die Lücken" auf der reellen Zahlenachse $\mathbf{R}$.

Mit diesen ausgefüllten Lücken bezeichnet man $\mathbf{R}$ als das „Kontinuum". Damit erhebt sich die Frage, ob wir eine Liste der reellen Zahlen anfertigen können. Mit einer

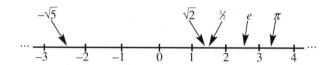

genialen Idee konnte Cantor zeigen, dass jeder Versuch, auch nur die reellen Zahlen *zwischen 0 und 1* in eine Liste zu zwängen, zum Scheitern verurteilt ist. Diese Erkenntnis wird für einen zwanghaften Buchhalter ein Schock sein, und man fragt sich unwillkürlich, wieso man eine Menge von Zahlen *nicht* in eine Reihe hintereinander schreiben kann.

Nehmen wir einmal an, Sie glaubten Cantor nicht. Sie wissen, dass man jede Zahl zwischen 0 und 1 als eine (möglicherweise unendlich) lange Dezimalzahl schreiben kann, beispielsweise $1/2 = 0,500000000000000...$ und $1/\pi = 0,318309886183790...$ Stellen Sie sich vor, Sie hätten das Gefühl, erfolgreich eine Liste *aller* solcher Zahlen zwischen 0 und 1 erstellt zu haben; die Zahlen in dieser Liste seien $r_1, r_2, r_3, r_4, r_5, ...$ Cantor hätte dann recht, wenn es keine solche Liste gibt.

In Gedanken zeigen Sie nun Cantor Ihre Liste; er betrachtet die Zahlen und markiert die Ziffern auf folgender Diagonalen:

$$r_1: \quad 0,\boldsymbol{a_1}a_2a_3a_4a_5 ...$$
$$r_2: \quad 0,b_1\boldsymbol{b_2}b_3b_4b_5 ...$$
$$r_3: \quad 0,c_1c_2\boldsymbol{c_3}c_4c_5 ...$$
$$r_4: \quad 0,d_1d_2d_3\boldsymbol{d_4}d_5 ...$$

Cantor sagt dann: „Alles schön und gut. Doch wo ist die Zahl $x = 0,x_1x_2x_3x_4x_5 ...$, wobei x_1 verschieden ist von a_1, x_2 verschieden von b_2, x_3 verschieden von c_3 usw. entlang der Diagonalen?" Keine Zahl in Ihrer Liste stimmt mit dieser Zahl x überein; zumindest an einer Dezimalstelle gibt es einen Unterschied. Also ist x nicht in Ihrer Liste und Cantor hat recht.

Für die reellen Zahlen **R** kann es keine solche Liste geben, daher handelt es sich um eine „größere" unendliche Menge mit einer größeren „Ordnung von Unendlichkeit" als die unendliche Menge der Brüche **Q**.

Eine Palette von Unendlichkeiten

08 Imaginäre Zahlen

Lange Zeit galten die imaginären Zahlen als unwirkliches Phantasieprodukt, so wie es ihr Name nahelegt. Heute erachtet man sie jedoch als ebenso real wie die reellen Zahlen auch.

Die Bezeichnung „imaginär" soll auf den Philosophen und Mathematiker René Descartes zurückgehen, der damit seltsame Lösungen von Gleichungen bezeichnete, die sicherlich keine gewöhnlichen Zahlen sind. Gibt es diese imaginären Zahlen oder gibt es sie nicht? Diese Frage stellten sich die Philosophen im Zusammenhang mit der Bezeichnung „imaginär". Doch für die Mathematiker ist die Existenz imaginärer Zahlen kein Thema. Sie gehören ebenso zum täglichen Leben wie die Zahlen 5 oder π. Imaginäre Zahlen helfen vielleicht nicht gerade beim täglichen Einkauf, aber wenn Sie einen Flugzeugkonstrukteur oder einen Elektrotechniker ansprechen, werden Sie feststellen, dass imaginäre Zahlen von größter Wichtigkeit sind. Durch die Addition einer reellen Zahl und einer imaginären Zahl erhält man eine sogenannte „komplexe Zahl", was philosophisch weniger problematisch klingt. Die Theorie der komplexen Zahlen beruht auf der Quadratwurzel von *minus* 1. Doch welche Zahl ergibt -1, wenn man sie quadriert?

Wenn Sie irgendeine von null verschiedene Zahl nehmen und mit sich selbst multiplizieren (also die Zahl quadrieren), erhalten Sie immer eine positive Zahl. Für das Quadrat von positiven Zahlen folgt das unmittelbar, doch gilt es auch für das Quadrat von negativen Zahlen? Betrachten wir als Beispiel -1×-1. Selbst wenn wir die bekannte Regel aus der Schule – „minus mal minus gibt plus" – wieder vergessen haben sollten, erinnern wir uns in jedem Fall daran, dass das Ergebnis entweder $+1$ oder -1 ist. Falls wir der Meinung sind, -1×-1 sei -1, können wir jede Seite durch -1 dividieren und erhalten als Folgerung das unsinnige Ergebnis $-1 = 1$. Also kommen wir zu dem Schluss, dass $-1 \times -1 = 1$, also ein positives Ergebnis. Die gleiche Begründung trifft auf jede negative Zahl zu, und das bedeutet, das Quadrat einer reellen Zahl kann nie negativ sein.

Im 16. Jahrhundert, den frühen Jahren der komplexen Zahlen, galt dies als ein großes Problem. Einmal überwunden, fühlten sich die Mathematiker wie befreit von den Fesseln der gewöhnlichen Zahlen, und es eröffnete sich ein umfangreiches Forschungsgebiet mit ungeahnten neuen Möglichkeiten. Die komplexen Zahlen sind eine Vervollständigung der reellen Zahlen zu einem in mehrfacher Hinsicht natürlichen, abgeschlossenen Zahlensystem.

Zeitleiste

1572	1777
Rafael Bombelli rechnet mit imaginären Zahlen	Euler verwendet als Erster das Symbol *i* für die Quadratwurzel von -1

√−1 in der Technik

Sogar die eher praktisch orientierten Ingenieure haben viele nützliche Anwendungen für die komplexen Zahlen gefunden. Als Michael Faraday in den 1830er-Jahren den Wechselstrom entdeckte, wurden die imaginären Zahlen zu physikalischer Realität. Allerdings verwendet man in diesem Zusammenhang meist den Buchstaben j für √−1, da i bereits für den elektrischen Strom vergeben ist.

Die Quadratwurzel aus −1   Wir haben bereits gesehen, dass es auf der reellen Zahlengeraden

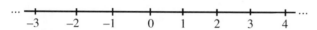

keinen Platz für die Quadratwurzel von −1 gibt, denn das Quadrat einer reellen Zahl kann nicht negativ sein. Solange wir bei Zahlen nur an die reelle Zahlengerade denken, brauchen wir gar nicht erst fortzufahren; wir nennen die seltsamen Zahlen weiterhin imaginär, gesellen uns zu den Philosophen und kümmern uns nicht weiter um sie. Oder wir wagen den kühnen Schritt und akzeptieren √−1 als eine neue Größe, die wir mit i bezeichnen.

Dieser einfache mentale Akt verleiht den imaginären Zahlen ihre Existenz. Wir wissen nicht, was imaginäre Zahlen sind, aber wir wissen, dass es sie gibt. Zumindest wissen wir $i^2 = -1$. Unser neues Zahlensystem enthält also alle alten Bekannten, wie die reellen Zahlen 1, 2, 3, 4, π, e, $\sqrt{2}$ und $\sqrt{3}$, sowie einige neue Zahlen, in denen das i auftritt, wie $1 + 2i, -3 + i, 2 + 3i, 1 + i\sqrt{2}, \sqrt{3} + 2i, e + \pi i$ usw.

Dieser für die Mathematik so bedeutungsvolle Schritt wurde zu Beginn des 19. Jahrhunderts vollzogen, als man die eindimensionale Zahlengerade verließ und eine neuartige, zweidimensionale Zahlenebene betrat.

Addition und Multiplikation   Nachdem wir die komplexen Zahlen, also Zahlen der Form $a + bi$, einmal akzeptiert haben, was können wir mit ihnen anfangen? Ebenso wie reelle Zahlen können wir auch komplexe Zahlen addieren und multiplizieren. Für die Addition bilden wir die Summe der jeweiligen Anteile. Die Summe aus $2 + 3i$ und $8 + 4i$ ist daher $(2 + 8) + (3 + 4)i$, also $10 + 7i$.

Auch die Multiplikation ergibt sich fast von selbst. Wenn wir beispielsweise das Produkt von $2 + 3i$ mit $8 + 4i$ berechnen wollen, multiplizieren wir die einzelnen Terme jeweils paarweise

---

1806

Die grafische Darstellung von Argand führt zu der Bezeichnung „Argand-Diagramm"

1811

Carl Friedrich Gauß arbeitet mit Funktionen von komplexen Zahlenvariablen

1837

William R. Hamilton betrachtet komplexe Zahlen als geordnete Paare reeller Zahlen

$$(2 + 3i) \times (8 + 4i) = (2 \times 8) + (2 \times 4i) + (3i \times 8) + (3i \times 4i)$$

und addieren dann die entsprechenden Ausdrücke, also 16, $8i$, $24i$ und $12i^2$ (wobei im letzten Ausdruck i^2 durch -1 ersetzt wird). Das Ergebnis dieser Multiplikation ist daher $(16 - 12) + (8i + 24i)$ bzw. die komplexe Zahl $4 + 32i$.

Für die komplexen Zahlen gelten alle bekannten Rechenregeln. Man kann eine komplexe Zahl immer subtrahieren, und man kann durch eine komplexe Zahl immer dividieren (außer durch die komplexe Zahl $0 + 0i$, das ist aber auch für die reellen Zahlen verboten). Tatsächlich haben die komplexen Zahlen alle Eigenschaften der reellen Zahlen – mit einer Ausnahme: Wir können sie nicht auf natürliche Weise in positive und negative Zahlen aufteilen, wie es für die reellen Zahlen möglich ist.

Das Argand-Diagramm

Die Zweidimensionalität der komplexen Zahlen wird deutlich, wenn wir sie in einem Diagramm darstellen, wie beispielsweise nebenstehend die komplexen Zahlen $-3 + i$ und $1 + 2i$. Diese Art der Darstellung bezeichnet man als ein Argand-Diagramm, nach dem Schweizer Mathematiker Jean Robert Argand. Allerdings tauchte dieselbe Idee um die Wende zum 19. Jahrhundert mehrfach auf.

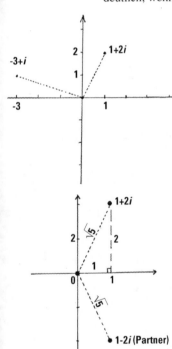

Zu jeder komplexen Zahl gibt es einen „Partner", den man als die „konjugierte Zahl" bezeichnet. Der Partner zu $1 + 2i$ ist die Zahl $1 - 2i$, wobei das Vorzeichen der zweiten Komponente umgekehrt wird. Entsprechend ist der Partner von $1 - 2i$ die Zahl $1 + 2i$. Es handelt sich also um eine wirkliche Partnerschaft.

Die Addition und Multiplikation von zwei Partnerzahlen ergibt immer eine reelle Zahl. Zum Beispiel ist die Summe von $1 + 2i$ und $1 - 2i$ gleich 2, und das Produkt ist 5. Die Multiplikation ist besonders interessant. Das Ergebnis 5 entspricht dem Quadrat der „Länge" der komplexen Zahl $1 + 2i$, und diese ist immer gleich der Länge des Partners. Anders ausgedrückt, definieren wir die Länge einer komplexen Zahl w durch:

$$\text{Länge von } w = \sqrt{(w \times \text{Partner von } w)}.$$

Als Beispiel berechnen wir die Länge von $-3 + i$ und erhalten:

$$\text{Länge von } (-3 + i) = \sqrt{(-3+i) \times (-3-i)} = \sqrt{(9+1)},$$

und somit ist die Länge von $(-3 + i) = \sqrt{10}$.

Dass sich die komplexen Zahlen dem Bereich des Mystischen entzogen haben, verdanken sie unter anderem Sir William Hamilton, dem führenden irischen Mathematiker des 19. Jahrhunderts. Er erkannte, dass die „Zahl" i für die Theorie eigentlich nicht benötigt wird. Sie spielt lediglich die Rolle eines Platzhalters und ist verzichtbar. Hamilton sah eine komplexe Zahl als ein „geordnetes Paar" reeller Zahlen (a, b), wodurch ihr zweidimensionaler Charakter betont wird und keinerlei

Bezug auf das geheimnisvolle $\sqrt{-1}$ genommen wird. Ohne das i ergibt sich die Addition als

$$(2, 3) + (8, 4) = (10, 7)$$

und, etwas weniger offensichtlich, die Multiplikation als

$$(2, 3) \times (8, 4) = (4, 32)$$

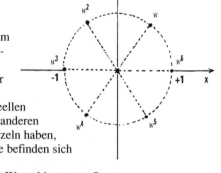

Die Vollständigkeit des komplexen Zahlensystems zeigt sich am deutlichsten, wenn wir an die sogenannten „n-ten Einheitswurzeln" denken (für den Mathematiker hat „Einheit" die Bedeutung von „Eins"). Hierbei handelt es sich um die Lösungen der Gleichung $z^n = 1$. Betrachten wir als Beispiel $z^6 = 1$. Offensichtlich gibt es die beiden Wurzeln $z = 1$ und $z = -1$ auf der reellen Zahlengeraden (denn $1^6 = 1$ und $(-1)^6 = 1$). Doch wo sind die anderen Wurzeln, wenn es insgesamt sechs geben soll? Alle sechs Wurzeln haben, ebenso wie die beiden reellen Wurzeln, die Länge eins, und sie befinden sich auf einem Kreis mit dem Radius eins um den Ursprung.

Das ist noch nicht alles. Bezeichnen wir mit $w = \frac{1}{2} + \frac{\sqrt{3}}{2}i$ die Wurzel im ersten Quadranten, dann sind die anderen Wurzeln (entgegen dem Uhrzeigersinn) jeweils w^2, w^3, w^4, w^5, $w^6 = 1$, und sie liegen an den Ecken eines gleichseitigen Sechsecks. Ganz allgemein befinden sich die n-ten Wurzeln der Einheit auf dem Einheitskreis an den Ecken – man spricht auch von „Vertizes" – eines regulären n-seitigen Vielecks.

Erweiterungen der komplexen Zahlen

Nachdem die Mathematiker die komplexen Zahlen kannten, suchten sie nach weiteren Verallgemeinerungen. Komplexe Zahlen sind zweidimensional, doch was ist an 2 so besonders? Viele Jahre lang suchte Hamilton nach dreidimensionalen Zahlen, versuchte ihre Additions- und Multiplikationsregeln zu bestimmen, doch Erfolg hatte er erst, als er zu vier Dimensionen überging. Kurze Zeit später wurden diese vierdimensionalen Zahlen wiederum erweitert zu achtdimensionalen Zahlen (die sogenannten Cayley-Zahlen). Viele fragten sich nun, ob 16-dimensionale Zahlen der nächste Schritt seien, doch 50 Jahre nach Hamiltons bahnbrechenden Arbeiten konnte man beweisen, dass es diese Zahlen nicht gibt.

Worum es geht
Imaginäre Zahlen mit realen Anwendungen

09 Primzahlen

Die Mathematik ist so umfangreich und durchdringt nahezu sämtliche Bereiche menschlichen Strebens, dass man manchmal regelrecht überwältigt ist und das Bedürfnis verspürt, zu den Grundlagen zurückzukehren. Das bedeutet zum Beispiel, sich den natürlichen Zahlen zuzuwenden: 1, 2, 3, 4, 5, 6, 7, 8, 9, 10, 11, 12, ... Oder gibt es etwas noch Fundamentaleres?

Nun, offensichtlich können wir eine Zahl wie 4 zerlegen: $4 = 2 \times 2$. Geht das auch mit anderen Zahlen? Offenbar ja: $6 = 2 \times 3$, $8 = 2 \times 2 \times 2$, $9 = 3 \times 3$, $10 = 2 \times 5$, $12 = 2 \times 2 \times 3$. Hierbei handelt es sich um zusammengesetzte Zahlen, denn sie lassen sich alle aus den einfacheren Zahlen 2, 3, 5, 7, ... zusammensetzen. Die nicht mehr weiter zerlegbaren Zahlen, also 2, 3, 5, 7, 11, 13, ..., sind die sogenannten Primzahlen. Eine Primzahl ist eine Zahl, die nur durch 1 und sich selbst teilbar ist. Man könnte sich fragen, ob 1 selbst eine Primzahl ist. Nach der gerade gegebenen Definition wäre das der Fall, und tatsächlich war in der Vergangenheit für viele bekannte Mathematiker die 1 eine Primzahl, doch in der heutigen Mathematik beginnt die Liste der Primzahlen mit 2. Durch diese Konvention lassen sich einige Sätze eleganter formulieren. Auch für uns ist 2 die erste Primzahl.

Für die niedrigen Zahlen können wir die Primzahlen unterstreichen: 1, <u>2</u>, <u>3</u>, 4, <u>5</u>, 6, <u>7</u>, 8, 9, 10, <u>11</u>, 12, <u>13</u>, 14, 15, 16, <u>17</u>, 18, <u>19</u>, 20, 21, 22, <u>23</u>, ... Die Erforschung der Primzahlen führt uns zu den Grundlagen der Grundlagen. Die Bedeutung der Primzahlen beruht auf ihrer Eigenschaft, die „Atome" der Mathematik zu sein. Ähnlich wie die chemischen Elemente die Bausteine sämtlicher chemischer Verbindungen sind, lassen sich sämtliche Zahlen aus den Primzahlen zusammensetzen.

Der mathematische Satz hinter dieser Aussage besitzt den gewichtigen Namen „Fundamentalsatz der Arithmetik". Er besagt, dass sich jede ganze Zahl größer als 1 auf genau eine Weise als das Produkt von Primzahlen schreiben lässt. Wie wir gesehen haben, ist $12 = 2 \times 2 \times 3$, und es gibt keine andere Möglichkeit die Zahl 12 in Primfaktoren zu zerlegen. Oft verwendet man in solchen Gleichungen auch die Potenzschreibweise: $12 = 2^2 \times 3$. Ein anderes Beispiel ist: $6\,545\,448 = 2^3 \times 3^5 \times 7 \times 13 \times 37$.

Wie findet man Primzahlen? Leider gibt es keine einfache Formel zur Identifikation einer Primzahl, und es scheint auch keine Regel bezüglich ihrer Verteilung innerhalb der ganzen Zahlen zu geben. Eines der ersten Verfahren zur Erstellung einer Primzahlliste stammt von einem jungen Zeitgenossen von Archimedes. Er verbrachte einen Großteil seines Lebens in Athen und hieß Eratosthenes von Kyrene. Die auf ihn zurückgehende genaue Bestimmung der Länge des Äquators wurde schon zu seiner Zeit sehr bewundert. Heute kennt man ihn außerdem für sein „Sieb" zum Auffinden von Primzahlen. Eratosthenes stellte sich vor, die natürlichen Zahlen seien vor ihm ausgebreitet, beispielsweise in einer Tabelle. Er markierte die 2 und strich sämtliche Vielfache von 2 durch. Dann ging er weiter zur 3, markierte diese und strich alle Vielfachen von 3 durch. Auf diese Weise siebte er sämtliche zusammengesetzten Zahlen aus. Die in dem Sieb übrig gebliebenen markierten Zahlen waren die Primzahlen.

0	1	2	3	4	5	6	7	8	9
10	11	12	13	14	15	16	17	18	19
20	21	22	23	24	25	26	27	28	29
30	31	32	33	34	35	36	37	38	39
40	41	42	43	44	45	46	47	48	49
50	51	52	53	54	55	56	57	58	59
60	61	62	63	64	65	66	67	68	69
70	71	72	73	74	75	76	77	78	79
80	81	82	83	84	85	86	87	88	89
90	91	92	93	94	95	96	97	98	99

Wir können also eine Liste der Primzahlen erstellen, doch wie können wir entscheiden, ob eine gegebene Zahl eine Primzahl ist oder nicht? Was ist mit $19\,071$ oder $19\,073$? Mit Ausnahme der Primzahlen 2 und 5 muss jede andere Primzahl mit den Ziffern 1, 3, 7 oder 9 enden, doch diese Eigenschaft reicht natürlich nicht aus, damit es sich um eine Primzahl handelt. Es ist schwierig festzustellen, ob eine große Zahl mit 1, 3, 7 oder 9 als Endziffer eine Primzahl ist, ohne sämtliche möglichen Faktoren auszuprobieren. Übrigens ist $19\,071 = 3^2 \times 13 \times 163$ keine Primzahl, $19\,073$ aber wohl.

Ein weiteres interessantes Problem bezieht sich auf die Suche von Regelmäßigkeiten in der Verteilung der Primzahlen. Betrachten wir einmal die Anzahl der Primzahlen zwischen 1 und 1 000 in Abschnitten von jeweils 100.

Bereich	1–100	101–200	201–300	301–400	401–500	501–600	601–700	701–800	801–900	901–1000	1–1000
Anzahl von Primzahlen	25	21	16	16	17	14	16	14	15	14	168

Im Jahre 1792 schlug der damals 15-jährige Carl Friedrich Gauß eine Formel $P(n)$ vor, welche die Anzahl der Primzahlen angibt, die kleiner als eine gegebene Zahl n sind. (Heute bezeichnet man diese Formel als den „Primzahlsatz".) Für $n = 1\,000$ liefert diese Formel den Näherungswert 172. Die tatsächliche Anzahl der Primzahlen ist mit 168 etwas kleiner als diese Schätzung. Ursprünglich glaubte man, diese Überschätzung gälte für jeden Wert von n, doch wenn es um Primzahlen geht, ist man vor Überraschungen nie sicher. Es konnte gezeigt werden, dass für $n = 10^{371}$ (ausgeschrieben bestünde diese riesige Zahl aus einer 1 mit 371 angehängten Nullen) die tatsächliche Anzahl der Primzahlen *größer* ist als die Abschätzung aus der Formel. Tatsächlich oszilliert die tatsächliche Anzahl der Primzahlen in einigen Zahlenbereichen um die Abschätzung.

1742 n. Chr.

Goldbach stellt die Vermutung auf, dass sich jede gerade Zahl (größer als 2) als Summe von zwei Primzahlen darstellen lässt

1896

Der Primzahlsatz über die Verteilung der Primzahlen wird bewiesen

1966

Chen Jingrun gelingt fast ein Beweis der Goldbach'schen Vermutung

Wie viele? Es gibt unendlich viele Primzahlen. Euklid behauptet in seinen *Elementen* (Buch 9, Proposition 20): »Es gibt mehr Primzahlen als jede vorgelegte Anzahl von Primzahlen.« Sein Beweis ist außerordentlich elegant:

> Angenommen, die Zahl P sei die größte Primzahl. Wir betrachten nun die Zahl $N = (2 \times 3 \times 5 \times \ldots \times P) + 1$. Entweder ist N eine Primzahl oder N ist keine Primzahl. Wenn N eine Primzahl ist, haben wir eine größere Primzahl als P gefunden, was unserer Annahme widerspricht. Wenn N keine Primzahl ist, muss sie durch irgendeine Primzahl p teilbar sein. Angenommen, p wäre eine der Zahlen 2, 3, 5, ... oder P. Dann wäre p auch ein Teiler von $N - (2 \times 3 \times 5 \times \ldots \times P)$. Doch diese Zahl ist gleich 1, also wäre p ein Teiler von 1. Das kann nicht sein, denn alle Primzahlen sind größer als 1. Unabhängig davon, ob N eine Primzahl ist oder nicht, gelangen wir zu einem Widerspruch. Unsere ursprüngliche Annahme, dass es eine größte Primzahl P gäbe, ist daher falsch. *Schlussfolgerung*: Es gibt unendlich viele Primzahlen.

Obwohl wir wissen, dass es unendlich viele Primzahlen gibt, hat dies die Leute nicht davon abgehalten, nach der größten *bekannten* Primzahl zu suchen. Bis vor Kurzem wurde der Rekord von der riesigen Mersenne-Primzahl $2^{24036583} - 1$ gehalten. Diese Zahl ist ungefähr $2{,}994 \times 10^{7235732}$ (also eine Zahl mit über sieben Millionen Dezimalstellen)[1].

Was wir noch nicht wissen Unter den vielen Unbekannten in Bezug auf die Primzahlen ragen zwei Probleme besonders heraus: das „Primzahlzwillingsproblem" und die „Goldbach'sche Vermutung".

Primzahlzwillinge sind Paare von aufeinanderfolgenden Primzahlen, die nur durch eine gerade Zahl getrennt sind. Die Primzahlzwillinge im Bereich von 1 bis 100 sind: (3, 5); (5, 7); (11, 13); (17, 19); (29, 31); (41, 43); (59, 61); (71, 73). Mit numerischen Verfahren konnte man bestimmen, dass es 27 412 679 Primzahlzwillinge unter 10^{10} gibt. Das bedeutet, die geraden Zahlen mit Primzahlzwillingen als Nachbarn, wie die Zahl 12 (mit den Nachbarn 11 und 13), machen nur 0,274 % aller Zahlen in diesem Bereich aus. Gibt es unendlich viele Primzahlzwillinge? Es wäre seltsam, wenn es anders wäre, doch bisher konnte noch niemand diese Vermutung beweisen.

Der deutsche Mathematiker Christian Goldbach stellte folgende Vermutung auf:

Jede gerade Zahl größer als 2 lässt sich als Summe von zwei Primzahlen schreiben.

Beispielsweise ist 42 eine gerade Zahl, und es gilt $42 = 5 + 37$. Wir können 42 auch als $11 + 31$, $13 + 29$ oder $19 + 23$ schreiben, doch das spielt keine Rolle – *eine* Möglichkeit reicht. Die Vermutung wurde bis zu riesigen Zahlen überprüft, aber ein allgemeiner Beweis fehlt. Allerdings gibt es Fortschritte, und manche glauben, dass der eigentliche Beweis nicht mehr lange auf sich warten lässt. Dem chinesischen Mathematiker Chen Jingrun gelang ein großer Schritt, als er beweisen konnte, dass sich jede ausreichend große gerade Zahl immer als Summe aus zwei Primzahlen *oder* als Summe aus einer Primzahl und einer Semiprimzahl (einem Produkt aus zwei Primzahlen) schreiben lässt.

---

1 Die größte bekannte Primzahl $2^{43112609}-1$ wurde im Herbst 2008 veröffentlicht.

Die Zahl der Zahlenmystiker

Einer der interessantesten Bereiche der Zahlentheorie beschäftigt sich mit dem „Waring'schen Problem". Im Jahre 1770 formulierte Edward Waring, Professor in Cambridge, eine Reihe von Problemen, die sich auf die Zerlegung ganzer Zahlen als Summe von Potenzzahlen beziehen. An dieser Stelle treffen die Magie der Zahlenmystiker und die Strenge der Mathematiker aufeinander. Es geht um Primzahlen, Summen von Quadratzahlen und Summen von Kubikzahlen. Für den Zahlenmystiker ist 666 die unangefochtene Kultzahl, die „Zahl des Tieres" aus der biblischen Offenbarung des Johannes. Diese Zahl besitzt einige unerwartete Eigenschaften. Beispielsweise ist sie die Summe der Quadrate der ersten sieben Primzahlen:

$$666 = 2^2 + 3^2 + 5^2 + 7^2 + 11^2 + 13^2 + 17^2.$$

Außerdem weisen Zahlenmystiker gerne darauf hin, dass 666 auch die Summe palindromischer Kubikzahlen ist und dass die Zahl 6^3 in deren Mitte eine Kurzschreibweise für $6 \times 6 \times 6$ ist:

$$666 = 1^3 + 2^3 + 3^3 + 4^3 + 5^3 + 6^3 + 5^3 + 4^3 + 3^3 + 2^3 + 1^3.$$

Die Zahl 666 ist wahrhaft die „Zahl der Zahlenmystiker".

Der große Zahlentheoretiker Pierre de Fermat bewies, dass sich jede Primzahl der Form $4k + 1$ auf genau eine Weise als Summe von zwei Quadratzahlen schreiben lässt (z. B. $17 = 1^2 + 4^2$), wohingegen sich die Primzahlen der Form $4k + 3$ (wie 19) nie als Summe von zwei Quadratzahlen schreiben lassen. Joseph Lagrange bewies einen berühmten mathematischen Satz über Quadratzahlen: *Jede* positive ganze Zahl ist die Summe von vier Quadratzahlen. Beispielsweise gilt: $19 = 1^2 + 1^2 + 1^2 + 4^2$. Auch höhere Potenzen wurden untersucht und ganze Bücher mit Theoremen gefüllt; dennoch bleiben viele Probleme offen.

Wir haben die Primzahlen als die „Atome der Mathematik" bezeichnet. Doch Sie werden vielleicht einwerfen, dass die Physiker auch die Atome zerlegt und noch fundamentalere Einheiten entdeckt haben, zum Beispiel Quarks. Wie steht es mit der Mathematik? Wenn wir uns auf die natürlichen Zahlen beschränken, dann ist 5 eine Primzahl, und das wird auch immer so bleiben. Doch Gauß gelang eine bemerkenswerte Entdeckung: Manche Primzahlen, auch die 5, lassen sich zerlegen: $5 = (1 - 2i) \times (1 + 2i)$, wobei $i = \sqrt{-1}$ die imaginäre Einheit darstellt. In diesem Sinne sind Primzahlen wie 5 nicht so unzerlegbar, wie man lange geglaubt hatte.

Die Atome der Mathematik

10 Vollkommene Zahlen

In der Mathematik hat die Suche nach Vollkommenheit oder Perfektion ihre Anhänger in verschiedene Richtungen geführt. Es gibt perfekte Quadrate, allerdings bezeichnet der Begriff hier keine ästhetische Eigenschaft. Er dient mehr der Warnung, dass es auch nicht perfekte Quadrate gibt. Eine andere Richtung führt in die Zahlentheorie. Hier findet man Zahlen mit wenigen Teilern und Zahlen mit vielen Teilern. Doch bei einigen Zahlen ist die Anzahl der Teiler genau richtig. Wenn die Summe der Teiler einer Zahl gleich der Zahl selbst ist, dann bezeichnet man diese Zahl als vollkommen oder perfekt.

Von dem griechischen Philosophen Speusippos, der von seinem Onkel Platon nach dessen Tod die Leitung der philosophischen Akademie übernommen hatte, ist die Aussage überliefert, dass die Pythagoreer der Zahl 10 die wesentlichen Eigenschaften von Vollkommenheit zugesprochen haben. Weshalb? Weil die Anzahl der Primzahlen zwischen 1 und 10 (nämlich 2, 3, 5, 7) gleich der Anzahl der Nicht-Primzahlen (4, 6, 8, 9) sei, und 10 sei die kleinste Zahl mit dieser Eigenschaft. Manche Leute haben seltsame Vorstellungen von Vollkommenheit.

Doch offenbar besaßen die Pythagoreer ein tieferes Konzept für eine vollkommene Zahl. Die mathematischen Eigenschaften einer vollkommenen Zahl wurden von Euklid in seinen *Elementen* beschrieben und 400 Jahre später ausgiebig von Nikomachos untersucht. Sie stießen auf befreundete und sogar auf gesellige Zahlen. Die Definition dieser Attribute ergibt sich aus den Beziehungen zwischen diesen Zahlen und ihren Teilern. Irgendwann entstand eine Theorie der abundanten und defizienten Zahlen, und daraus ergab sich schließlich das Konzept der Vollkommenheit.

Ob eine Zahl abundant ist, hängt von ihren Teilern ab und beruht auf einer Beziehung zwischen der Multiplikation und Addition. Betrachten wir als Beispiel sämtliche Teiler der Zahl 30, das heißt alle Zahlen, durch die sich die Zahl 30 exakt teilen lässt und die *kleiner* als 30 sind. Bei einer so kleinen Zahl können wir die Teiler schnell finden: 1, 2, 3, 5, 6, 10 und 15. Die Summe dieser Teiler ist 42. Man bezeichnet die Zahl 30 als abundant, weil die Summe ihrer Teiler (42) größer ist als die Zahl 30 selbst.

Zeitleiste

525 v. Chr.	**300** v. Chr.	**100** n. Chr.
Die Pythagoreer befassen sich sowohl mit vollkommenen als auch mit abundanten Zahlen	In Buch 9 von Euklids *Elementen* werden vollkommene Zahlen behandelt	Basierend auf den vollkommenen Zahlen stellt Nikomachos von Gerasa eine Klassifikation der Zahlen auf

Rang	1	2	3	4	5	6	7
vollkommene Zahl	6	28	496	8128	33 550 336	8 589 869 056	137 438 691 328

Die ersten vollkommenen Zahlen

Man bezeichnet eine Zahl als defizient, wenn das Gegenteil gilt, das heißt, wenn die Summe ihrer Teiler kleiner ist als die Zahl selbst. Zum Beispiel ist die Zahl 26 defizient, weil ihre Teiler 1, 2 und 13 sich nur zu 16 addieren, was kleiner ist als 26. Primzahlen sind sehr defizient, weil die Summe ihrer Teiler immer 1 ist.

Eine Zahl, die weder abundant noch defizient ist, bezeichnet man als vollkommen. Die Summe der Teiler einer vollkommenen Zahl ist gleich der Zahl selbst. Die erste vollkommene Zahl ist 6. Ihre Teiler sind 1, 2 und 3, und ihre Summe ist 6. Die Pythagoreer waren von der Zahl 6 und der Art, wie ihre Teiler zusammenpassen, derart fasziniert, dass sie ihr den Namen „Hochzeit, Gesundheit und Schönheit" gaben. Von Augustinus (354–430) erzählt man sich eine weitere Geschichte über die Zahl 6. Er glaubte, dass die Vollkommenheit der Zahl 6 vor der Erschaffung der Welt existierte und dass die Welt in sechs Tagen erschaffen wurde, weil diese Zahl vollkommen ist.

Die nächste vollkommene Zahl ist 28. Ihre Teiler sind 1, 2, 4, 7 und 14, und wenn wir die Summe bilden, erhalten wir 28. Diese ersten beiden vollkommenen Zahlen, 6 und 28, sind selbst unter den vollkommenen Zahlen wiederum etwas Besonderes, denn es lässt sich zeigen, dass jede gerade vollkommene Zahl entweder auf 6 oder auf 28 endet. Nach 28 muss man bis 496 warten, um auf die nächste vollkommene Zahl zu treffen. Man kann leicht nachprüfen, dass sie tatsächlich die Summe ihrer Teiler ist: $496 = 1 + 2 + 4 + 8 + 16 + 31 + 62 + 124 + 248$. Für die weiteren vollkommenen Zahlen müssen wir uns schon in die numerische Stratosphäre begeben. Die ersten fünf kannte man bereits im 16. Jahrhundert, doch selbst heute wissen wir noch nicht, ob es eine größte vollkommene Zahl gibt oder ob sie endlos anwachsen. Es spricht einiges dafür, dass es, wie bei den Primzahlen, unendlich viele vollkommene Zahlen gibt.

Die Pythagoreer suchten immer nach Beziehungen zur Geometrie. Eine vollkommene Anzahl von Perlen lässt sich immer zu einem sechseckigen Halsband arrangieren. Für die Zahl 6 handelt es sich um das einfache Sechseck, bei dem an jeder Ecke eine Perle liegt. Doch für die höheren vollkommenen Zahlen müssen wir innerhalb der großen Halskette kleinere Teilketten hinzufügen.

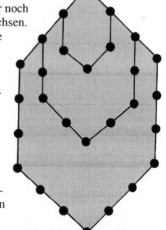

Mersenne-Zahlen
Der Schlüssel zur Konstruktion vollkommener Zahlen sind bestimmte Zahlen, die nach dem französischen Mönch Martin Mersenne benannt sind. Mersenne besuchte zusammen mit René Descartes eine Jesuitenschule, und beide hatten ein gemeinsames Interesse an

1603

Pietro Cataldi findet die sechste und siebte vollkommene Zahl:
$2^{16}(2^{17} - 1) = 8 589 869 056$ und
$2^{18}(2^{19} - 1) = 137 438 691 328$

2006

Das große Primzahlsuchprojekt findet die 44. Mersenne-Primzahl (mit fast zehn Millionen Dezimalstellen), womit sich eine weitere vollkommene Zahl bilden lässt

Potenz	Ergebnis	Ergebnis minus 1 (Mersenne-Zahl)	Primzahl?
2	4	3	Primzahl
3	8	7	Primzahl
4	16	15	keine Primzahl
5	32	31	Primzahl
6	64	63	keine Primzahl
7	128	127	Primzahl
8	256	255	keine Primzahl
9	512	511	keine Primzahl
10	1 024	1 023	keine Primzahl
11	2 048	2 047	keine Primzahl
12	4 096	4 095	keine Primzahl
13	8 192	8 191	Primzahl
14	16 384	16 383	keine Primzahl
15	32 768	32 767	keine Primzahl

vollkommenen Zahlen. Die Mersenne-Zahlen erhält man aus den Potenzen von 2, also der sich immer verdoppelnden Zahlenreihe 2, 4, 8, 16, 32, 64, 128, 256, ..., von denen man anschließend eine 1 subtrahiert. Eine Mersenne-Zahl ist also von der Form $2^n - 1$. Diese Zahlen sind zwar immer ungerade, aber es sind nicht immer Primzahlen. Doch aus denjenigen Mersenne-Zahlen, die gleichzeitig Primzahlen sind, lassen sich die vollkommenen Zahlen konstruieren.

Mersenne wusste, dass eine Mersenne-Zahl nur dann eine Primzahl sein kann, wenn die Potenz eine Primzahl ist. Damit erklären sich die Nicht-Primzahlen für die Potenzen 4, 6, 8, 9, 10, 12, 14 und 15 in der Tabelle. Doch dieses Kriterium alleine reicht noch nicht. In den ersten Fällen von Primzahlpotenzen erhalten wir die Mersenne-Zahlen 3, 7, 31 und 127 – alle Primzahlen. Gilt daher allgemein, dass eine Mersenne-Zahl zu einer Primzahlpotenz selbst eine Primzahl ist?

Viele Mathematiker der Antike bis ungefähr in das Jahr 1500 waren der Meinung, dass dies der Fall ist. Doch die Gesetze im Zusammenhang mit Primzahlen zeichnen sich oft nicht durch ihre besondere Einfachheit aus. Für die Potenz 11 (eine Primzahl) fand man $2^{11} - 1 = 2\,047 = 23 \times 89$, also handelt es sich nicht um eine Primzahl. Es scheint keine allgemeine Regel zu geben. Die Mersenne-Zahlen $2^{17} - 1$ und $2^{19} - 1$ sind beide Primzahlen, doch $2^{23} - 1$ ist keine Primzahl, weil

$$2^{23} - 1 = 8\,388\,607 = 47 \times 178\,481$$

Konstruktionsarbeit Eine Kombination aus den Arbeiten von Euklid und Euler führt auf eine Formel, mit der sich gerade vollkommene Zahlen erzeugen lassen: n ist

Gute Freunde

Der hartgesottene Mathematiker verfällt nicht leicht den mystischen Eigenschaften von Zahlen, doch die Zahlenmystik ist alles andere als tot. Das Konzept der befreundeten Zahlen entstand nach den vollkommenen Zahlen, obwohl es die Pythagoreer möglicherweise schon kannten. Später wurde es im Zusammenhang mit der Erstellung von romantischen Horoskopen verwendet, bei denen sich ihre mathematischen Eigenschaften auf die Natur der zarten Bande übertrugen. Die beiden Zahlen 220 und 284 sind befreundet. Weshalb? Nun, die Teiler von 220 sind 1, 2, 4, 5, 10, 11, 20, 22, 44, 55 und 110, und wenn man ihre Summe bildet erhält man 284. Andererseits erhält man 220, wenn man die Teiler von 284 addiert. Das ist wahre Freundschaft.

Mersenne-Primzahlen

Die Suche nach Mersenne-Primzahlen ist nicht einfach. Viele Mathematiker haben im Laufe der Jahrhunderte in einer schillernden Mischung von Irrtum und Wahrheit ihre Beiträge geleistet. Der große Leonhard Euler fand im Jahre 1732 die achte Mersenne-Primzahl: $2^{31} - 1 = 2\,147\,483\,647$. Die Entdeckung der 23. Mersenne-Primzahl im Jahre 1963 verkündete das Mathematische Institut der Universität von Illinois nicht ohne Stolz auf dem Poststempel ihrer Universität. Leistungsstärkere Computer unterstützen die Suche nach Mersenne-Primzahlen, und in den späten 1970er-Jahren entdeckten die beiden Studenten Laura Nickel und Landon Noll gemeinsam die 25. Mersenne-Primzahl, kurze Zeit später fand Noll die 26. Zahl. Bis heute wurden 46 Mersenne-Primzahlen entdeckt.

eine gerade vollkommene Zahl genau dann, wenn $n = 2^{p-1}(2^p - 1)$, wobei $2^p - 1$ eine Mersenne-Primzahl ist.

Beispiele sind: $6 = 2^1(2^2 - 1)$, $28 = 2^2(2^3 - 1)$ und $496 = 2^4(2^5 - 1)$. Diese Formel zur Berechnung von geraden vollkommenen Zahlen bedeutet, dass wir zu jeder Mersenne-Primzahl eine gerade vollkommene Zahl konstruieren können. Die vollkommenen Zahlen haben in der Vergangenheit sowohl Menschen wie auch Maschinen an den Rand ihrer Leistungsfähigkeit gebracht, und sie werden es weiterhin auf eine früher kaum vorstellbare Weise tun. Zu Beginn des 19. Jahrhunderts schrieb Peter Barlow, der unter anderem erstaunliche Tabellen in der Zahlentheorie erstellte, dass niemals jemand über die Berechnung von Eulers vollkommener Zahl

$$2^{30}(2^{31} - 1) = 2\,305\,843\,008\,139\,952\,128$$

hinausgehen würde, denn es schien kaum sinnvoll. Er konnte die Möglichkeiten moderner Computer nicht vorhersehen und auch nicht die unersättliche Sucht von Mathematikern nach neuen Herausforderungen.

Ungerade vollkommene Zahlen

Niemand weiß, ob man jemals eine ungerade vollkommene Zahl finden wird. Descartes glaubte nicht daran, doch auch Experten können sich irren. Der englische Mathematiker James Joseph Sylvester erklärte, die Existenz einer ungeraden vollkommenen Zahl würde „fast an ein Wunder" grenzen, weil sie so viele Bedingungen erfüllen müsste. Die Zweifel von Sylvester scheinen angebracht. Es handelt sich um eines der ältesten Probleme in der Mathematik, doch falls es tatsächlich eine ungerade vollkommene Zahl geben sollte, wissen wir heute schon ziemlich viel über sie. Sie müsste mindestens acht verschiedene Primteiler besitzen, von denen einer wesentlich größer als eine Million sein muss, und sie müsste mindestens 300 Dezimalstellen umfassen.

Zahlenmystik

11 Fibonacci-Zahlen

In seinem Roman *Sakrileg* beschreibt der Autor Dan Brown, wie der ermordete Kurator Jacques Saunière als Hinweis auf sein Schicksal die ersten acht Terme einer Zahlenreihe hinterlässt. Es bedarf der Fähigkeiten der Kryptografin Sophie Neveu, um die Zahlen 13, 3, 2, 21, 1, 1, 8 und 5 in ihre richtige Reihenfolge zu bringen und ihre Bedeutung zu erkennen. Willkommen bei der berühmtesten Zahlenfolge der Mathematik.

Die sogenannte Fibonacci-Reihe lautet:

1, 1, 2, 3, 5, 8, 13, 21, 34, 55, 89, 144, 233, 377, 610, 987, 1 597, 2 584, ...

Diese Folge ganzer Zahlen ist wegen ihrer außergewöhnlichen Eigenschaften allgemein bekannt. Die einfachste und gleichzeitig die definierende Eigenschaft dieser Zahlen ist, dass man jeden Term aus der Summe der beiden vorangegangenen Terme erhält: $8 = 5 + 3$, $13 = 8 + 5$, ..., $2 584 = 1 587 + 987$ usw. Man muss sich nur die ersten beiden Zahlen 1 und 1 merken, dann kann man die weiteren Terme der Reihe einfach ableiten. Die Fibonacci-Reihe findet sich auch in der Natur, zum Beispiel bei Sonnenblumen in der Anzahl der Spiralen, die aus einer bestimmten Anzahl von Einzelblüten bestehen (beispielsweise 34 in einer Richtung und 55 in der anderen), oder auch in den Seitenverhältnissen von Räumen oder Gebäuden in der Architektur. Sie diente auch als Inspiration für Komponisten; unter anderem wird Bartóks Tanz-Suite mit dieser Reihe in Verbindung gebracht. Unter der zeitgenössischen Musik findet man bei Brian Transeau (alias BT) ein Stück auf seinem Album *This Binary Universe*, das sich 1.618 nennt – eine Hommage an das Grenzverhältnis der Fibonacci-Zahlen, das wir noch ansprechen werden.

Ursprünge Die Fibonacci-Reihe erscheint im Jahre 1202 in dem Buch *Liber Abaci* von Leonardo von Pisa (Fibonacci), doch vermutlich kannte man diese Zahlen schon lange vorher in Indien. Im Zusammenhang mit der Fortpflanzung von Kaninchen stellte Fibonacci das folgende Problem dar:

Ausgewachsene Kaninchenpaare zeugen jeden Monat ein junges Kaninchenpaar. Zu Beginn eines Jahres gibt es nur ein junges Kaninchenpaar. Nach einem Monat sind diese beiden Tiere ausgereift, und nach zwei Monaten ist das reife Paar im-

Zeitleiste

1202 n. Chr.	**1724**
Leonardo von Pisa veröffentlicht sein *Liber Abaci* und die Fibonacci-Zahlen	Daniel Bernoulli drückt die Zahlen der Fibonacci-Reihe durch den Goldenen Schnitt aus

mer noch vorhanden und hat ein junges Paar gezeugt. Dieser Prozess der Reifung und Fortpflanzung soll anhalten. Erstaunlicherweise stirbt ein Kaninchenpaar nie.

Fibonacci wollte wissen, wie viele Kaninchenpaare am Ende des ersten Jahres vorhanden sind. Die Generationen lassen sich anhand eines „Stammbaums" verfolgen. Wir betrachten zunächst die Anzahl der Paare am Ende des Monats Mai (des fünften Monats) und sehen, dass zu diesem Zeitpunkt acht Paare vorhanden sind. Auf dieser Ebene des Stammbaums ist die Gruppe auf der linken Seite

○ = junges Paar

● = reifes Paar

eine Kopie der gesamten Reihe vorher, und die Gruppe auf der rechten Seite

ist eine Kopie der Reihe darüber. Daraus wird ersichtlich, dass die Fortpflanzung der Kaninchenpaare der Grundgleichung der Fibonacci-Reihe genügt:

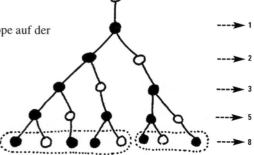

Die Kaninchen-population

Anzahl nach n Monaten = Anzahl nach $(n - 1)$ Monaten
+ Anzahl nach $(n - 2)$ Monaten.

Eigenschaften

Was erhalten wir, wenn wir alle Zahlen der Reihe bis zu einem bestimmten Term addieren?

$$1 + 1 = 2$$
$$1 + 1 + 2 = 4$$
$$1 + 1 + 2 + 3 = 7$$
$$1 + 1 + 2 + 3 + 5 = 12$$
$$1 + 1 + 2 + 3 + 5 + 8 = 20$$
$$1 + 1 + 2 + 3 + 5 + 8 + 13 = 33$$
$$\cdots$$

Das Ergebnis ist wieder eine Reihe von Zahlen, die wir unter die ursprüngliche Reihe legen können, allerdings verschoben:

Fibonacci   1 1 2 3 5 8 13 21 34 55 89 ...

Summe   2 4 7 12 20 33 54 88 ...

1923

Bartók komponiert seine „Tanz-Suite", die angeblich von den Fibonacci-Zahlen inspiriert wurde

1963

Die Zeitschrift *Fibonacci Quarterly*, die sich nur mit der Zahlentheorie der Fibonacci-Zahlen beschäftigt, erscheint in erster Ausgabe

2007

Der Bildhauer Peter Randall-Page erschafft die 70 Tonnen schwere Skulptur „Seed" für das Eden Projekt in Cornwall, England. Die Geometrie der Figur beruht auf der Fibonacci-Reihe

Die Summe von n Termen der Fibonacci-Reihe ist um 1 kleiner als die übernächste Fibonacci-Zahl. Wenn Sie die Summe der Fibonacci-Zahlen $1 + 1 + 2 + \dots + 987$ wissen möchten, müssen Sie nur 1 von 2 584 abziehen und erhalten 2 583. Wenn wir nur jede zweite Zahl addieren, beispielsweise $1 + 2 + 5 + 13 + 34$, erhalten wir die Antwort 55, was selbst eine Fibonacci-Zahl ist. Nimmt man die andere Hälfte $1 + 3 + 8 + 21 + 55$, so lautet die Antwort 88, was um 1 kleiner als eine Fibonacci-Zahl ist.

Auch die Quadrate der Zahlen in der Fibonacci-Reihe sind interessant. Wir erhalten eine neue Reihe, wenn wir jede Fibonacci-Zahl mit sich selbst multiplizieren und dann alle Ergebnisse addieren:

Fibonacci	1	1	2	3	5	8	<u>13</u>	<u>21</u>	34	55	...

Quadrate	1	1	4	9	25	64	169	441	1 156	3 025	...

Summe der Quadrate	1	2	6	15	40	104	<u>273</u>	714	1 870	4 895	...

In diesem Fall ergibt die Summe aller Quadrate bis zum n-ten Term dasselbe Ergebnis wie das Produkt des n-ten Terms in der ursprünglichen Fibonacci-Reihe mit dem folgenden Term. Ein Beispiel:

$$1 + 1 + 4 + 9 + 25 + 64 + 169 = 273 = 13 \times 21$$

Die Fibonacci-Zahlen treten auch in völlig unerwarteten Zusammenhängen auf. Gegeben sei eine Geldbörse, die nur 1- und 2-Euro-Münzen enthält. Wie viele Möglichkeiten gibt es, die Münzen aus der Börse zu nehmen, um einen bestimmten Gesamtbetrag zu erhalten? In diesem Fall soll die Reihenfolge der Münzen berücksichtigt werden. Wir können insgesamt 4 Euro auf folgende Weisen der Geldbörse entnehmen: $1 + 1 + 1 + 1$; $2 + 1 + 1$; $1 + 2 + 1$; $1 + 1 + 2$ und $2 + 2$. Das sind insgesamt 5 Möglichkeiten, was der fünften Fibonacci-Zahl entspricht. Ist der Gesamtbetrag 20 Euro, gibt es insgesamt 6 765 Möglichkeiten, diesen mit 1- und 2-Euro-Münzen (unter Berücksichtigung der Reihenfolge) aus der Börse herauszunehmen. Das entspricht gerade der 21. Fibonacci-Zahl! Hier zeigt sich die Reichweite einfacher mathematischer Ideen.

Der goldene Schnitt

Eine weitere bemerkenswerte Eigenschaft der Fibonacci-Zahlen finden wir, wenn wir das Verhältnis aus einer Fibonacci-Zahl und ihrem Vorgänger betrachten. Die folgende Tabelle enthält diese Zahlen für die ersten Terme 1, 1, 2, 3, 5, 8, 13, 21, 34, 55.

1/1	2/1	3/2	5/3	8/5	13/8	21/13	34/21	55/34
1,000	2,000	1,500	1,333	1,600	1,625	1,615	1,619	1,617

Ziemlich rasch nähert sich dieses Verhältnis einem Wert, der als goldener Schnitt oder auch goldene Zahl bekannt ist. Dabei handelt es sich um eine berühmte Zahl in der

Mathematik, die mit dem griechischen Buchstaben phi, ϕ, bezeichnet wird. Sie rangiert unter den mathematischen Konstanten ganz oben, wie π und e, und ihr exakter Wert ist:

$$\phi = \frac{1+\sqrt{5}}{2}$$

Näherungsweise entspricht das der Dezimalzahl 1,618033988... Mit etwas mehr Aufwand können wir zeigen, dass sich jede Fibonacci-Zahl durch ϕ ausdrücken lässt.

Trotz unseres umfangreichen Wissens über die Fibonacci-Reihe gibt es noch viele offene Fragen. Die ersten Primzahlen in der Fibonacci-Reihe sind 2, 3, 5, 13, 89, 233, 1 597, ... – doch wir wissen noch nicht, ob es unendlich viele Primzahlen in der Fibonacci-Reihe gibt.

Familienähnlichkeiten Die Fibonacci-Reihe nimmt den ersten Platz in einer ganzen Familie von ähnlichen Reihen ein. Ein besonderes Mitglied dieser Familie ist eine Reihe, die wir mit dem Problem der Population in einer Schafherde verbinden können. Statt der Kaninchenpaare, die Fibonacci betrachtet hat und die nach einem Monat fortpflanzungsreif sind, gibt es nun einen Zwischenzustand im Reifungsprozess. Die Schafpaare durchlaufen eine noch nicht fortpflanzungsfähige mittlere Phase, bevor sie geschlechtsreif werden. Nur die ausgereiften Paare können sich fortpflanzen. Die Schafsreihe ist:

○ = junges Paar

◐ = unreifes Paar

● = reifes Paar

1, 1, 1, 2, 3, 4, 6, 9, 13,19, 28, 41, 60, 88, 129, 189, 277, 406, 595, ...

Zur Bestimmung der Anzahl der Paare in einer Generation wird ein Wert übersprungen, so ist 41 = 28 + 13 und 60 = 41 + 19. Diese Reihe hat ähnliche Eigenschaften wie die Fibonacci-Reihe. Das Verhältnis aus einer Zahl in der Schafsreihe mit ihrem Vorgänger nähert sich einem Wert, der mit dem griechischen Buchstaben ψ (psi) bezeichnet wird:

$\psi = 1,46557123187676802665...$

Diese Zahl bezeichnet man auch als „supergoldene Zahl".

Die Schafpopulation

Das entzifferte Sakrileg

12 Goldene Rechtecke

Überall begegnen uns Rechtecke – Gebäude, Bilder, Fenster, Türen, die Seiten in diesem Buch. Auch bei vielen Künstlern finden wir Rechtecke – Piet Mondrian und Ben Nicholson, um nur zwei zu nennen, verwenden in ihren abstrakten Gemälden die unterschiedlichsten Formen von Rechtecken. Doch welches ist das schönste? Ist es ein langes, dünnes „Giacometti-Rechteck" oder eines, das fast quadratisch ist? Oder ist es ein Rechteck zwischen diesen beiden Extremen?

Ist die Frage überhaupt sinnvoll? Einige meinen ja und halten bestimmte Rechtecke für „idealer" als andere. Unter diesen genießt vielleicht das goldene Rechteck die größten Sympathien. Unter allen möglichen Rechtecken mit ihren verschiedenen Seitenverhältnissen, denn darum geht es letztendlich, ist das goldene Rechteck ein besonderes, das sowohl Künstler und Architekten als auch Mathematiker immer wieder inspiriert hat. Betrachten wir zunächst einige andere Rechtecke.

Mathematisches Papier Ein DIN-A4-Blatt hat eine kurze Seitenlänge von 210 mm und eine lange Seitenlänge von 297 mm. Das Verhältnis von Länge zu Breite ist daher 297/210, was ungefähr dem Wert 1,4142 entspricht. Für jedes Blatt aus der DIN-A-Reihe ist die lange Seite immer $1,4142 \times b$, wobei b die Länge der kurzen Seite ist. Bei einem DIN-A4-Blatt ist $b = 210$ mm, für ein DIN-A5-Blatt gilt $b = 148$ mm.

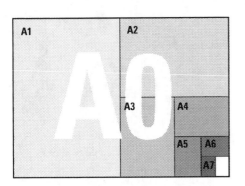

Die A-Reihe für Papiergrößen hat einige höchst wünschenswerte Eigenschaften, die für beliebige Papiergrößen nicht gelten. Wenn man ein Papier der A-Norm in der Mitte faltet, sind die Seitenverhältnisse der beiden kleineren Rechtecke gleich dem Seitenverhältnis des größeren Rechtecks. Man erhält also zwei kleinere Versionen desselben Rechtecks.

Auf diese Weise erhält man aus einem A4-Blatt, wenn man es in der Mitte faltet, zwei A5-Blätter. Ganz ähnlich erhält man aus einem A5-Blatt zwei A6-Blätter. Umgekehrt besteht ein A3-Blatt gerade aus zwei A4-Blättern. Die kleineren Zahlen der A-

Zeitleiste

ca. **300** v. Chr.

Euklid verwendet in seinen *Elementen* den Begriff der „stetigen Teilung", der dem Goldenen Schnitt entspricht

1202 n. Chr.

Leonardo von Pisa veröffentlicht sein *Liber Abaci*

Reihe entsprechen den größeren Blättern. Wieso hat gerade die besondere Zahl 1,4142 diese Eigenschaft? Wir falten ein Rechteck, doch diesmal ist die Abmessung der längeren Seite unbekannt. Wir wählen die Länge der kürzeren Seite gleich 1 und bezeichnen die Länge der längeren Seite mit x; dann ist das Verhältnis von Länge zu Breite gleich $x/1$. Nun falten wir dieses Rechteck und erhalten für das Verhältnis von Länge zu Breite bei dem kleineren Rechteck $1/(\frac{1}{2}x)$, was dasselbe ist wie $2/x$. Die A-Reihe hat die charakteristische Eigenschaft, dass diese beiden Verhältnisse gleich sein sollen. Damit erhalten wir die Gleichung $x/1 = 2/x$ oder $x^2 = 2$. Der wahre Wert von x wäre demnach $\sqrt{2}$, was ungefähr gleich 1,4142 ist.

Mathematisches Gold   Das goldene Rechteck hat ein anderes Seitenverhältnis, allerdings nur *wenig* anders. Dieses Mal wird das Rechteck entlang der Linie *RS* in untenstehender Abbildung gefaltet, und diese Linie ist so gewählt, dass die Punkte *MRSQ* die Ecken eines *Quadrats* bilden.

Das goldene Rechteck wird durch die Eigenschaft definiert, dass das übrig gebliebene Rechteck, *RNPS*, dieselben Seitenverhältnisse haben soll wie das große Rechteck – es soll eine Minikopie des großen Rechtecks sein.

Zur Berechnung des Seitenverhältnisses wählen wir wie vorher für die Breite *MQ = MR* des großen Rechtecks die Länge 1, während wir die Länge der längeren Seite *MN* mit x bezeichnen. Das Verhältnis von Länge zu Breite ist somit wieder $x/1$. Diesmal ist die Breite des kleinen Rechtecks *RNPS* durch *MN – MR* gegeben, also $x - 1$. Daher ist das Verhältnis von Länge zu Breite bei dem kleinen Rechteck $1/(x - 1)$. Indem wir die beiden Verhältnisse gleichsetzen, erhalten wir die Gleichung:

$$\frac{x}{1} = \frac{1}{x - 1}$$

die wir schließlich in die Form $x^2 = x + 1$ bringen können. Eine Näherungslösung ist 1,618. Dies lässt sich mit einem Taschenrechner leicht überprüfen: Tippen Sie 1,618 ein und multiplizieren Sie diese Zahl mit sich selbst, so erhalten Sie 2,618, was dasselbe ist wie $x + 1 = 2{,}618$. Diese Lösung ist das Verhältnis des berühmten goldenen Schnitts und wird durch den griechischen Buchstaben phi, ϕ, gekennzeichnet. Die exakte Definition und eine Näherung durch eine Dezimalzahl sind:

$$\phi = \frac{1 + \sqrt{5}}{2} = 1{,}61803398874989484820\ldots$$

Diese Zahl hängt eng mit der Fibonacci-Reihe und dem Kaninchenproblem zusammen, ▶ Kapitel 11).

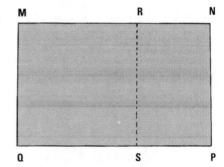

M   R   N

Q   S   P

1509
Pacioli veröffentlicht *De divina proportione* (Die Lehre vom Goldenen Schnitt)

1876
Fechner beschreibt psychologische Experimente zur Bestimmung der Seitenverhältnisse des „ästhetischsten" Rechtecks

1975
Die Internationale Organisation für Normung (ISO) definiert die A-Reihe der Papiergröße

Eine goldene Konstruktion
Nun wollen wir ein goldenes Rechteck zeichnen. Wir beginnen mit unserem Quadrat $MQSR$ mit der Seitenlänge 1 und kennzeichnen den Mittelpunkt auf der Linie QS mit O. Es gilt $OS = \frac{1}{2}$, daher folgt nach dem Satz des Pythagoras (▶ Kapitel 21), angewandt auf das Dreieck ORS für die Seitenlänge von OR:

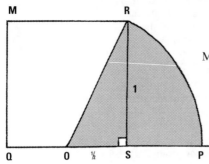

$$OR = \sqrt{\left(\frac{1}{2}\right)^2 + 1^2} = \frac{\sqrt{5}}{2}\ .$$

Mit einem Zirkel können wir um O den Bogen RP ziehen und erhalten $OP = OR = \frac{\sqrt{5}}{2}$. Damit ergibt sich

$$QP = \frac{1}{2} + \frac{\sqrt{5}}{2} = \phi\ ,$$

also genau der goldene Schnitt bzw. die Seitenlänge für das goldene Rechteck.

Die Vergangenheit
Über den goldenen Schnitt ϕ ist schon viel geschrieben worden. Hat man seine ansprechenden mathematischen Eigenschaften einmal erkannt, glaubt man ihn an den überraschendsten Orten zu entdecken, selbst dort, wo er gar nicht ist. Es besteht die Gefahr, den goldenen Schnitt Musikern, Architekten und Künstlern als unbewusstes Element des Schöpfungsakts zu unterstellen. Der Übergang von Zahlen zu allgemeinen Behauptungen ist ohne zusätzliche Hinweise gefährlich.

Betrachten wir als Beispiel den Parthenon in Athen. Zur Zeit seiner Erbauung war der goldene Schnitt sicherlich bekannt, doch das bedeutet nicht, dass der Parthenon auch darauf beruht. Tatsächlich findet man in der Frontansicht des Parthenon ein Verhältnis von Breite zu Höhe (einschließlich des dreieckigen Giebels) von 1,74, was nahe bei 1,618 liegt. Doch ist dieser Wert nahe genug, um den goldenen Schnitt als Begründung für die Maße heranzuziehen? Manche behaupten, der Giebel solle bei dieser Berechnung nicht berücksichtigt werden; dann ist das Verhältnis von Breite zu Höhe gleich der ganzen Zahl 3.

Im Jahre 1509 veröffentlichte Luca Pacioli sein Buch *De divina proportione*. Dort beschreibt er Beziehungen zwischen göttlichen Eigenschaften und den durch ϕ bestimmten Verhältnissen. Er schuf die Bezeichnung „göttliche Teilung". Pacioli war ein Franziskanermönch, der sehr einflussreiche Bücher über die Mathematik schrieb. Von einigen wird er als der „Vater der Buchführung" angesehen, denn er machte die doppelte Buchführung bekannt, die damals von venezianischen Händlern verwendet wurde. Außerdem hat er Leonardo da Vinci in Mathematik unterrichtet, was zu seinem Ruhm beigetragen hat. In der Renaissance erlangte der goldene Schnitt einen nahezu mystischen Status. Der Astronom Johannes Kepler beschrieb ihn einmal als ein „wertvolles Juwel" der Mathematik. Später untersuchte der deutsche Psychologe Gustav Fechner Tausende von Rechtecken (Spielkarten, Bücher, Fenster) und fand, dass das häufigste Seitenverhältnis in der Nähe von ϕ lag.

Der Architekt Le Corbusier war von Rechtecken begeistert, insbesondere von den goldenen Rechtecken, und er machte sie zu zentralen Elementen in seinen architektonischen Entwürfen. Er legte großen Wert auf Harmonie und Ordnung und fand diese in der Mathematik. Er sah die Architektur mit den Augen eines Mathematikers. Einer seiner Programmpunkte war das „Modulor"-System, eine Theorie der Proportionen. Im Grunde genommen handelte es sich um ein Verfahren zur Erzeugung einer ganzen Serie von goldenen Rechtecken, die er in seinen Entwürfen oft verwendete. Le Corbusier war ein Verehrer von Leonardo da Vinci, der wiederum viele Ideen vom römischen Architekten Vitruv übernommen hatte. Für Vitruv spielten die Proportionen des menschlichen Körpers eine wesentliche Rolle in seinen Werken.

Andere Formen Es gibt auch ein „supergoldenes Rechteck", dessen Konstruktion Ähnlichkeiten mit der Konstruktion des goldenen Rechtecks aufweist.

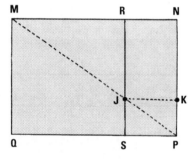

Zur Konstruktion des supergoldenen Rechtecks $MQPN$ gehe man folgendermaßen vor: Wie vorher soll $MQSR$ ein Quadrat der Seitenlänge 1 sein. Wir zeichnen die Diagonale MP und bezeichnen den Schnittpunkt mit RS als den Punkt J. Wir zeichnen eine Linie JK parallel zu RN mit dem Punkt K auf NP. Die Länge RJ bezeichnen wir mit y und die Länge MN mit x. Für jedes Rechteck gilt: $RJ/MR = NP/MN$ (weil die Dreiecke MRJ und MNP ähnlich sind). Also gilt $y/1 = 1/x$, was gleichbedeutend ist mit $x \times y = 1$. Somit sind x und y jeweils Kehrwerte voneinander. Wir erhalten das supergoldene Rechteck, wenn das Rechteck $RJKN$ dieselben Seitenverhältnisse hat wie das ursprüngliche Rechteck $MQPN$, das bedeutet $y/(x - 1) = x/1$. Berücksichtigen wir noch $xy = 1$, so können wir die Länge x des supergoldenen Rechtecks aus der Lösung der folgenden „kubischen" Gleichung gewinnen: $x^3 = x^2 + 1$. Diese Gleichung hat große Ähnlichkeit mit der Gleichung $x^2 = x + 1$ (aus der wir das goldene Rechteck bestimmt haben). Die kubische Gleichung besitzt eine positive reelle Lösung ψ (wobei wir x durch die übliche Notation ψ ersetzt haben) mit dem Wert:

$$\psi = 1{,}46557123187676802665\ldots$$

Diese Zahl tritt auch im Zusammenhang mit dem Problem der Schafsreihe (▶ Kapitel 11) auf. Während das goldene Rechteck mit Zirkel und Lineal konstruiert werden kann, ist das für das supergoldene Rechteck nicht möglich.

Göttliche Proportionen

13 Das Pascal'sche Dreieck

Die Zahl 1 ist besonders wichtig, doch was ist mit der 11? Auch diese Zahl ist wichtig, ebenso wie $11 \times 11 = 121$, $11 \times 11 \times 11 = 1\,331$ und $11 \times 11 \times 11 \times 11 = 14\,641$. Untereinander geschrieben erhalten wir:

$$11$$
$$121$$
$$1\,331$$
$$14\,641$$

Dies ist der Anfang des Pascal'schen Dreiecks. Doch wo tritt es auf?

Der Vollständigkeit halber nehmen wir noch $11^0 = 1$ hinzu, außerdem schreiben wir alle Ziffern auf Abstand. Aus $14\,641$ wird somit $1\ 4\ 6\ 4\ 1$.

Das Pascal'sche Dreieck ist in der Mathematik wegen seiner Symmetrien und versteckten Beziehungen berühmt. Blaise Pascal unterzog es im Jahre 1653 einer näheren Betrachtung und merkte an, dass er diese Beziehungen unmöglich alle in einem Artikel behandeln könne. Die vielen Beziehungen zwischen dem Pascal'schen Dreieck und anderen Bereichen der Mathematik machen es zu einem ehrbaren mathematischen Objekt, doch seine Ursprünge gehen weit zurück. Pascal hat das nach ihm benannte Dreieck keineswegs erfunden, denn es war bereits im 13. Jahrhundert chinesischen Gelehrten bekannt.

Die Konstruktion des Dreiecks beginnt an der Spitze. Wir schreiben zunächst eine 1 und darunter in die nächste Zeile jeweils eine 1 nach links und rechts versetzt. Für die weiteren Zeilen schreiben wir jeweils eine 1 an die Zeilenenden, während wir die inneren Zahlen aus der Summe der beiden Zahlen unmittelbar darüber erhalten. Für die 6 in der fünften Zeile addieren wir beispielsweise $3 + 3$ in der Zeile darüber. Der englische Mathematiker G. H. Hardy sagte einmal: „Ein Mathematiker erschafft – wie ein Maler oder ein Dichter – Muster." Das Pascal'sche Dreieck enthält Muster in Hülle und Fülle.

```
              1
           1     1
        1     2     1
     1     3     3     1
   1     4     6     4     1
 1     5    10    10     5     1
```

Das Pascal'sche Dreieck

Zeitleiste

ca. **500** v. Chr.	ca. **1070** n. Chr.
Es gibt Hinweise auf das Pascal'sche Dreieck in Sanskrit	Omar Khayyam entdeckt das Dreieck, in einigen Ländern ist es nach ihm benannt

Die Beziehung zur Algebra Das Pascal'sche Dreieck beruht auf ernster Mathematik. Wenn wir beispielsweise $(1 + x) \times (1 + x) \times (1 + x) = (1 + x)^3$ ausmultiplizieren, erhalten wir $1 + 3x + 3x^2 + x^3$. Bei genauer Betrachtung dieses Ausdrucks erkennt man in den Koeffizienten vor den Symbolen der Unbekannten die Zahlen in der entsprechenden Zeile des Pascal'schen Dreiecks. Das Schema ist das folgende:

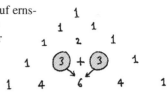

$$
\begin{array}{lccccccccccc}
(1 + x)^0 & & & & & & 1 & & & & & \\
(1 + x)^1 & & & & & 1 & & 1 & & & & \\
(1 + x)^2 & & & & 1 & & 2 & & 1 & & & \\
(1 + x)^3 & & & 1 & & 3 & & 3 & & 1 & & \\
(1 + x)^4 & & 1 & & 4 & & 6 & & 4 & & 1 & \\
(1 + x)^5 & 1 & & 5 & & 10 & & 10 & & 5 & & 1 \\
\end{array}
$$

Wenn wir sämtliche Zahlen in einer Zeile des Pascal'schen Dreiecks addieren, erhalten wir immer eine Potenz von 2. Betrachten wir als Beispiel die fünfte Zeile von oben: $1 + 4 + 6 + 4 + 1 = 16 = 2^4$. Das lässt sich auch leicht aus der linken Spalte ableiten, indem wir $x = 1$ setzen.

Eigenschaften Die erste und offensichtlichste Eigenschaft des Pascal'schen Dreiecks ist seine Symmetrie. Denken wir uns eine senkrechte, durch die Mitte gezogene Linie, so sieht das Dreieck auf der linken Seite dieser Linie genau so aus wie das auf der rechten. Man spricht in diesem Fall von einer „Spiegelsymmetrie". Damit können wir ohne weitere Spezifikationen über „Diagonalen" sprechen, denn eine Diagonale von unten links nach oben rechts hat dieselben Eigenschaften wie eine Diagonale von unten rechts nach oben links. Unter der äußeren Diagonalen, die nur aus Einsen besteht, finden wir die Diagonale aus den natürlichen Zahlen 1, 2, 3, 4, 5, 6, ... Die nächste Diagonale darunter enthält die Dreieckszahlen 1, 3, 6, 10, 15, 21, ... (die Zahlen, aus denen wir Dreiecke in Form von Punkten zusammenlegen können). In der Diagonalen darunter finden wir die Tetraeder-Zahlen 1, 4, 10, 20, 35, 56, ...; diese Zahlen entsprechen Tetraedern („dreidimensionalen" Dreiecken oder, wenn man so will, der Anzahl der Kanonenkugeln, die sich in Dreiecksform zu immer größeren Haufen übereinanderlegen lassen).

Und was ist mit den „Fast-Diagonalen"? Wenn wir die Zahlen auf den rechts eingezeichneten Linien addieren (diese Linien entsprechen weder Zeilen noch richtigen Diagonalen), erhalten wir die Folge 1, 2, 5, 13, 34, ... Jede Zahl ist das Dreifache der vorherigen Zahl abzüglich der Zahl davor. Zum Beispiel gilt: $34 = 3 \times 13 - 5$. Nach dieser Regel folgt als nächste Zahl in der

Die Fast-Diagonalen im Pascal'schen Dreieck

1303

Zhu Shijie definiert das Pascal'sche Dreieck und zeigt, wie sich die Summen von bestimmten Reihen bilden lassen

1664

Pascals Artikel über die Eigenschaften des Dreiecks wird posthum veröffentlicht

1714

Leibniz beschreibt das harmonische Dreieck

Reihe $3 \times 34 - 13 = 89$. Wir haben bisher immer nur jede zweite Fast-Diagonale berücksichtigt. Die dazwischen liegenden Diagonalen beginnen mit 1, $1 + 2 = 3$ etc., und wir erhalten die Reihe $\underline{1}$, $\underline{3}$, $\underline{8}$, $\underline{21}$, $\underline{55}$, … Deren Elemente genügen derselben „3 mal vorher minus vor-vorher"-Regel. Auch hier können wir die nächste Zahl in der Folge berechnen: $3 \times 55 - 21 = \underline{144}$. Doch das ist noch nicht alles. Wenn wir diese beiden Folgen von „Fast-Diagonalen" zusammenlegen, erhalten wir die Fibonacci-Zahlen:

$$1, \underline{1}, 2, \underline{3}, 5, \underline{8}, 13, \underline{21}, 34, \underline{55}, 89, \underline{144}, …$$

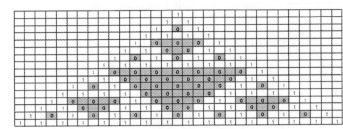

Gerade und ungerade
Zahlen im Pascal'schen
Dreieck

Das Sierpiński-Dreieck

Kombinatorik Die Pascal-Zahlen beantworten auch einige kombinatorische Probleme. Stellen wir uns sieben Personen in einem Raum vor. Wir nennen sie Alice, Cathy, Emma, Gary, John, Matthias und Thomas. Wie viele Möglichkeiten gibt es, Dreiergruppen zu bilden? Eine Möglichkeit wäre **A**, **C**, **E**; eine andere wäre **A**, **C**, **T**. Es hat sich in der Mathematik als nützlich erwiesen, die Zahl in der n-ten Zeile an der r-ten Stelle (beginnend mit $r = 0$) im Pascal'schen Dreieck mit $C(n, r)$ zu bezeichnen. Die Antwort zu unserer Frage lautet $C(7,3)$. In der siebten Zeile des Dreiecks steht an der dritten Stelle die Zahl 35. Zu jeder Dreiergruppe, die wir ausgewählt haben, bleibt eine Gruppe von vier Personen übrig. Das entspricht der Tatsache, dass $C(7,4)$ ebenfalls 35 ist. Ganz allgemein folgt aus der Spiegelsymmetrie des Pascal'schen Dreiecks die Beziehung: $C(n, r) = C(n, n - r)$.

0en und 1en Die jeweils geraden bzw. ungeraden Zahlen im Pascal'schen Dreieck bilden ein faszinierendes Muster. Wenn wir jede ungerade Zahl durch 1 und jede gerade Zahl durch 0 ersetzen, erhalten wir ein Muster, das eine große Ähnlichkeit mit dem sogenannten Sierpiński-Dreieck hat, einem bekannten Fraktal (▶ Kapitel 25).

Das Pascal'sche Dreieck mit Vorzeichen Wir können auch das Pascal'sche Dreieck zu den Potenzen von $(-1 + x)$, also $(-1 + x)^n$, betrachten. In diesem Fall ist das Dreieck nicht mehr vollkommen symmetrisch um die senkrechte Mittellinie, und die Summe der Zahlen in den Reihen ist keine Potenz von 2 mehr, sondern null. Uns interessieren jedoch besonders die Diagonalen. Betrachten wir die Diagonale von der Spitze nach unten links mit den Zahlen $1, -1, 1, -1, 1, -1, 1, -1, …$

Hier finden wir die Koeffizienten der Reihenentwicklung

$$(1 + x)^{-1} = 1 - x + x^2 - x^3 + x^4 - x^5 + x^6 - x^7 + …$$

Das Pascal'sche
Dreieck mit Vorzeichen

Die Zahlen in der nächsten Diagonalen darunter liefern die Koeffizienten für die folgende Reihenentwicklung:

$$(1 + x)^{-2} = 1 - 2x + 3x^2 - 4x^3 + 5x^4 - 6x^5 + 7x^6 - 8x^7 + \ldots$$

Das harmonische Dreieck von Leibniz

Der deutsche Universalgelehrte Gottfried Wilhelm Leibniz entdeckte eine bemerkenswerte Tabelle von Zahlen in Form eines Dreiecks. Auch in diesem Dreieck gibt es eine Symmetrie um die senkrechte Mittellinie. Im Gegensatz zum Pascal'schen Dreieck erhält man hier die Zahlen in einer Zeile, indem man die beiden Zahlen *darunter* addiert. So ist 1/30 + 1/20 = 1/12. Zur Konstruktion dieses Dreiecks beginnen wir wieder an der Spitze und arbeiten uns von links nach rechts vor, indem wir die Zahlen subtrahieren. Angenommen, wir kennen bereits 1/12 und 1/30 in der dritten bzw. vierten Zeile, dann erhalten wir 1/12 − 1/30 = 1/20 für die Zahl neben 1/30. Die äußere Diagonale besteht aus den Zahlen in der berühmten harmonischen Reihe:

Das harmonische Dreieck von Leibnitz

$$1 + \frac{1}{2} + \frac{1}{3} + \frac{1}{4} + \frac{1}{5} + \frac{1}{6} + \frac{1}{7} + \ldots$$

Die nächste Diagonale enthält die Zahlen der sogenannten Leibniz'schen Reihe:

$$\frac{1}{1 \times 2} + \frac{1}{2 \times 3} + \ldots + \frac{1}{n \times (n+1)} + \ldots$$

Durch einige geschickte Umformungen kann man zeigen, dass die Summe bis zum n-ten Term gleich n/(n + 1) ist. Wie vorher können wir auch die Leibniz'schen Zahlen benennen: $B(n,r)$ steht für die r-te Zahl in der n-ten Zeile. Die Zahlen im Leibniz'schen Dreieck und im Pascal'schen Dreieck, $C(n,r)$, sind eng verwandt:

$$B(n,r) \times C(n,r) = \frac{1}{n+1}.$$

Alles hängt irgendwie mit allem zusammen. So ist es auch bei dem Pascal'schen Dreieck und seinen Beziehungen zu unzähligen Bereichen der Mathematik – zu moderner Geometrie, Kombinatorik und Algebra, um nur drei zu nennen. Doch darüber hinaus ist es auch ein Beispiel für die typische Arbeit des Mathematikers: die ständige Suche nach Mustern und Harmonie, um die Mathematik besser zu verstehen.

Ein Zahlenbrunnen

14 Algebra

Die Algebra gibt uns besondere Verfahren zur Lösung von Problemen an die Hand. Die Verfahren sind konstruktiv, allerdings mit einem besonderen „Dreh". Der Dreh besteht darin, „rückwärts zu denken". Betrachten Sie das folgende Problem: Gegeben ist die Zahl 25, man addiere 17 und erhält 42. Das verstehe ich unter vorwärts denken. Die Zahlen sind gegeben und wir addieren sie einfach. Doch nun stellen Sie sich vor, die Zahl 42 ist gegeben, und wir suchen die Zahl, zu der wir 25 addieren müssen, um 42 zu erhalten. Nun müssen wir rückwärts denken. Wir suchen den Wert von *x*, der die folgende Gleichung löst: *x* + 25 = 42. Wir subtrahieren 25 von 42 und erhalten das Ergebnis.

Seit Jahrhunderten stellen wir unseren Schulkindern bestimmte Satzaufgaben, die sie mithilfe der Algebra lösen sollen:

Meine Nichte Michelle ist 6 Jahre alt, und ich bin 40.
Wann bin ich genau dreimal so alt wie sie?

Wir können versuchen, das Ergebnis zu raten, aber die algebraischen Verfahren sind effektiver. In *x* Jahren wird Michelle 6 + *x* Jahre alt sein, und ich werde 40 + *x* Jahre alt sein. Die Bedingung, dass ich dreimal so alt bin wie sie, führt auf die Gleichung:

$$3 \times (6 + x) = 40 + x.$$

Wir multiplizieren die Klammer auf der linken Seite aus und erhalten $18 + 3x = 40 + x$. Nun bringen wir alle Terme mit einem x auf eine Seite und die reinen Zahlen auf die andere Seite und finden schließlich $2x = 22$ oder $x = 11$. Wenn ich 51 Jahre alt bin, ist Michelle 17. Fantastisch!

Angenommen, wir möchten gerne wissen, wann ich *doppelt* so alt bin wie sie. Wir können dasselbe Verfahren anwenden und müssen die Gleichung

$$2 \times (6 + x) = 40 + x$$

1950 v. Chr.

Die Babylonier arbeiten mit
quadratischen Gleichungen

250 n. Chr.

Diophantos von Alexandrien
veröffentlicht *Arithmetica*

lösen, was auf das Ergebnis 28 führt. Michelle wird 34 Jahre alt sein und ich 68. Alle diese Gleichungen sind von einer sehr einfachen Art – man bezeichnet sie als „lineare" Gleichungen. Es gibt darin keine Ausdrücke wie x^2 oder x^3, was ihre Lösung wesentlich schwieriger machen würde. Gleichungen, in denen (neben x) auch x^2 auftritt, bezeichnet man als „quadratische" Gleichungen und solche mit x^3 als „kubische" Gleichungen (Gleichungen dritten Grades). In früheren Zeiten hatte man x^2 durch ein Quadrat dargestellt, daher die Bezeichnung „quadratisch". Entsprechend wurde x^3 durch einen Würfel, also einen „Kubus" dargestellt.

Für die Mathematik war es ein riesiger Fortschritt, als es nicht mehr nur um die Manipulation von Zahlen ging, wie in der Arithmetik, sondern um die Manipulation von Symbolen, wie in der Algebra. Der Übergang von Zahlen zu Buchstaben ist ein großer mentaler Schritt, aber er lohnt sich.

Ursprünge   Die Algebra spielte in den Arbeiten islamischer Gelehrter im neunten Jahrhundert eine wesentliche Rolle. Al-Charismi schrieb ein mathematisches Lehrbuch, dessen Titel das arabische Wort *al-jabr* enthielt. In diesem Buch geht es um praktische Probleme im Umgang mit linearen und quadratischen Gleichungen, und al-Charismis „Wissenschaft der Gleichungen" haben wir das Wort „Algebra" zu verdanken. Ungefähr 200 Jahre später lebte Omar Khayyam, der durch seine Gedichtsammlung, die *Rubaiyat*, berühmt wurde. Unsterblich sind die Zeilen:

Eine Flasche roten Weines und ein Büchlein mit Gedichten
Und die Hälfte eines Brotes, anders wünsch ich mir mitnichten;
Dann nur irgendeine Wüste, um mit dir darin zu wohnen,
Und beneiden will ich fürder keinen Herrscher von Millionen.
(Vers 125; Übersetzung: Adolf Friedrich Graf von Schack, 1879)

Italienische Verbindungen

Die Theorie der kubischen Gleichungen wurde während der Renaissance entwickelt. Leider zeigte sich die Mathematik dabei nicht immer von ihrer besten Seite. Scipione Del Ferro fand die Lösungen für verschiedene spezielle Formen von kubischen Gleichungen. Als der venezianische Lehrer Niccolò Fontana – genannt „Tartaglia", der Stotterer – davon hörte, veröffentlichte er seine eigenen Ergebnisse zur Algebra, behielt die entscheidenden Methoden jedoch für sich. Der Mailänder Girolamo Cardano überredete Tartaglia, ihm seine Methoden anzuvertrauen, musste sich aber im Gegenzug zu absolutem Stillschweigen verpflichten. Die Verfahren wurden jedoch bekannt, und es kam zu einem öffentlichen Streit zwischen den beiden, als Tartaglia die Ergebnisse seiner Arbeit in Cardanos Buch *Ars Magna* von 1545 entdeckte.

825

Aus dem Wort *al-jabr* im Titel eines Buches von al-Charismi leitet sich „Algebra" ab

1591

François Viète schreibt eine mathematische Abhandlung, in der er Buchstaben für die bekannten und unbekannten Größen verwendet

1920er-Jahre

Die Arbeiten von Emmy Noether tragen zur Entwicklung der modernen abstrakten Algebra bei

1930

Bartel van der Waerden veröffentlicht sein berühmtes Buch *Moderne Algebra*

Im Jahre 1070 schrieb er im Alter von 22 Jahren allerdings auch ein Buch über Algebra, in dem er die Lösungen von kubischen Gleichungen untersuchte.

Die herausragende mathematische Arbeit von Girolamo Cardano aus dem Jahre 1545 bedeutete einen Wendepunkt in der Theorie der Gleichungen, denn sie enthielt eine Fülle von Ergebnissen über die Gleichung dritten Grades und die Gleichung vierten Grades (auch quartische Gleichung genannt, bei der ein x^4 auftritt). Seine Forschungen zeigten, dass sich die quadratischen Gleichungen, die Gleichungen dritten und vierten Grades alle durch Formeln lösen lassen, bei denen nur die Operationen $+, -, \times, :$ und $\sqrt[q]{\ }$ auftreten (das letzte Symbol bedeutet die q-te Wurzel). Zum Beispiel erhält man die Lösungen der quadratischen Gleichung $ax^2 + bx + c = 0$ aus der Formel

$$x = \frac{-b \pm \sqrt{b^2 - 4ac}}{2a}$$

Wenn Sie die Gleichung $x^2 - 3x + 2 = 0$ lösen wollen, müssen Sie nur die Werte $a = 1$, $b = -3$ und $c = 2$ in die Formel einsetzen.

Die Formeln zur Lösung von Gleichungen dritten und vierten Grades sind lang und umständlich, aber es gibt sie. Den Mathematikern gelang es jedoch nicht, eine allgemeine Formel zur Lösung von Gleichungen mit x^5, den Gleichungen fünften Grades (quintischen Gleichungen), zu finden. Was war an der Potenz 5 so besonders?

Im Jahre 1826 fand der früh verstorbene Niels Abel eine überraschende Antwort auf das Rätsel der allgemeinen Gleichung fünften Grades. Er bewies eine negative Aussage, was fast immer weitaus schwieriger ist, als den positiven Beweis zu erbringen. Abel bewies, dass es keine allgemeine Formel zur Lösung von Gleichungen fünften Grades geben kann. Damit war jede weitere Suche nach diesem heiligen Gral vergeblich. Abel konnte zwar die Spitzenmathematiker seiner Zeit überzeugen, doch es dauerte eine ganze Weile, bis sich die Nachricht in der mathematischen Welt allgemein verbreitete. Einige Mathematiker wollten den Beweis nicht akzeptieren, und noch bis weit ins 19. Jahrhundert hinein erschienen Arbeiten, in denen behauptet wurde, die nicht existierende Formel sei gefunden worden.

Die moderne Welt Für ungefähr 500 Jahre bedeutete Algebra soviel wie „Theorie der Gleichungen", doch im 19. Jahrhundert fand eine neue Entwicklung statt. Man erkannte, dass die Symbole, mit denen in der Algebra hantiert wurde, für mehr als nur einfache Zahlen stehen konnten. Unter anderem können Symbole „Propositionen" darstellen, und so entstand ein Bezug von der Algebra zur Logik. Die Symbole können auch höherdimensionale Objekte repräsentieren, wie beispielsweise in der Matrizenalgebra (▶ Kapitel 39). Außerdem können die Symbole auch für nichts stehen (was viele Nicht-Mathematiker schon immer vermutet hatten); sie werden einfach nach bestimmten formalen Regeln umhergeschoben.

Ein für die moderne Algebra wichtiger Schritt fand im Jahre 1843 statt, als der irische Mathematiker William Rowan Hamilton die Quaternionen entdeckte. Hamilton suchte nach einem System von Symbolen, das eine höherdimensionale Verallgemeinerung der zweidimensionalen komplexen Zahlen darstellte. Viele Jahre versuchte er es mit dreidimensionalen Symbolen, ohne jedoch ein geeignetes System zu finden. Jeden Morgen beim Frühstück soll sein Sohn ihn gefragt haben: „Nun, Papa, kannst du Tripel multiplizieren?", und er musste gestehen, sie nur addieren und subtrahieren zu können.

Der Erfolg kam unerwartet. Die Suche nach dreidimensionalen Symbolen hatte in eine Sackgasse geführt; er hätte nach vierdimensionalen Symbolen Ausschau halten sollen. Dieser Geistesblitz durchzuckte ihn, als er mit seiner Frau den Royal Canal entlang nach Dublin spazierte. Die Entdeckung brachte ihn völlig aus dem Häuschen. Kurzerhand ritzte der 38-jährige Königliche Astronom von Irland und Ritter des Reichs die definierenden Gleichungen in den Stein der Brougham Bridge. Heute findet man an dieser Stelle eine Gedenktafel. Von jenem Tag an wurden die vierdimensionalen Symbole für ihn zu einer Leidenschaft. Über Jahre hinweg hielt er Vorträge, und er veröffentlichte zwei schwere Bücher über seinen „mystischen Traum der Vier".

Im Gegensatz zu den Objekten der gewöhnlichen Arithmetik haben Quaternionen die besondere Eigenschaft, dass die Reihenfolge, mit der sie multipliziert werden, von wesentlicher Bedeutung ist. Mit weniger dramatischen Begleiterscheinungen veröffentlichte im Jahre 1844 der deutsche Sprachwissenschaftler und Mathematiker Hermann Grassmann ein anderes algebraisches System. Während es damals kaum zur Kenntnis genommen wurde, erwies es sich später als außerordentlich nützlich. Heute spielen sowohl Quaternionen als auch Grassmann-Algebren eine wichtige Rolle in der Geometrie, der Physik und der Computergrafik.

Abstrakte Mathematik Im 20. Jahrhundert herrschte in der Algebra die axiomatische Methode vor. Euklid hatte seine Geometrie darauf aufgebaut, doch erst in jüngerer Zeit wurde sie auch auf die Algebra angewandt.

Emmy Noether war eine Vorreiterin der abstrakten Methode. Diese moderne Form der Algebra untersucht allgemeine Strukturen und weniger die Eigenschaften spezieller Beispiele. Wenn verschiedene Beispiele dieselbe Struktur aufweisen und lediglich eine unterschiedliche Schreibweise in Gebrauch ist, dann bezeichnet man sie als isomorph.

Eine der fundamentalsten algebraischen Strukturen ist das Konzept der Gruppe, das sich durch eine Reihe von Axiomen definieren lässt (▶ Kapitel 38). Es gibt Strukturen mit weniger Axiomen (beispielsweise Gruppoide, Halbgruppen und Quasi-Gruppen) und solche mit mehr Axiomen (wie Ringe, Schiefkörper, Integritätsringe und Körper). All diese neuen Begriffe wurden zu Beginn des 20. Jahrhunderts in die Mathematik aufgenommen, als die Algebra zu einer abstrakten Wissenschaft wurde, die man oft „moderne Algebra" nennt.

Der Unbekannten auf der Spur

15 Der Euklidische Algorithmus

Al-Charismi verdanken wir das Wort „Algebra", doch in seinem Buch über Arithmetik aus dem neunten Jahrhundert schenkte er uns auch den Begriff „Algorithmus". Dieses Konzept erwies sich sowohl für Mathematiker als auch für Informatiker als überaus nützlich. Doch was ist ein Algorithmus? Nachdem wir diese Frage beantwortet haben, können wir uns dem Euklidischen Algorithmus zuwenden.

Allgemein ist ein Algorithmus eine Routine. Es handelt sich um eine Liste von Vorschriften der Form „erst mache man dies und dann das". Computer lieben Algorithmen, weil sie dafür konstruiert wurden, Vorschriften zu folgen und sich niemals ablenken zu lassen. Für manche Mathematiker sind Algorithmen langweilig, weil immer dasselbe gemacht wird. Es ist jedoch alles andere als einfach, einen Algorithmus zu entwickeln und dann in Hunderte von Zeilen einer Computersprache zu übersetzen, die mathematische Vorschriften enthalten. Die Entwicklung eines Algorithmus ist eine kreative Herausforderung. Oft gibt es für die Lösung derselben Aufgabe mehrere Verfahren und man sucht nach dem besten. Manche Algorithmen sind für bestimmte Aufgaben nicht geeignet, andere sind nicht effizient genug, weil sie sich zu sehr verzweigen. Wieder andere Algorithmen sind schnell, liefern aber die falschen Antworten. Man könnte Algorithmen mit Kochrezepten vergleichen. Vermutlich gibt es Hunderte von Kochrezepten (Algorithmen) für einen gefüllten Truthahnbraten, doch für diesen einen Tag im Jahr, an dem es darauf ankommt, wollen wir sicherlich keinen schlechten Algorithmus. Wir haben die Zutaten und wir haben die Vorschriften. Der Anfang eines (verkürzten) Rezepts könnte folgendermaßen lauten:

- Man stopfe die Füllung in das Innere des Truthahns.
- Man reibe die äußere Haut des Truthahns mit Butter ein.
- Man würze mit Salz, Pfeffer und Paprika.
- Man brate den Truthahn 3½ Stunden bei 180 Grad Celsius.
- Man lasse den Truthahn ½ Stunde abkühlen.

Zeitleiste

ca. **300** v. Chr.	ca. **300** n. Chr.
Der Euklidische Algorithmus findet sich in Buch 7 der *Elemente*	Sun Tzu entdeckt den Chinesischen Restsatz

Wir müssen nur die Vorschriften des Algorithmus in der richtigen Reihenfolge ausführen. Was wir in diesem Rezept nicht finden, was aber in einem mathematischen Algorithmus gewöhnlich auftritt, ist eine Schleife, also eine Vorschrift, die Wiederholungen bestimmter Schritte regelt. Den Truthahn müssen wir aber hoffentlich nicht mehrmals braten.

Auch in der Mathematik gibt es Zutaten, nämlich die Zahlen. Der Euklidische Algorithmus ist eine Vorschrift zur Auffindung des größten gemeinsamen Teilers (abgekürzt ggT). Der ggT von zwei ganzen Zahlen ist die größte Zahl, durch die beide Zahlen ohne Rest geteilt werden können. Als Zutaten für unser Beispiel wählen wir die Zahlen 18 und 84.

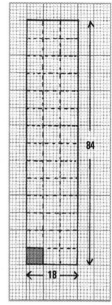

Der größte gemeinsame Teiler
Der ggT in unserem Beispiel ist die größte Zahl, durch die sowohl 18 als auch 84 ohne Rest geteilt werden können. Die Zahl 2 ist ein Teiler von 18 und 84, ebenso die Zahl 3. Also ist auch 6 eine Zahl, durch die beide Zahlen teilbar sind. Gibt es eine noch größere Zahl mit dieser Eigenschaft? Wir können 9 oder 18 versuchen, doch beide Zahlen sind keine Teiler von 84, also ist 6 die größte Zahl mit der gewünschten Eigenschaft. Wir kommen zu dem Ergebnis, dass 6 der ggT von 18 und 84 ist. Das schreibt man manchmal auch in der Form ggT(18, 84) = 6.

Die anschauliche Bedeutung des ggT lässt sich anhand von Küchenfliesen beschreiben. Der ggT ist die Seitenlänge der größten quadratischen Fliese, mit der ein Rechteck der Breite 18 und Länge 84 exakt ausgefüllt werden kann, also ohne dass Fliesen gebrochen werden müssen. In diesem Fall wäre eine Fliese mit den Abmessungen 6×6 ideal.

Der größte gemeinsame Teiler wird manchmal auch als „größter gemeinsamer Faktor" bezeichnet. Eng damit verwandt ist das Konzept des kleinsten gemeinsamen Vielfachen (kgV). Das kgV von 18 und 84 ist die kleinste Zahl, die sowohl durch 18 als auch durch 84 teilbar ist. Der Zusammenhang zwischen dem kgV und dem ggT wird unter anderem an der Tatsache erkennbar, dass das Produkt von kgV und ggT zu zwei Zahlen gleich dem Produkt dieser beiden Zahlen selbst ist. Im vorliegenden Fall ist kgV(18, 84) = 252, und es gilt: $6 \times 252 = 1\,512 = 18 \times 84$. Geometrisch entspricht das kgV der Seitenlänge des kleinsten Quadrats, das sich mit rechteckigen Fliesen der Seitenlängen 18×84 ausfliesen lässt.

Da sich das kgV durch den ggT über die Beziehung kgV$(a, b) = ab/$ggT(a, b) ausdrücken lässt, konzentrieren wir

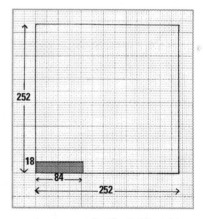

Das Quadrat lässt sich mit Fliesen der Seitenlängen 18 × 84 ausfüllen

Al-Charismi gibt der Mathematik das Wort „Algorithmus"

Fibonacci veröffentlicht im *Liber Abaci* Arbeiten zu Kongruenzen

Der Chinesische Restsatz wird zur Verschlüsselung von Nachrichten angewandt

uns auf die Suche nach dem ggT. Wie wir bereits gesehen haben, ist ggT(18, 84) = 6, doch dafür benötigten wir sowohl die Teiler von 18 als auch von 84. Erinnern wir uns: Wir haben zunächst beide Zahlen in ihre (Prim-)Faktoren zerlegt: $18 = 2 \times 3 \times 3$ und $84 = 2 \times 2 \times 3 \times 7$. Anschließend haben wir im Vergleich gesehen, dass 2 in beiden Zerlegungen auftritt und gleichzeitig in beiden Faktorzerlegungen keine höhere Potenz von 2 vorkommt. Entsprechend finden wir 3 in beiden Ausdrücken und ebenfalls keine höhere Potenz von 3. Die 7 ist zwar ein Teiler von 84, aber keiner von 18, also kann sie im ggT nicht als Faktor auftreten. Damit kamen wir zu dem Schluss, dass $2 \times 3 = 6$ die größte Zahl ist, durch die beide Zahlen teilbar sind. Lässt sich dieses Jonglieren mit Faktoren vermeiden? Man stelle sich den Aufwand vor, wenn wir ggT(17 640, 54 054) berechnen wollten. Wir müssten zunächst beide Zahlen in ihre Primfaktoren zerlegen, und das wäre nur der Anfang. Es muss einen einfacheren Weg geben.

Der Algorithmus Es gibt einen einfacheren Weg. Der Euklidische Algorithmus findet sich in den *Elementen*, Buch 7, Proposition 2. Die Aufgabe lautet, „zu zwei gegebenen Zahlen, die nicht prim gegeneinander sind, ihr größtes gemeinsames Maß zu finden"

Der von Euklid angegebene Algorithmus ist sehr effizient und ersetzt die Suche nach den Faktoren durch einfache Subtraktionen. Betrachten wir ihn genauer.

Wir wollen $d = $ ggT(18, 84) berechnen. Wir beginnen, indem wir 84 durch 18 teilen. Das geht nicht exakt, sondern 4-mal mit einem Rest 12:

$$84 = 4 \times 18 + 12.$$

Da d sowohl ein Teiler von 84 als auch von 18 sein soll, muss es auch ein Teiler des Restterms 12 sein. Daher gilt $d = $ ggT(12, 18). Wir können nun die obigen Schritte wiederholen und dividieren 18 durch 12:

$$18 = 1 \times 12 + 6.$$

Wir erhalten den Rest 6, also muss $d = $ ggT(6, 12) sein. Bei der Division von 12 durch 6 finden wir jedoch den Rest 0, und damit ist $d = $ ggT(0, 6). 6 ist die größte Zahl, die ein Teiler von 0 und 6 ist, also ist 6 unsere gesuchte Antwort.

Wenden wir dieses Verfahren für $d = $ ggT(17 640, 54 054) an, finden wir jeweils die Reste 1 134, 630, 504, 126 und 0. Der größte gemeinsame Teiler ist somit $d = 126$.

Wozu ist der ggT gut? Der ggT ist nützlich zum Lösen von Gleichungen, bei denen die Lösungen ganze Zahlen sein sollen. Man spricht in diesem Fall von diophantischen Gleichungen, benannt nach dem griechischen Mathematiker Diophantos von Alexandrien.

Stellen Sie sich vor, Großtante Christine fliegt in den Urlaub nach Barbados. Sie schickt ihren Butler Johann mit ihren Koffern zum Flughafen. Jeder Koffer wiegt entweder 18 oder 84 Kilogramm. Beim Check-in wird ihm gesagt, das Gesamtgewicht der Koffer sei 652 Kilogramm. Als Johann zurückkehrt meint sein neunjähriger Sohn James: „Das kann nicht sein, denn 6 – der ggT von 18 und 84 – ist kein Teiler von 652!" James vermutet, das Gesamtgewicht der Koffer könnte 642 Kilogramm sein.

James weiß, dass es für die Gleichung $18x + 84y = c$ nur dann eine Lösung durch ganze Zahlen geben kann, wenn der ggT 6 auch ein Teiler von c ist. Für $c = 652$ ist das nicht der Fall, wohl aber für $c = 642$. James muss noch nicht einmal wissen, wie viele Koffer Tante Christine jeweils mit nach Barbados nimmt.

Der Chinesische Restsatz Ist der ggT von zwei Zahlen 1, bezeichnen wir diese Zahlen als „teilerfremd". Es muss sich dabei nicht um Primzahlen handeln, sie dürfen nur keinen gemeinsamen Teiler haben. Beispielsweise ist ggT(6, 35) = 1, obwohl weder 6 noch 35 Primzahlen sind. Diese Vorbemerkungen benötigen wir für den Chinesischen Restsatz.

Betrachten wir das folgende Problem: Angus weiß nicht, wie viele Flaschen Wein er besitzt, doch wenn er sie paarweise nebeneinanderstellt, bleibt eine übrig. Wenn er sie in Fünferreihen in sein Weinregal legt, bleiben drei übrig. Wie viele Flaschen Wein besitzt er? Wir wissen, dass die unbekannte Zahl dividiert durch 2 den Rest 1 ergibt und dividiert durch 5 den Rest 3. Aufgrund der ersten Bedingung können wir sämtliche geraden Zahlen streichen. Ein Blick auf die ungeraden Zahlen sagt uns, dass 13 Flaschen passen würden. (Wir nehmen einmal an, dass Angus mehr als drei Flaschen besitzt, was ebenfalls die Bedingungen erfüllen würde.) Doch es gibt viele weitere Zahlen, die ebenfalls richtig wären: 23, 33, 43, 53, 63, 73, 83, ...

Nun stellen wir noch eine weitere Bedingung, zum Beispiel, dass wir bei der Division durch 7 den Rest 3 erhalten (die Flaschen wurden in 7er-Kisten angeliefert und es gab drei Bonusflaschen). Wenn wir uns die obige Reihe anschauen, finden wir als mögliche Lösung 73. Allerdings wären auch 143 und 213 Lösungen, ebenso jede andere Zahl, die wir durch Addition von Vielfachen von 70 erhalten.

Mathematisch ausgedrückt haben wir die nach dem Chinesischen Restsatz erlaubten Lösungen gefunden. Außerdem wissen wir, dass sich je zwei Lösungen um Vielfache von $2 \times 5 \times 7 = 70$ unterscheiden. Wenn Angus zwischen 150 und 250 Flaschen besitzt, dann haben wir nach diesem Satz die eindeutige Lösung von 213 Flaschen gefunden. Nicht schlecht für ein Theorem aus dem dritten Jahrhundert.

Ein Weg zum Größten

16 Logik

„Wenn es weniger Autos auf unseren Straßen gibt, wird die Umweltverschmutzung akzeptabel. Entweder es gibt weniger Autos auf den Straßen, oder es sollte eine Straßennutzungsgebühr eingeführt werden, oder beides gilt. Wenn es Straßennutzungsgebühren gibt, wird es ein unerträglich heißer Sommer. Tatsächlich erweist sich der Sommer jedoch als ziemlich kühl. Die unweigerliche Schlussfolgerung: Die Umweltverschmutzung ist akzeptabel."

Ist diese Argumentation des Redakteurs einer Tageszeitung „schlüssig" oder unlogisch? Es geht uns nicht darum, ob die Art der Verkehrspolitik sinnvoll ist oder ob es sich um guten Journalismus handelt. Es geht uns nur um die Schlüssigkeit der Argumentation. Die Logik kann uns helfen, diese Frage zu beantworten, denn sie befasst sich mit der strengen Überprüfung von Argumenten.

Zwei Voraussetzungen und eine Schlussfolgerung Da der oben angegebene Zeitungsausschnitt ziemlich kompliziert ist, betrachten wir zunächst einige einfachere Argumente. Dabei begeben wir uns zurück ins antike Griechenland zu dem Philosophen Aristoteles von Stagira, der allgemein als Begründer der Wissenschaft der Logik gilt. Er untersuchte verschiedene Formen von Syllogismen. Dabei handelt es sich um eine Argumentationsform, die aus drei Behauptungen besteht: zwei Voraussetzungen und einer Schlussfolgerung. Ein Beispiel ist:

Alle Spaniels sind Hunde
Alle Hunde sind Tiere

Alle Spaniels sind Tiere

Oberhalb der Linie finden wir die Voraussetzungen und unterhalb die Schlussfolgerung. In diesem Beispiel ist die Schlussfolgerung in gewisser Hinsicht zwingend, unabhängig von der Bedeutung, die wir den Worten „Spaniel", „Hund" und „Tier" beimessen. Derselbe Syllogismus, aber mit anderen Worten könnte lauten:

Zeitleiste

ca. 335 v. Chr.	1847 n. Chr.
Aristoteles formalisiert die Logik der Syllogismen	Boole veröffentlicht *Die Mathematische Analyse der Logik*

Alle Äpfel sind Orangen
Alle Orangen sind Bananen

Alle Äpfel sind Bananen

In diesem Fall sind die einzelnen Aussagen schlichtweg unsinnig, wenn wir den Worten ihre üblichen Bedeutungen zuschreiben. Und doch haben beide Beispiele von Syllogismen dieselbe Struktur, und durch diese Struktur erhält der Syllogismus seine Gültigkeit. Es ist einfach nicht möglich, irgendwelche As, Bs und Cs in dieser Struktur zu finden, bei denen die Voraussetzungen wahr, aber die Schlussfolgerung falsch ist. Das macht ein gültiges Argument so nützlich.

Durch die Verwendung von Quantoren wie „Alle", „Einige" und „Keine" können wir unterschiedliche Syllogismen erzeugen. Ein anderer Syllogismus wäre zum Beispiel:

Alle As sind Bs
Alle Bs sind Cs

Alle As sind Cs

Ein gültiges Argument

Einige As sind Bs
Einige Bs sind Cs

Einige As sind Cs

Handelt es sich hierbei um eine gültige Argumentation? Gilt das Argument für *alle* As, Bs und Cs, oder gibt es Gegenbeispiele, wo die Voraussetzungen zwar wahr sind, aber die Schlussfolgerung falsch? Was passiert, wenn wir A durch „Spaniels", B durch „braune Gegenstände" und C durch „Tische" ersetzen? Überzeugt das folgende Beispiel?

Einige Spaniels sind braun
Einige braune Gegenstände sind Tische

Einige Spaniels sind Tische

Unser Gegenbeispiel beweist, dass dieser Syllogismus *nicht gültig* ist. Es gab so viele verschiedene Formen von Syllogismen, dass die Gelehrten im Mittelalter Gedächtnishilfen erfanden, um sich alle merken zu können. Unser erstes Beispiel ist als BARBARA bekannt, weil es dreimal das „Alle" enthält. Diese Verfahren zur Analyse von Argumentationsketten wurden über 2000 Jahre lang verwendet und waren ein wesentlicher Bestandteil der Ausbildung von Studenten an mittelalterlichen Universitäten. Die Logik des Aristoteles – seine Theorie der Syllogismen – galt bis ins 19. Jahrhundert als Beispiel einer perfekten Wissenschaft.

Aussagenlogik   Eine andere Form der Logik geht über die Syllogismen hinaus. Sie handelt von Propositionen oder einfachen Aussagen und ihren Kombinationen. Zur Un-

1910	**1965**	**1987**
Russell und Whitehead versuchen, die Mathematik auf die Logik zurückzuführen	Lofti Zadeh entwickelt die „Fuzzy-Logik"	Das U-Bahn-System in Japan beruht auf Fuzzy-Logik

a	b	a ∨ b
W	W	W
W	F	W
F	W	W
F	F	F

Wahrheitstabelle für „oder"

a	b	a ∧ b
W	W	W
W	F	F
F	W	F
F	F	F

Wahrheitstabelle für „und"

a	¬ a
W	F
F	W

Wahrheitstabelle für „nicht"

a	b	a → b
W	W	W
W	F	F
F	W	W
F	F	W

Wahrheitstabelle für „impliziert"

tersuchung des Eingangszitats benötigen wir einige Grundlagen dieser Aussagenlogik. Früher sprach man auch von der „Algebra der Logik", was uns schon etwas über ihre Struktur sagt. George Boole hatte erkannt, dass man diese Form der Logik wie eine neuartige Algebra behandeln kann. In den 1840er-Jahren wurde sehr viel über Logik gearbeitet, unter anderem von den Mathematikern Boole und Augustus De Morgan.

Beginnen wir mit einer Beispielaussage **a**, wobei **a** für „Freddy ist ein Spaniel" steht. Die Aussage **a** kann wahr oder falsch sein. Wenn ich an meinen Hund Freddy denke, der tatsächlich ein Spaniel ist, dann ist die Aussage wahr (W), doch wenn ich glaube, dass es sich um eine Aussage über meinen Cousin handelt, der ebenfalls Freddy heißt, dann ist die Aussage falsch (F). Ob eine Aussage wahr oder falsch ist, hängt von ihrem Bezug ab.

Betrachten wir eine zweite Aussage **b**, beispielsweise „Ethel ist eine Katze", dann können wir diese beiden Aussagen auf viele Weisen kombinieren. Eine dieser Kombinationen schreibt man als **a** ∨ **b**. Das Verbindungssymbol ∨ hat die Bedeutung von „oder", allerdings unterscheidet sich sein Gebrauch in der Logik von dem „oder" der Umgangssprache. In der Logik ist **a** ∨ **b** wahr, wenn *entweder* „Freddy ist ein Spaniel" wahr ist oder „Ethel ist eine Katze" wahr ist, *oder* wenn beide Aussagen wahr sind. Die Aussage ist nur falsch, wenn *sowohl* **a** *als auch* **b** falsch sind. Diese Kombination zweier Aussagen lässt sich in einer Wahrheitstabelle zusammenfassen.

Wir können Aussagen auch mit „und" verbinden, was als **a** ∧ **b** geschrieben wird, oder durch „nicht" verändern, geschrieben ¬**a**. Die algebraische Struktur der Logik offenbart sich klarer, wenn wir mehrere Aussagen **a**, **b** und **c** auf unterschiedliche Weise kombinieren, zum Beispiel **a** ∧ (**b** ∨ **c**). Wir erhalten eine Gleichung, die man als Identität bezeichnet:

$$\mathbf{a} \wedge (\mathbf{b} \vee \mathbf{c}) \equiv (\mathbf{a} \wedge \mathbf{b}) \vee (\mathbf{a} \wedge \mathbf{c}).$$

Das Symbol ≡ soll eine Äquivalenz zwischen logischen Aussagen andeuten. Beide Seiten einer Äquivalenz haben dieselben Wahrheitstabellen. Es gibt eine Analogie zwischen der Algebra der Logik und der gewöhnlichen Algebra, denn die Symbole ∧ und ∨ verhalten sich ganz ähnlich wie × und + in der gewöhnlichen Algebra. Auch dort gilt die Identität $x \times (y + z) = (x \times y) + (x \times z)$. Die Analogie ist jedoch nicht vollständig, und es gibt Ausnahmen.

Aus den oben angegebenen elementaren Verbindungen lassen sich weitere Verbindungen definieren. Eine sehr nützliche Verbindung ist die „Implikation" **a** → **b**, die als äquivalent zu ¬**a** ∨ **b** definiert wird und die nebenstehende Wahrheitstabelle hat.

Wenden wir uns nun wieder dem anfänglichen Zitat zu. Zunächst schreiben wir es in symbolischer Form auf. Das Argument steht am Rand, und die Buchstaben haben folgende Bedeutung:

A = weniger Autos auf den Straßen
U = die Umweltverschmutzung ist akzeptabel
S = es sollte eine Straßennutzungsgebühr geben
H = der Sommer wird unerträglich heiß

$$A \rightarrow U$$
$$A \vee S$$
$$S \rightarrow H$$
$$\neg H$$
$$\overline{}$$
$$U$$

Ist das Argument gültig oder nicht? Angenommen, die Schlussfolgerung U wäre falsch, aber *alle* Voraussetzungen wären wahr. Wenn wir zeigen können, dass dies auf einen Widerspruch führt, muss die Argumentation wahr sein. In diesem Fall wäre es unmöglich, dass alle Voraussetzungen wahr sind, aber die Schlussfolgerung falsch ist. Wenn U falsch ist, muss aus der ersten Voraussetzung A → U geschlossen werden, dass A falsch ist. Da A ∨ S wahr ist, bedeutet die Ungültigkeit von A, dass S wahr sein muss. Aus der dritten Voraussetzung S → H folgt dann, dass auch H wahr sein muss. Damit wäre ¬H falsch. Das widerspricht jedoch der Voraussetzung ¬H, die als wahr angenommen wurde. Über den Inhalt der Behauptungen in der Zeitung lässt sich immer noch streiten, doch die Struktur der Argumentation ist richtig.

Andere Logiken Gottlob Frege, C. S. Peirce und Ernst Schröder haben eine Quantifizierung in die Aussagenlogik eingeführt und eine „Prädikatenlogik erster Ordnung" konstruiert (weil sie sich auf Prädikate für Variable bezieht). Dabei werden der universelle Quantor ∀ mit der Bedeutung „für alle" und der existenzielle Quantor ∃ mit der Bedeutung „es gibt" verwendet.

∨	oder
∧	und
¬	nicht
→	daraus folgt
∀	für alle
∃	es gibt

Eine weitere neue Entwicklung auf dem Gebiet der Logik ist die Idee der „Fuzzy-Logik". Dabei denkt man zunächst an „konfuses Denken", doch in Wirklichkeit geht es um eine Erweiterung der herkömmlichen Grenzen der Logik. Die herkömmliche Logik beruht auf Klassen oder Mengen. So hatten wir es zum Beispiel mit der Menge aller Spaniels, der Menge aller Hunde und der Menge aller braunen Gegenstände zu tun. Wir wissen genau, was zu einer Menge gehört und was nicht. Wenn wir in einem Park einem reinrassigen Windhund begegnen, sind wir uns ziemlich sicher, dass er nicht zur Menge der Spaniels gehört.

Die Theorie der „Fuzzy-Sets" formalisiert den Begriff einer nicht klar definierten Menge. Angenommen, wir betrachten die Menge aller schweren Spaniels. Wie schwer muss ein Spaniel sein, damit er zu dieser Menge gehört? Mit Fuzzy-Sets ist eine *Graduierung* der Zugehörigkeit möglich, und die Grenze zwischen dem, was dazu gehört und was nicht, bleibt unscharf. In der Mathematik können wir mit dieser Unschärfe sehr präzise umgehen. Die Logik ist alles andere als ein trockenes Thema. Sie hat mit Aristoteles begonnen und ist heute ein aktiver Zweig der Forschung mit vielen Anwendungen.

Die klare Form der Argumentation

17 Beweise

Mathematiker versuchen ihre Behauptungen durch Beweise zu untermauern. Die Suche nach absolut wasserdichten Argumenten ist eine der treibenden Kräfte der reinen Mathematik. Ausgehend von bereits Bekanntem oder Angenommenem führen Ketten von rigoros schlüssigen Argumenten den Mathematiker schließlich zu einer Schlussfolgerung, die dann in die Galerie mathematischer Sätze aufgenommen wird.

Beweise sind meist nicht einfach. Oft stehen sie am Ende einer langen Suche und vieler Irrwege. Der Kampf um Beweise steht im Mittelpunkt des mathematischen Alltags. Ein erfolgreicher Beweis trägt den Stempel der mathematischen Autorität und trennt einen allgemein akzeptierten Satz von einer unbewiesenen Vermutung, einer guten Idee oder einer ersten Ahnung.

Ein guter Beweis zeichnet sich durch mathematische Strenge, Transparenz und nicht zuletzt auch Eleganz aus. Hinzu kommt noch eine tiefe Einsicht. Ein guter Beweis „macht uns weiser" – allerdings ist *irgendein* Beweis immer noch besser als gar keiner. Ein Fortschritt, der auf unbewiesenen Behauptungen beruht, könnte Gefahr laufen, auf mathematischen Sand gebaut zu sein.

Nicht jeder Beweis erlebt die Ewigkeit. Unter dem Einfluss neuer Entwicklungen und Konzepte, auf die sich ein Beweis bezieht, kann auch schon mal eine Überarbeitung notwendig werden.

Was ist ein Beweis?   Angenommen, Sie hören oder lesen von einem mathematischen Resultat. Glauben Sie, dass es stimmt? Was würde Sie von seiner Richtigkeit überzeugen? Eine mögliche Antwort wäre: ein logisch überzeugendes Argument, das von akzeptierten Vorstellungen ausgeht und zu der infrage stehenden Behauptung führt. Genau das würde ein Mathematiker einen Beweis nennen. In seiner üblichen Form handelt es sich um ein Gemisch aus Alltagssprache und strenger Logik. Je nach der Qualität des Beweises sind Sie entweder überzeugt oder immer noch skeptisch.

Die meisten mathematischen Beweise beruhen auf einem der folgenden Prinzipien: dem Verfahren des Gegenbeispiels, der direkten Methode, der indirekten Methode und der vollständigen Induktion.

Zeitleiste

ca. **300** v. Chr.	**1637** n. Chr.
Euklids *Elemente* sind das Vorbild für einen mathematischen Beweis	Descartes spricht sich in seiner *Discours de la méthode* für mathematische Strenge als Denkprinzip aus

Das Gegenbeispiel

Eine gesunde Skepsis kann zu einem Beweis führen, dass eine bestimmte Behauptung falsch ist. Betrachten wir ein konkretes Beispiel. Angenommen, es wird behauptet, das Produkt von einer beliebigen Zahl mit sich selbst sei immer eine gerade Zahl. Glauben Sie das? Statt eine voreilige Antwort zu geben, sollten wir erst einige Beispiele ausprobieren. Wir nehmen eine Zahl, beispielsweise 6, multiplizieren sie mit sich selbst und erhalten $6 \times 6 = 36$, also tatsächlich eine gerade Zahl. Doch eine Schwalbe macht noch keinen Sommer. Die Behauptung bezog sich auf alle Zahlen, und davon gibt es unendlich viele. Um ein Gefühl für das Problem zu bekommen, sollten wir noch weitere Beispiele überprüfen. Wir nehmen die Zahl 9 und finden $9 \times 9 = 81$. Aber 81 ist eine ungerade Zahl. Also ist die Behauptung, das Produkt einer beliebigen Zahl mit sich selbst wäre immer eine gerade Zahl, falsch. Das Beispiel steht im Widerspruch zur ursprünglichen Aussage und ist daher ein Gegenbeispiel. Ein Gegenbeispiel zur Behauptung „alle Schwäne sind weiß" wäre ein tatsächlich existierender schwarzer Schwan. Oft besteht der Spaß in der Mathematik gerade in der Suche nach einem Gegenbeispiel, mit dem man ein Möchte-gern-Theorem abschießen kann.

Wenn wir trotz intensiver Suche kein Gegenbeispiel finden, sind wir geneigt, die Richtigkeit der Behauptung anzunehmen. Dann muss der Mathematiker den Spieß umdrehen. Ein Beweis muss gefunden werden, und das am nächsten liegende Verfahren ist der direkte Beweis.

Der direkte Beweis

Bei der direkten Beweismethode marschieren wir mit logischen Argumenten schnurstracks vom Ausgangspunkt, der bereits als bewiesen gilt oder als Annahme zugelassen wurde, zur Behauptung. Gelingt uns das, haben wir einen mathematischen Satz. Natürlich können wir nicht beweisen, dass das Produkt von einer beliebigen Zahl mit sich selbst immer eine gerade Zahl ist, denn wir haben bereits ein Gegenbeispiel, aber vielleicht können wir doch noch etwas retten. Der Unterschied zwischen dem ersten Beispiel und dem Gegenbeispiel – der 6 und der 9 – besteht darin, dass die erste Zahl gerade ist und das Gegenbeispiel ungerade. Wir können die Vermutung abändern. Unsere neue Behauptung lautet: Wenn wir eine gerade Zahl mit sich selbst multiplizieren, ist das Ergebnis immer eine gerade Zahl.

Zunächst versuchen wir es mit anderen Beispielen, doch die Behauptung erweist sich jedes Mal als richtig, und wir können kein Gegenbeispiel finden. Nun wollen wir die Behauptung direkt beweisen, doch wie sollen wir beginnen? Wir können mit einer allgemeinen geraden Zahl n beginnen, doch da das etwas zu abstrakt erscheint, betrachten wir zunächst eine bestimmte Zahl, zum Beispiel 6. Wie Sie wissen, ist eine gerade Zahl ein Vielfaches von 2, in diesem Fall gilt $6 = 2 \times 3$. Da 6×6 dasselbe ist wie $6 + 6 + 6 + 6 + 6 + 6$ oder, in anderer Form, $6 \times 6 = 2 \times 3 + 2 \times 3 + 2 \times 3 + 2 \times 3 + 2 \times 3 + 2 \times 3$ bzw. mit der Klammerschreibweise

$$6 \times 6 = 2 \times (3 + 3 + 3 + 3 + 3 + 3)$$

1838 De Morgan führt den Begriff „vollständige Induktion" ein

1967 Bishop beweist Aussagen ausschließlich mit konstruktiven Verfahren

1976 Imre Lakatos veröffentlicht das einflussreiche Werk *Beweise und Widerlegungen*

bedeutet dies, dass 6×6 ein Vielfaches von 2 ist und damit eine gerade Zahl. Offenbar macht dieses Argument nirgends von einer besonderen Eigenschaft der Zahl 6 Gebrauch, und wir hätten stattdessen auch $n = 2 \times k$ schreiben können und dann gefolgert, dass

$$n \times n = 2 \times (k + k + k + \dots + k)$$

gerade ist. Damit ist unser Beweis fertig. In der Vergangenheit haben Mathematiker wie Euklid einen Beweis mit „q. e. d." abgeschlossen. Das ist eine Abkürzung des lateinischen *quod erat demonstrandum* (was das zu Beweisende war). Heute setzt man ans Ende eines Beweises oft ein ausgefülltes Quadrat ■, das man als Halmos bezeichnet, nach dem Mathematiker Paul Halmos, der es als Erster verwendet hat.

Der indirekte Beweis Bei diesem Verfahren nimmt man zunächst an, die Schlussfolgerung sei falsch, und beweist durch eine logische Argumentationskette, dass diese Annahme zu einem Widerspruch führt. Wir beweisen die obige Behauptung mit dieser Methode.

Unsere Voraussetzung ist, dass n gerade ist, und wir nehmen an, $n \times n$ sei ungerade. Wir schreiben $n \times n = n + n + \dots + n$. Insgesamt gibt es n dieser Terme. Das bedeutet jedoch, n kann nicht gerade sein (denn die Summe von geraden Termen ist wieder gerade). Also muss n ungerade sein, was aber unserer Voraussetzung widerspricht. ■

Hierbei handelt es sich um eine milde Form des indirekten Beweises. Die eigentliche indirekte Beweismethode bezeichnet man auch als *reductio ad absurdum* (Zurückführung auf das Absurde), und sie war bei den Griechen sehr beliebt. In der Akademie von Athen liebten es Sokrates und Platon, einen Diskussionspunkt zu beweisen, indem sie ihre Gegner in Widersprüche verwickelten und dabei die Richtigkeit ihrer Behauptung hervorhoben. Der klassische Beweis für die Irrationalität der Quadratwurzel von 2 ist von dieser Form. Man beginnt mit der Annahme, die Quadratwurzel von 2 sei eine rationale Zahl und führt diese Annahme zu einem Widerspruch.

Das Verfahren der vollständigen Induktion Die vollständige Induktion ist oft ein sehr effektives Beweisverfahren, wenn man die Richtigkeit einer Folge von Behauptungen P_1, P_2, P_3, ... zeigen möchte. Das erkannte auch Augustus De Morgan um 1830 und formalisierte, was bereits seit Hunderten von Jahren bekannt war. Diese besondere Technik (nicht zu verwechseln mit der wissenschaftlichen Induktion) wird oft zum Beweis von Behauptungen über die ganzen Zahlen eingesetzt. Sie erweist sich als besonders hilfreich in der Graphentheorie, der Zahlentheorie und allgemein in den Computerwissenschaften. Als praktisches Beispiel denken wir an das Problem, die Summe der ungeraden Zahlen zu berechnen. Beispielsweise ergibt die Summe der ersten drei ungeraden Zahlen $1 + 3 + 5 = 9$. Die Summe der ersten vier ungeraden Zahlen ist $1 + 3 + 5 + 7 = 16$. Nun ist $9 = 3 \times 3 = 3^2$ und $16 = 4 \times 4 = 4^2$. Könnte es sein, dass die Summe der ersten n ungeraden Zahlen gleich n^2 ist? Wenn wir eine beliebige Zahl für n wählen, zum Beispiel 7, finden wir tatsächlich, dass die Summe der ersten sieben ungeraden Zahlen $1 + 3 + 5 + 7 + 9 + 11 + 13 = 49$ ist, also 7^2. Doch gilt diese Vermutung für *alle* Werte von *n*? Wie können wir das zeigen? Wir können unmöglich eine unendliche Anzahl von Fällen einzeln überprüfen.

An dieser Stelle kommt die vollständige Induktion ins Spiel. Manchmal spricht man auch von der Dominomethode. Diese Metapher bezieht sich auf eine Reihe von Dominosteinen, die aufrecht nebeneinander aufgestellt wurden. Kippt der erste Dominostein um, stößt er den nächsten an, der ebenfalls umkippt, und so geht es weiter. Diese Idee liegt dem Beweis zugrunde. Damit *alle* umfallen, müssen wir nur dafür sorgen, dass der erste umfällt. Diese Vorstellung können wir auf das Problem der Summe von ungeraden Zahlen anwenden. Die Behauptung P_n besagt, dass die Summe der ersten *n* ungeraden Zahlen gleich n^2 ist. Die vollständige Induktion löst eine Kettenreaktion aus, durch die P_1, P_2, P_3, ... alle wahr werden. Die Behauptung P_1 ist trivialerweise wahr, denn $1 = 1^2$. P_2 ist wahr, weil $1 + 3 = 1^2 + 3 = 2^2$. P_3 ist wahr, weil $1 + 3 + 5 = 2^2 + 5 = 3^2$, und P_4 ist wahr, weil $1 + 3 + 5 + 7 = 3^2 + 7 = 4^2$. Wir verwenden das Ergebnis von einem Schritt für den nächsten. Dieser Prozess lässt sich auch formalisieren und beschreibt das Verfahren der vollständigen Induktion.

Schwierigkeiten im Umgang mit Beweisen Beweise haben unterschiedliche Formen und einen unterschiedlichen Umfang. Es gibt kurze und griffige Beweise, wie man sie besonders häufig in Lehrbüchern findet. Manche der neueren Beweise füllen jedoch eine ganze Ausgabe einer Zeitschrift und umfassen Tausende von Seiten. Nur wenige Menschen können in diesen Fällen die ganze Beweiskette überblicken.

Es gibt auch grundlegende, konzeptuelle Fragen. Zum Beispiel sind manche Mathematiker nicht sehr glücklich mit der *reductio ad absurdum*-Methode eines indirekten Beweises, wenn es um die Existenz einer Sache geht. Wenn die Annahme, dass es keine Lösung zu einer Gleichung gibt, auf einen Widerspruch führt, heißt das wirklich, dass man die Existenz einer Lösung bewiesen hat? Gegner dieses Beweisverfahrens halten die Logik für einen Taschenspielertrick und argumentieren, dass wir nichts darüber erfahren, wie tatsächlich eine konkrete Lösung konstruiert werden kann. Man bezeichnet diese Mathematiker als „Konstruktivisten" (unterschiedlichen Grades). Ihrer Ansicht nach fehlt der Methode der „numerische Inhalt". Aus diesem Grund verachten sie die klassischen Mathematiker, für die der *reductio ad absurdum*-Beweis eine wichtige Waffe im Arsenal der Mathematik ist. Auf der anderen Seite sagen die eher traditionellen Mathematiker, dass ein Verzicht auf diese Art der Argumentation bedeuten würde, sich im Kampf um Beweise eine Hand auf den Rücken zu binden. Außerdem müsste man die Richtigkeit so vieler Ergebnisse, die mit der indirekten Methode bewiesen wurden, infrage stellen, sodass die mathematische Landschaft reichlich zerstückelt erscheinen würde.

Mit Brief und Siegel

18 Mengen

Nicholas Bourbaki war das Pseudonym einer Gruppe von französischen Akademikern, die es sich zum Ziel gesetzt hatte, die Mathematik von Grund auf „richtig" neu aufschreiben zu wollen. Alles sollte auf der Theorie der Mengen beruhen. Die axiomatische Methode wurde zum zentralen Element, und die von ihnen veröffentlichten Bücher hatten einen strengen Aufbau: Definition, Satz, Beweis. Das war auch der Stil der modernen Mathematik in den 1960er-Jahren.

Georg Cantor entwickelte die Mengenlehre aus dem Bedürfnis heraus, die Theorie der reellen Zahlen auf eine gesunde Grundlage zu stellen. Trotz anfänglicher Vorurteile und Kritik war die Mengenlehre an der Schwelle zum 20. Jahrhundert zu einem etablierten Zweig der Mathematik geworden.

Was sind Mengen? Eine Menge lässt sich als eine Ansammlung von Objekten auffassen. Das ist zwar keine strenge Definition, aber sie vermittelt Worum es geht. Die Objekte bezeichnet man auch als „Elemente" oder „Mitglieder" der Menge. Für eine Menge A und ein Element a in dieser Menge schreiben wir ebenso wie Cantor $a \in A$. Ein Beispiel ist $A = \{1, 2, 3, 4, 5\}$, wir können durch $1 \in A$ die Mitgliedschaft ausdrücken und durch $6 \notin A$ die Nichtmitgliedschaft.

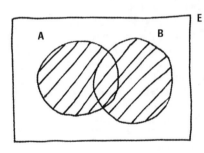

Die Vereinigung von A und B

Aus zwei gegebenen Mengen lassen sich auf zwei wichtige Arten neue Mengen gewinnen. Für zwei Mengen A und B ist die Menge aus allen jenen Elementen, die entweder in A *oder* in B sind (oder in beiden) die „Vereinigung" der beiden Mengen. Die Mathematiker schreiben dafür $A \cup B$. Wir können das auch durch ein sogenanntes Venn-Diagramm ausdrücken, benannt nach dem viktorianischen Geistlichen John Venn. Euler hatte solche Diagramme sogar schon früher benutzt.

Die Menge $A \cap B$ besteht aus allen Elementen, die in A *und* in B enthalten sind. Dies bezeichnet man als den „Durchschnitt" der beiden Mengen.

Für $A = \{1, 2, 3, 4, 5\}$ und $B = \{1, 3, 5, 7, 10, 21\}$ ist die Vereinigung $A \cup B = \{1, 2, 3, 4, 5, 7, 10, 21\}$, und der Durchschnitt ist $A \cap B = \{1, 3, 5\}$. Wenn wir die

Zeitleiste

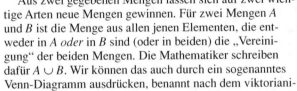

1872	1881
Cantor wagt mit der Formulierung der Mengenlehre einen ersten Schritt	Durch Venn werden die Venn-Diagramme zur Darstellung von Mengen allgemein bekannt

Menge *A* als Teil einer universellen Menge *E* auffassen, dann definieren wir die Komplementmenge ¬*A* als die Menge aller Elemente in *E*, die *nicht* in *A* sind.

Die Operationen ∩ und ∪, die für Mengen definiert sind, gleichen in mehrfacher Hinsicht den Operationen × und + in der Algebra. Zusammen mit der Komplementbildung ¬ erhalten wir eine „Algebra von Mengen". Der in Indien geborene englische Mathematiker Augustus De Morgan formulierte die Gesetze für den Umgang mit Kombinationen aus den drei Operationen. In heutiger Schreibweise lauten die Gesetze von De Morgan:

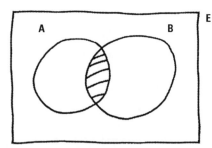

Der Durchschnitt von *A* und *B*

$$\neg(A \cup B) = (\neg A) \cap (\neg B)$$

und

$$\neg(A \cap B) = (\neg A) \cup (\neg B).$$

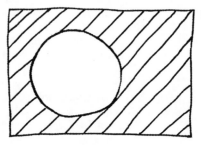

Das Komplement von *A*

Paradoxa Solange man es mit endlichen Mengen zu tun hat, gibt es keine Probleme, denn wir können ihre Elemente einfach aufzählen, wie in *A* = {1, 2, 3, 4, 5}. Zu Cantors Zeit waren jedoch unendliche Mengen interessanter.

Cantor definierte Mengen als die Ansammlung von Elementen mit bestimmten Eigenschaften. Denken wir an die Menge {11, 12, 13, 14, 15, ...}, also alle ganzen Zahlen größer als 10. Da es sich um eine Menge mit unendlich vielen Elementen handelt, können wir diese Elemente nicht alle einzeln aufschreiben, trotzdem können wir die Menge durch die Eigenschaften charakterisieren, die alle ihre Elemente gemeinsam haben. Wie schon Cantor schreiben wir für diese Menge *A* = {*x*: *x* ist eine ganze Zahl > 10}, wobei der Doppelpunkt für „so dass gilt" oder „mit der Eigenschaft" steht.

In einer einfachen Form der Mengenlehre könnte es auch eine Menge von abstrakten Dingen geben, *A* = {*x*: *x* ist ein abstraktes Ding}. In diesem Fall wäre *A* selbst ein abstraktes Ding, es wäre also möglich, dass *A* ∈ *A*. Doch wenn wir eine solche Beziehung zulassen, stoßen wir auf ernste Probleme. Der englische Philosoph Bertrand Russell kam auf die Idee, eine Menge *S* zu konstruieren, die *alle* Dinge enthält, die sich *nicht* selbst enthalten. In symbolischer Schreibweise *S* = {*x*: *x* ∉ *x*}.

Nun stellte er die Frage: „Ist *S* ∈ *S*?" Wenn die Antwort „ja" lauten würde, dann müsste das Element *S* der definierenden Bedingung für die Menge *S* genügen, also

1931

Gödel beweist, dass jedes (hinreichend komplexe) formale axiomatische mathematische System unentscheidbare Aussagen enthält

1939

Französische Mathematiker verwenden zum ersten Mal das Pseudonym Bourbaki

1964

Cohen beweist die Unabhängigkeit der Kontinuumshypothese

$S \notin S$. Wäre andererseits die Antwort „nein" und damit $S \notin S$, dann darf das Element S *nicht* der definierenden Bedingung der Menge S = $\{x : x \notin x\}$ genügen, somit muss $S \in S$ gelten. Russells Frage führte zu dem sogenannten Russell'schen Paradox, das sich durch folgende Aussage beschreiben lässt:

$$S \in S \text{ genau dann, wenn } S \notin S$$

Das klingt ähnlich wie das „Barbier-Paradox": Der Barbier eines Dorfes verkündet den Bürgern, dass er nur diejenigen rasieren wird, die sich nicht selbst rasieren. Damit erhebt sich die Frage: Darf sich der Barbier selbst rasieren? Wenn er sich nicht selbst rasiert, sollte er sich rasieren. Wenn er sich selbst rasiert, darf er sich nicht selbst rasieren.

Solche Paradoxa, die man vornehm auch „Antinomien" nennt, müssen natürlich vermieden werden. Ein Mathematiker darf keine Systeme zulassen, die auf Widersprüche führen. Zur Lösung des Problems formulierte Russell eine Theorie von Typen und erlaubte Beziehungen der Art $a \in A$ nur dann, wenn a von einem niedrigeren Typ ist als A. Auf diese Weise konnte er Ausdrücke wie $S \in S$ vermeiden.

Eine andere Möglichkeit, die Antinomien zu vermeiden, war die Formalisierung der Theorie der Mengen. In diesem Fall kümmert man sich nicht um die Natur der Mengen selbst, aber man gibt formale Axiome an, wie man mit Mengen umgehen darf. Die alten Griechen hatten eine ähnliche Lösung für eines ihrer Probleme gewählt: Sie mussten nicht definieren, was eine gerade Linie ist, sondern nur, wie man mit geraden Linien umgeht.

Im Fall der Mengenlehre war dies der Ursprung für die Zermelo-Fraenkel-Axiome für Mengen. Der axiomatische Rahmen verhindert das Auftreten von Mengen, die in gewisser Hinsicht „zu groß" sind. Auf diese Weise konnte man so gefährliche Geschöpfe wie die Menge aller Mengen vermeiden.

Das Gödel'sche Theorem   Der österreichische Mathematiker Kurt Gödel versetzte all jenen einen K.-o.-Schlag, die nach einem Ausweg suchten und Paradoxa in formalen axiomatischen Systemen gänzlich vermeiden wollten. Im Jahre 1931 bewies Gödel, dass selbst für die einfachsten formalen Systeme Behauptungen aufgestellt werden können, deren Wahrheitswert (wahr oder falsch) nicht innerhalb dieses Systems abgeleitet werden kann. In gewisser Hinsicht gibt es Aussagen, die ausgehend von den Axiomen des Systems nicht erreicht werden können. Es handelt sich um unentscheidbare Aussagen. Aus diesem Grund bezeichnet man Gödels Theorem auch als „Unvollständigkeitssatz". Diese Folgerung bezieht sich sowohl auf das Zermelo-Fraenkel-System als auch auf andere Systeme.

Kardinalzahlen   Die Anzahl der Elemente in einer endlichen Menge lässt sich leicht zählen. So hat A = $\{1, 2, 3, 4, 5\}$ genau 5 Elemente, und man sagt auch, die „Kardinalität" sei 5 und schreibt dafür *card*(A) = 5. Die Kardinalität misst in gewisser Hinsicht die „Größe" einer Menge.

Nach Cantors Mengenlehre sind die Menge der Brüche Q und die Menge der reellen Zahlen R sehr unterschiedlich. Die Elemente der Menge Q lassen sich in eine Liste schreiben, was für die Elemente von R nicht möglich ist (Kapitel 7). Obwohl beide Mengen unendlich sind, hat die Menge R einen höheren Grad von Unendlichkeit als Q. Die Mathematiker bezeichnen *card*(Q) mit $\aleph_0$, dem hebräischen „Aleph Null", und *card*(R) mit *c*. Es gilt also $\aleph_0 < c$.

Die Kontinuumshypothese

Cantor stellte im Jahre 1878 die Vermutung auf, dass die nächste Stufe von Unendlichkeit nach der Unendlichkeit von Q die Unendlichkeit der reellen Zahlen *c* sei. Anders ausgedrückt, die Kontinuumshypothese besagt, dass es keine Menge gibt, deren Kardinalität streng zwischen $\aleph_0$ und *c* liegt. Cantor kämpfte mit dieser Vermutung und, obwohl er sie für wahr hielt, konnte er sie nicht beweisen. Als Gegenbeispiel hätte er eine Teilmenge *X* von R finden müssen, sodass $\aleph_0 < \text{card}(X) < c$ gilt, doch auch das gelang ihm nicht.

Dieses Problem galt als so wichtig, dass der deutsche Mathematiker David Hilbert es an die Spitze seiner berühmten Liste von 23 herausragenden Problemen für das nächste Jahrhundert setzte, die er vor dem Internationalen Mathematikerkongress in Paris im Jahre 1900 vorstellte.

Gödel war zutiefst davon überzeugt, dass die Vermutung falsch sei, doch auch dafür gelang ihm kein Beweis. Stattdessen bewies er im Jahre 1938, dass die Vermutung nicht im Widerspruch zu den Zermelo-Fraenkel-Axiomen der Mengenlehre steht. Ein Vierteljahrhundert später verblüffte Paul Cohen sowohl Gödel als auch den Rest der Logiker mit einem Beweis, dass die Kontinuumshypothese nicht aus den Zermelo-Fraenkel-Axiomen abgeleitet werden kann. Das bedeutet, auch das Gegenteil der Vermutung steht nicht im Widerspruch zu den Axiomen. Zusammen mit Gödels Beweis aus dem Jahre 1938 hatte er somit gezeigt, dass die Kontinuumshypothese unabhängig von den anderen Axiomen der Mengenlehre ist.

Eine vergleichbare Situation tritt im Zusammenhang mit dem Parallelenpostulat in der Geometrie auf (▶ Kapitel 27). Dieses von Euklid geforderte Postulat ist unabhängig von den anderen euklidischen Axiomen. Diese Erkenntnis führte zur Entdeckung der nichteuklidischen Geometrien, wodurch unter anderem auch die Entwicklung der Einstein'schen Relativitätstheorie möglich wurde. Ganz ähnlich kann auch die Kontinuumshypothese akzeptiert oder abgelehnt werden, ohne dass die anderen Axiome der Mengenlehre davon betroffen sind. Nach diesem wegweisenden Ergebnis von Cohen entstand in der Mathematik ein vollkommen neues Feld, zu dem sich ganze Generationen von Mathematikern hingezogen fühlten. Sie übernahmen seine Verfahren, die er für den Beweis der Unabhängigkeit der Kontinuumshypothese entwickelt hatte.

Die Einheit der Vielen

19 Differenzial- und Integralrechnung

Ein Kalkül ist ein System zum Rechnen, und somit sprechen die Mathematiker manchmal von einem „Logikkalkül", einem „Wahrscheinlichkeitskalkül" und Ähnlichem. Im Englischen bezeichnet der Begriff *Calculus* (mit einem großen C) eine bestimmte Form des Rechnens, nämlich die Differenzial- und Integralrechnung, die man oft als „Infinitesimalrechnung" zusammenfasst.

Differenzial- und Integralrechnung sind ein zentrales Thema der Mathematik. Man wird kaum einen Wissenschaftler, Ingenieur oder Wirtschaftsanalytiker finden, der nicht ständig damit zu tun hat. Die Anwendungen sind vielschichtig. Geschichtlich wird die Entwicklung der Infinitesimalrechnung meist mit Isaac Newton und Gottfried Wilhelm Leibniz in Verbindung gebracht, die im 17. Jahrhundert erste Konzepte ausarbeiteten. Die Ähnlichkeit ihrer Theorien führte zu einem Prioritätenstreit, wer der eigentliche Entdecker der Infinitesimalrechnung sei. Tatsächlich kamen jedoch beide unabhängig voneinander zu ihren Ergebnissen, und ihre Verfahren waren auch in den Details sehr verschieden.

Seit dieser Zeit wurde die Differenzial- und Integralrechnung zu einem umfangreichen Gebiet. Jede Generation beharrt auf ihren Verfahren, die sie der jüngeren Generation vermitteln will; heute umfassen Lehrbücher oft weit über tausend Seiten mit vielen Spezialthemen. Doch trotz aller Erweiterungen bleiben die Differenziation und die Integration die beiden Kernthemen, wie sie von Newton und Leibniz aufgestellt wurden. Die Worte leiten sich von den Leibniz'schen Begriffen *differentialis* („Differenzen bilden" oder auch „auseinandernehmen") und *integralis* (die „Summe von Teilen bilden" oder auch „zusammenbringen") ab.

In technischer Sprechweise hängt Differenziation – im Deutschen spricht man auch oft von „Ableitung" – mit dem Messen von *Veränderung* zusammen und Integration mit dem Messen von *Flächen*. Das Hauptergebnis der Infinitesimalrechnung ist jedoch, dass es sich um zwei Seiten derselben Münze handelt: Differenziation und Integration sind Umkehrungen voneinander. Es handelt sich in Wirklichkeit um ein Thema, und man muss beide Sei-

Zeitleiste

ca. **450** v. Chr.	**1660–1670**
Zenon macht sich in seinen Paradoxien über infinitesimale Größen lustig	Newton und Leibniz entwickeln die Grundlagen der Infinitesimalrechnung

ten der Medaille kennen. Kein Wunder, dass Gilbert und Sullivan in *Die Piraten von Penzance* ihre Personifizierung eines modernen Generalmajors stolz verkünden lassen:

With many cheerful facts about the square of the hypotenuse.
I'm very good at integral and differential calculus.

Differenzialrechnung Wissenschaftler lieben Gedankenexperimente, insbesondere Einstein griff oft auf sie zurück. Wir stellen uns vor, wir stehen auf einer Brücke hoch über einer Schlucht und wollen einen Stein fallen lassen. Was wird geschehen? Der Vorteil eines Gedankenexperiments ist, dass wir uns nicht tatsächlich und leibhaftig auf diese Brücke begeben müssen. In Gedanken können wir auch Unmögliches machen und zum Beispiel den Stein auf halber Strecke anhalten oder ihn über eine gewisse Zeitdauer in Zeitlupe beobachten.

Nach Newtons Theorie der Schwerkraft wird der Stein herunterfallen. Soweit ist das keine Überraschung; der Stein wird von der Erdmasse angezogen und immer schneller werden, während der Zeiger auf unserer Stoppuhr voranschreitet. Ein weiterer Vorteil von Gedankenexperimenten ist, dass wir störende Faktoren wie den Luftwiderstand einfach ignorieren können.

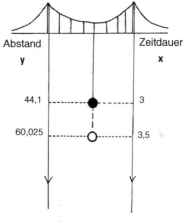

Welche Geschwindigkeit hat der Stein zu einem bestimmten Zeitpunkt, beispielsweise wenn die Stoppuhr exakt drei Sekunden Flugzeit anzeigt? Wie können wir das berechnen? Wir können vergleichsweise leicht die *Durchschnittsgeschwindigkeit* messen, doch wir möchten gerne die Momentangeschwindigkeit zu einem gegebenen Zeitpunkt bestimmen. Da es sich um ein Gedankenexperiment handelt, können wir den Ort des Steins mitten im Fall messen und anschließend den Stein für den Bruchteil einer Sekunde weiterfliegen lassen. Wir teilen diese zusätzliche Wegstrecke durch die zusätzliche Zeitdauer und erhalten so die mittlere Geschwindigkeit in diesem kurzen Zeitintervall. Indem wir die Zeitintervalle immer kürzer werden lassen, nähert sich die Durchschnittsgeschwindigkeit immer besser der Momentangeschwindigkeit an. Dieser Grenzprozess liegt der Differenzialrechnung zugrunde.

Wir könnten geneigt sein, die winzige zusätzliche Zeitdauer gleich null zu setzen. Doch in unserem Gedankenexperiment hat sich der Stein in dieser Zeitdauer nicht bewegt, die zurückgelegte Distanz im Zeitraum 0 ist ebenfalls 0. Wir würden als Durchschnittsgeschwindigkeit somit 0/0 erhalten, was der irische Bischof und Philosoph Berkeley einmal treffend als den „Geist verstorbener Größen" bezeichnet hat. Dieser Ausdruck hat keinen Zahlenwert, er ist eigentlich ohne Bedeutung. Indem wir diesen Weg einschlagen, landen wir in einem numerischen Sumpf.

1734
Berkeley macht auf konzeptuelle Schwächen aufmerksam

1820er-Jahre
Cauchy formalisiert die Theorie in strenger Form

1854
Riemann führt das Riemann'sche Integral ein

1902
Lebesgue entwickelt die Theorie des Lebesgue-Integrals

Für das Weitere benötigen wir einige Symbole. Die genaue Formel zwischen der gefallenen Wegstrecke y und der entsprechenden Zeitdauer x stammt von Galilei:

$$y = 4{,}9 \times x^2.$$

Als Einheiten wählen wir Meter und Sekunde, und der Faktor 4,9 hängt mit der Stärke der Erdanziehung zusammen. Wenn wir wissen möchten, wie weit der Stein in 3 Sekunden gefallen ist, setzen wir $x = 3$ in die Formel ein und erhalten $y = 4{,}9 \times 3^2 = 44{,}1$ Meter. Doch wie können wir die *Geschwindigkeit* des Steins bei $x = 3$ bestimmen?

Wir nehmen nochmals 0,5 Sekunden hinzu und berechnen, wie weit der Stein zwischen 3 und 3,5 Sekunden gefallen ist. Nach 3,5 Sekunden hat der Stein $y = 4{,}9 \times 3{,}5^2 = 60{,}025$ Meter zurückgelegt, also ist er zwischen 3 und 3,5 Sekunden um 15,925 Meter gefallen. Da die Geschwindigkeit gleich der Wegstrecke geteilt durch die Zeitdauer ist, erhalten wir für die Durchschnittsgeschwindigkeit in diesem Zeitintervall $15{,}925/0{,}5 = 31{,}85$ Meter pro Sekunde. Das liegt vermutlich nahe der tatsächlichen Geschwindigkeit bei $x = 3$, aber Sie können zu Recht einwerfen, dass 0,5 Sekunden eine zu lange Zeitdauer sind. Wir wiederholen die Rechnung mit einer kürzeren Zeitdauer, beispielsweise 0,05 Sekunden, und wir erhalten für die in dieser Zeit zurückgelegte Distanz $44{,}58 - 44{,}1 = 1{,}48$ Meter, was auf eine Durchschnittsgeschwindigkeit von 29,6 Meter pro Sekunde führt. Dieser Wert ist tatsächlich näher an dem tatsächlichen Wert der Momentangeschwindigkeit bei 3 Sekunden (also $x = 3$).

Wir müssen nun den Stier bei den Hörnern packen und uns dem Problem zuwenden, wie man die Durchschnittsgeschwindigkeit des Steins zwischen x Sekunden und dem etwas späteren Moment $x + h$ Sekunden bestimmt. Nach einigen Umformungen erhalten wir dafür

u	du/dx
x^2	$2x$
x^3	$3x^2$
x^4	$4x^3$
x^5	$5x^4$
…	…
x^n	nx^{n-1}

$$4{,}9 \times (2x) + 4{,}9 \times h.$$

Wenn wir h immer kleiner werden lassen, wie wir es bei dem Schritt von 0,5 zu 0,05 Sekunden getan haben, sehen wir, dass sich der erste Term nicht ändert (weil h gar nicht auftritt) und der zweite Term immer kleiner wird. Daraus schließen wir, dass

$$v = 4{,}9 \times (2x),$$

wobei v die Momentangeschwindigkeit des Steins zum Zeitpunkt x ist. Zum Beispiel ist die Momentangeschwindigkeit des Steins nach einer Sekunde (für $x = 1$) gleich $4{,}9 \times (2 \times 1) = 9{,}8$ Meter pro Sekunde, und nach drei Sekunden ist sie $4{,}9 \times (2 \times 3) = 29{,}4$ Meter pro Sekunde.

Vergleichen wir Galileis Formel für die zurückgelegte Wegstrecke $y = 4{,}9 \times x^2$ mit der Formel für die Geschwindigkeit $v = 4{,}9 \times (2x)$, so ist der wesentliche Unterschied die Ersetzung von x^2 durch $2x$. Das ist das Ergebnis der Differenziation, der Übergang von $u = x^2$ zur Ableitung $\dot{u} = 2x$. Newton bezeichnete $\dot{u} = 2x$ als „Fluxion" und die Variable x als „Fluent", weil er an fließende Größen dachte. Heute schreibt man meist $u = x^2$ und für die Ableitung $du/dx = 2x$. Diese Schreibweise wurde ursprünglich von Leibniz eingeführt, und dass sie heute noch in Gebrauch ist, zeugt vom Erfolg des Leibniz'schen

„d-ismus" gegenüber der Punktierung von Newton. Der fallende
Stein war nur ein Beispiel, doch auch für andere Ausdrücke von u
können wir die Ableitung berechnen, was in den unterschiedlichsten
Zusammenhängen von Bedeutung ist. Es gibt eine Regel: Die Ableitung einer reinen Potenzfunktion bildet man, indem man den Ausdruck mit der ursprünglichen Potenz multipliziert und von der Potenz
1 abzieht.

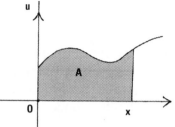

Integration

Die Integration tauchte zunächst im Zusammenhang
mit der Berechnung von Flächen auf. Zur Messung einer Fläche unter
einer Kurve kann man die Fläche zunächst in dünne rechteckige Streifen aufteilen, jeder
von der Breite dx. Indem man die Fläche von jedem einzelnen Rechteck bestimmt und
zum Schluss alle Flächen addiert, erhält man die „Summe" und damit die Gesamtfläche.
Die Schreibweise S steht für Summe und wurde von Leibniz in einer gestreckten Form $\int$
eingeführt. Die Fläche von jedem einzelnen Rechteck ist $u\,dx$, somit ist die Fläche A unter
der Kurve von 0 bis x gleich

$$A = \int\limits^{x} u\, dx$$

Wir betrachten als Beispiel die Kurve $u = x^2$. Die Fläche bestimmen wir, indem wir
schmale rechteckige Streifen unter die Kurve legen und die Summe dieser Flächen addieren. Damit erhalten wir die ungefähre Fläche. Schließlich betrachten
wir einen Grenzprozess, bei dem die Breite dieser Rechtecke immer schmaler
wird und erhalten damit die exakte Fläche. Die Antwort führt auf die Formel:

$$A = x^3/3$$

Für andere Kurven (und somit andere Ausdrücke von u) können wir das Integral ebenfalls berechnen. Ebenso wie bei der Ableitung gibt es eine Regel für
das Integral von Potenzen von x. Man erhält das Integral, indem man durch die
„vorherige Potenz + 1" dividiert und schließlich 1 zur Potenz addiert.

u	$\int\limits_{0}^{x} u\, dx$
x^2	$x^3/3$
x^3	$x^4/4$
x^4	$x^5/5$
x^5	$x^6/6$
...	...
x^n	$x^{n+1}/(n+1)$

Der Fundamentalsatz

Wenn wir das Integral $A = x^3/3$ ableiten, gelan-
gen wir wieder zur ursprünglichen Funktion $u = x^2$. Wenn wir die Ableitung $du/dx = 2x$
integrieren, erhalten wir ebenfalls wieder die ursprüngliche Funktion $u = x^2$. Die Ableitung ist die Umkehrung der Integration. Diesen Zusammenhang bezeichnet man als den
Fundamentalsatz der Infinitesimalrechnung. Er gehört zu den wichtigsten Sätzen in der
Mathematik.

Ohne Differenzial- und Integralrechnung gäbe es keine Satelliten im Weltraum, keine
Wirtschaftstheorien, und auch die Statistik wäre ein sehr schwieriges Gebiet. Immer,
wenn es um Veränderungen geht, treffen wir auf diesen Teil der Mathematik.

Der Grenzfall

20 Konstruktionen

Eine Unmöglichkeitsaussage zu beweisen ist oft sehr schwierig, doch einige der größten Erfolge der Mathematik sind von dieser Art. Es muss bewiesen werden, dass etwas nicht geht. Die Quadratur des Kreises ist unmöglich, doch wie kann man das beweisen?

Im antiken Griechenland gab es vier große Konstruktionsprobleme:

- die Dreiteilung eines Winkels (die Teilung eines Winkels in drei gleichgroße kleinere Winkel),
- die Verdopplung des Würfels (die Konstruktion eines Würfels mit dem doppelten Volumen eines gegebenen Würfels),
- die Quadratur des Kreises (die Konstruktion eines Quadrats mit demselben Flächeninhalt wie ein vorgegebener Kreis),
- die Konstruktion beliebiger Polygone (reguläre Vielecke mit gleichen Seiten und gleichen Winkeln).

Zur Durchführung dieser Konstruktionen waren nur die folgenden Hilfsmittel erlaubt:

- ein Lineal zum Zeichnen gerader Linien (und *nicht* zum Ausmessen von Längen),
- ein Zirkel zum Zeichnen von Kreisen.

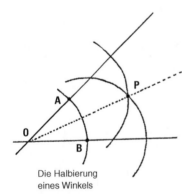

Die Halbierung
eines Winkels

Wenn Sie gerne Berge besteigen ohne Seil, Sauerstoffflaschen, Handy und andere Ausrüstungsgegenstände, dann werden ihnen diese Probleme sicher gefallen. Ohne die Möglichkeiten moderner Messgeräte waren die mathematischen Techniken zum Beweis solcher Probleme sehr aufwendig und anspruchsvoll. Die klassischen Konstruktionsprobleme der Antike wurden erst im 19. Jahrhundert gelöst und erforderten moderne Verfahren aus der Analysis und abstrakten Algebra.

Die Dreiteilung eines Winkels Es gibt ein einfaches Verfahren, einen Winkel in zwei gleichgroße kleinere Winkel zu teilen, also zu halbieren. Man lege eine Spitze des Zirkels an den Punkt O und markiere zu einem beliebigen Radius die Strecken OA und OB.

Anaxagoras versucht während seiner Zeit
im Gefängnis einen Kreis zu quadrieren

Mohr beweist, dass sich alle euklidischen Konstruktionen nur mit einem Zirkel ausführen lassen

Nun setzen wir den Zirkel bei A an und zeichnen einen Kreisausschnitt; dasselbe machen wir bei B. Wir bezeichnen den Schnittpunkt dieser beiden Kreise mit P. Mit dem Lineal verbinden wir O und P. Die Dreiecke AOP und BOP haben identische Formen, daher sind die Winkel $A\hat{O}P$ und $B\hat{O}P$ gleich. Die Linie OP ist die gesuchte Winkelhalbierende.

Gibt es eine ähnliche Folge von Vorschriften, um einen beliebigen Winkel in drei gleiche Winkel zu teilen? Dies ist das Problem der Dreiteilung des Winkels.

Wenn der Winkel 90 Grad beträgt, also ein rechter Winkel ist, gibt es kein Problem, denn ein Winkel von 30 Grad lässt sich leicht konstruieren. Doch ein Winkel von 60 Grad lässt sich nicht mit den angegebenen Hilfsmitteln dritteln. Wir wissen, dass die Antwort 20 Grad lautet, aber es gibt keine Möglichkeit einen solchen Winkel nur mithilfe von Zirkel und Lineal zu konstruieren. Zusammenfassend können wir feststellen:

- Man kann *jeden* Winkel zu *jeder* Zeit halbieren,
- man kann *manche* Winkel zu *jeder* Zeit dritteln, aber
- man kann *manche* Winkel *nie* dritteln.

Die Verdopplung eines Würfels ist ein ähnliches Problem, das auch als delisches Problem bekannt ist. Der Legende nach befragten die Einwohner von Delos in Griechenland zu Zeiten einer großen Plage das Orakel. Es sagte ihnen, sie sollten einen neuen Altar mit dem doppelten Volumen des bisherigen konstruieren.

Angenommen, der Altar von Delos war ein dreidimensionaler Würfel, bei dem alle Seiten dieselbe Länge a hatten. Die Einwohner sollten also einen neuen Würfel konstruieren mit einer Seitenlänge b, der genau das doppelte Volumen hat. Die Volumen sind jeweils a^3 und b^3, und sie sollen in folgender Beziehung stehen: $b^3 = 2 \times a^3$ oder, $b = \sqrt[3]{2} \times a$, wobei $\sqrt[3]{2}$ die Zahl bezeichnet, die dreimal mit sich selbst multipliziert 2 ergibt (also die dritte Wurzel aus 2). Wenn die Seitenlänge des ursprünglichen Würfels 1 ist, dann hätten die Einwohner von Delos auf einer Linie die Länge $\sqrt[3]{2}$ abtragen müssen. Leider ist das mit Zirkel und Lineal nicht möglich, unabhängig von der Menge an Genialität, die in die mögliche Konstruktion gesteckt wird.

Die Quadratur des Kreises

Dieses Problem ist von etwas anderer Natur, und es ist das bei Weitem bekannteste unter den Konstruktionsproblemen:

Man konstruiere ein Quadrat, dessen Fläche gleich der Fläche eines gegebenen Kreises ist.

Der Ausdruck „Quadratur des Kreises" wird oft verwendet, wenn man zum Ausdruck bringen möchte, dass etwas unmöglich ist.

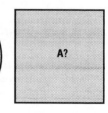

Die Quadratur des Kreises

1801

Gauß veröffentlicht *Disquisitiones Arithmeticae*, das auch einen Abschnitt über die Konstruktion eines regulären 17-Ecks mit Zirkel und Lineal enthält

1837

Wantzel zeigt, dass die klassischen Probleme der Verdopplung des Würfels und der Drittelung des Winkels nicht mit Zirkel und Lineal gelöst werden können

1882

von Lindemann beweist, dass ein Kreis nicht mit Zirkel und Lineal in ein gleichflächiges Quadrat umgewandelt werden kann

Die algebraische Gleichung $x^2 - 2 = 0$ hat die Lösungen $x = \sqrt{2}$ und $x = -\sqrt{2}$. Dies sind irrationale Zahlen (sie lassen sich nicht als Bruch schreiben), doch für den Beweis, dass sich ein Kreis nicht quadrieren lässt, muss man zeigen, dass π keine Lösung *irgendeiner* algebraischen Gleichung sein kann[1]. Irrationale Zahlen mit dieser Eigenschaft bezeichnet man als transzendente Zahlen, weil sie eine „höhere" Form der Irrationalität haben als ihre irrationalen Verwandten wie $\sqrt{2}$.

Die Mathematiker waren zwar allgemein davon überzeugt, dass π eine transzendente Zahl ist, doch dieses jahrhundertealte Problem war schwierig zu beweisen. Schließlich fand Ferdinand von Lindemann eine erfolgreiche Variante eines Verfahrens, das ursprünglich von Charles Hermite entwickelt worden war, um zu beweisen, dass die Basis des natürlichen Logarithmus e transzendent ist (▶Kapitel 6).

Man könnte meinen, nach dem Beweis von Lindemann habe die Flut an Artikeln von unverbesserlichen Kreis-Quadrierern nachgelassen. Keineswegs! Es gibt sie immer noch, die starrköpfigen Einzelgänger, die der Logik eines Beweises nicht trauen oder nie davon gehört haben.

Die Konstruktion von regulären Vielecken

Euklid fragte sich auch, wie man reguläre Vielecke oder Polygone konstruieren könne. Ein reguläres Vieleck ist eine symmetrische mehrseitige Figur, wie ein Quadrat oder ein reguläres Fünfeck, bei dem alle Seiten dieselbe Länge haben und sämtliche Winkel zwischen benachbarten Seiten gleich sind. In seinen berühmten *Elementen* (Buch 4) zeigte er, wie man die Polygone mit drei, vier, fünf und sechs Seiten mit den beiden bekannten Hilfsmitteln konstruieren kann.

Das Polygon mit drei Seiten bezeichnen wir üblicherweise als gleichseitiges Dreieck. Es lässt sich besonders leicht konstruieren. Je nach der gewünschten Größe des Dreiecks zeichne man zwei Punkte A und B. Man lege den Zirkel an Punkt A und zeichne einen Kreisausschnitt vom Radius AB. Man wiederhole die Konstruktion um den Punkt B mit demselben Radius. Den Schnittpunkt zwischen diesen beiden Bögen bezeichnen wir mit P. Da $AP = AB$ und $BP = AB$ sind alle Seiten des Dreiecks ABP gleich. Das eigentliche Dreieck erhält man, indem man jeweils AB, AP und BP mit dem Lineal verbindet.

Wenn Sie das Lineal als überflüssig erachten, sind Sie nicht allein – auch der Däne Georg Mohr war dieser Meinung. Die Konstruktion des gleichseitigen Dreiecks besteht in der Konstruktion des Punktes P, und dafür benötigt man nur den Zirkel. Das Lineal wird gebraucht, um die Punkte *physikalisch* miteinander zu verbinden. Mohr zeigte, dass jede Konstruktion, die mit Zirkel und Lineal möglich ist, auch mit dem Zirkel allein erreicht werden kann. Der Italiener Lorenzo Mascheroni bewies dasselbe Ergebnis 125 Jahre später. Sein Buch *Geometria del Compasso* aus dem Jahre 1797 widmete er Napoleon; es hatte die besondere Eigenschaft, ausschließlich in Versen geschrieben zu sein.

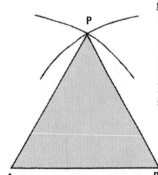

Die Konstruktion eines gleichseitigen Dreiecks

---

[1] Oder zumindest keine algebraische Gleichung, deren Lösung sich mit Zirkel und Lineal konstruieren lässt.

Die Geburt eines Fürsten

Carl Friedrich Gauß war derart beeindruckt von seiner Entdeckung der Konstruktion eines 17-seitigen Polygons, dass er seine Pläne für ein Studium der Sprachwissenschaften aufgab und Mathematiker wurde. Der Rest ist Geschichte – und er wurde als „Fürst der Mathematiker" bekannt. Das 17-seitige Polygon bildet die Grundform seines Grabsteins in Göttingen und ist eine angemessene Ehrung seines Genies.

Für das allgemeine Problem ist die Konstruktion eines Polygons mit p Seiten, wobei p eine Primzahl ist, von besonderer Bedeutung. Wir haben das Dreieck bereits konstruiert, und Euklid kannte auch eine Konstruktion für das reguläre Fünfeck, doch er fand keine Konstruktion für das reguläre Siebeneck (das Heptagon). Im Alter von 17 Jahren untersuchte ein gewisser Carl Friedrich Gauß dieses Problem und bewies die Unmöglichkeit einer solchen Konstruktion. Er zeigte, dass es nicht möglich ist, ein p-seitiges Polygon mit $p = 7$, 11 oder 13 zu konstruieren.

Doch Gauß bewies auch eine positive Aussage. Er kam zu dem Schluss, dass sich ein reguläres Siebzehneck konstruieren lässt. Gauß ging sogar noch weiter und bewies, dass man ein p-seitiges Polygon genau dann konstruieren kann, wenn die Primzahl p von der Form

$$p = 2^{2^n} + 1$$

ist. Zahlen von dieser Form bezeichnet man als Fermat-Zahlen. Für die Zahlen für $n =$ 0, 1, 2, 3 und 4 erhalten wir die Primzahlen $p = 3$, 5, 17, 257 und 65 537. Diese Zahlen entsprechen konstruierbaren Polygonen mit p Seiten.

Für die Zahl $n = 5$ ist die Fermat-Zahl $p = 2^{32} + 1 = 4\,294\,967\,297$. Pierre de Fermat vermutete, dass es sich bei all diesen Zahlen um Primzahlen handelte, doch leider ist dies keine Primzahl, sondern es gilt $4\,294\,967\,297 = 641 \times 6\,700\,417$. Für $n = 6$ oder 7 erhalten wir riesige Fermat-Zahlen, doch ebenso wie für $n = 5$ sind es keine Primzahlen.

Gibt es noch weitere Fermat-Zahlen? Allgemein vermutet man, dass das nicht der Fall ist, doch ganz sicher weiß das niemand.

Man nehme Zirkel und Lineal

21 Dreiecke

Ein Dreieck hat die Eigenschaft, drei Seiten, drei Ecken und drei Winkel zu haben. Die Theorie zur Vermessung von Dreiecken – ob es sich um Winkel, Seitenlängen oder die eingeschlossene Fläche handelt – bezeichnet man als Trigonometrie. Das Interesse an Dreiecken – einer der einfachsten Formen überhaupt – lässt nicht nach.

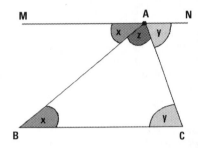

Eine Dreiecksgeschichte Es gibt einen eleganten Beweis für die Tatsache, dass die Summe der Winkel in jedem Dreieck zwei rechte Winkel oder 180 Grad ergeben. Man zeichne durch den Eckpunkt A eines Dreiecks eine Linie MAN parallel zur Grundlinie BC.

Der Winkel $A\hat{B}C$, den wir x nennen wollen, ist gleich dem Winkel $B\hat{A}M$, weil sie einander gegenüberliegen und die Linien MN und BC parallel sein sollen. Die anderen beiden gegenüberliegenden Winkel bezeichnen wir mit y. Der Winkel um den Punkt A, der gleich $x + y + z$ und damit der Summe der Winkel im Dreieck ist, beträgt 180 Grad (die Hälfte von 360 Grad). „q. e. d.", wie Euklid an das Ende seiner Beweise zu schreiben pflegte. Natürlich haben wir angenommen, dass das Dreieck auf einer flachen Ebene gezeichnet wurde, wie diesem Blatt Papier. Die Summe der Winkel in einem Dreieck, das auf einer Kugeloberfläche gezeichnet wurde (ein sogenanntes sphärisches Dreieck), ist nicht 180 Grad, aber das ist eine andere Geschichte.

Euklid hat viele Sätze über Dreiecke bewiesen, und er hat sich dabei nicht auf die Anschauung verlassen. So zeigte er auch: „In jedem Dreieck sind zwei Seiten, beliebig zusammengenommen, größer als die letzte". Heute bezeichnet man das als die Dreiecksungleichung, die in der abstrakten Mathematik eine wichtige Rolle spielt. Die Epikureer hatten einen bodenständigeren Zugang zum Leben und behaupteten, diese Aussage benötige keinen Beweis, da sie für jeden Esel offensichtlich sei: Würde man an einen Punkt des Dreiecks einen Heuballen legen und an einen anderen Punkt einen Esel stellen, so würde das Tier kaum den längeren Weg entlang zweier Seiten nehmen, um seinen Hunger zu stillen.

Der Satz des Pythagoras Das berühmteste Theorem über Dreiecke ist der Satz des Pythagoras, der in der modernen Mathematik immer noch eine wichtige Rolle spielt.

Zeitleiste

1850 v. Chr.

Die Babylonier kennen den „Satz des Pythagoras"

1335 n. Chr.

Richard von Wallingford schreibt eine bahnbrechende Abhandlung über Trigonometrie

Es gibt allerdings Zweifel, ob Pythagoras wirklich als Erster diesen Satz entdeckt hat. Die bekannteste algebraische Formulierung ist $a^2 + b^2 = c^2$. Allerdings bezieht sich Euklid auf wirkliche Quadratformen: „Am rechtwinkligen Dreieck ist das Quadrat über der dem rechten Winkel gegenüberliegenden Seite den Quadraten über den den rechten Winkel umfassenden Seiten zusammen gleich."((?))

Euklids Beweis ist die Proposition 47 in Buch 1 der *Elemente*. Dieser Beweis wurde zu einer Quelle des Unbehagens für Generationen von Schülern, die sich mit dem Auswendiglernen herumplagten und die richtigen Schlussfolgerungen vergaßen. Es gibt mehrere Hundert verschiedene Beweise. Eine im Vergleich zu Euklids Beweis aus der Zeit um 300 v. Chr. angenehmere Version geht auf Bhāskara aus dem 12. Jahrhundert zurück.

Es handelt sich um einen Beweis „ohne Worte". In der Abbildung wurde das Quadrat mit der Seitenlänge $a + b$ auf zwei verschiedene Weisen unterteilt.

Da die vier gleichen Dreiecke (dunkel) in beiden Quadraten auftreten, können wir sie entfernen, und die Fläche der verbliebenen Teile ist immer noch gleich. Wenn wir uns die Fläche dieser verbliebenen Teile anschauen, so erhalten wir die bekannte Beziehung:

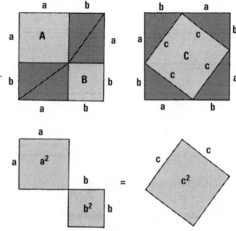

$$a^2 + b^2 = c^2$$

Die Euler-Linie Es lassen sich unzählige Aussagen über Dreiecke treffen. Betrachten wir zunächst die Mittelpunkte der Seiten. Wir markieren in einem beliebigen Dreieck ABC die Seitenmittelpunkte D, E und F. Wir verbinden B mit F und C mit D und bezeichnen den Schnittpunkt mit G. Nun verbinden wir A mit E. Verläuft diese Linie ebenfalls durch den Punkt G? Zunächst ist nicht offensichtlich, weshalb das so sein sollte. Tatsächlich ist es der Fall, und der Punkt G wird als „Schwerpunkt des Dreiecks" bezeichnet. Es handelt sich tatsächlich um den Schwerpunkt des Dreiecks im physikalischen Sinne.

Es gibt viele Dutzend verschiedene Schnittpunkte im Zusammenhang mit Dreiecken. Ein anderer Schnittpunkt ist der Punkt H, bei dem sich die Höhenlinien (die Linien von einem Eckpunkt senkrecht auf eine Grundlinie – in der Abbildung auf Seite 86 oben gepunktet gezeichnet) treffen. Diesen Punkt bezeichnet man als „Höhenschnittpunkt". Es gibt auch einen Schnittpunkt, der als Umkreismittelpunkt O bezeichnet wird; bei diesem treffen sich die Mittelsenkrechten auf D, E und F (nicht eingezeichnet). Dies ist der Mittelpunkt eines Kreises, der durch die Punkte A, B und C gezogen werden kann.

1571

François Viète veröffentlicht ein Buch über Trigonometrie und trigonometrische Tabellen

1822

Karl Feuerbach beschreibt den Neunpunktekreis eines Dreiecks

1873

Brocard verfasst sein umfassendes Werk über Dreiecke

Es gilt jedoch noch vieles mehr. In jedem Dreieck *ABC* liegen die Punkte *G*, *H* und *O*, das heißt der Schwerpunkt, der Höhenschnittpunkt und der Umkreismittelpunkt, auf einer Linie, die man „Euler'sche Linie" nennt. Bei einem gleichseitigen Dreieck (bei dem alle drei Seiten dieselbe Länge haben) fallen diese drei Punkte zusammen und bilden eindeutig *das* Zentrum des Dreiecks.

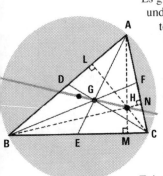

Die Euler'sche Linie

Der Satz von Napoleon

Für jedes Dreieck *ABC* lassen sich über jeder der drei Seiten gleichseitige Dreiecke errichten, deren Mittelpunkte ein neues Dreieck *DEF* bilden, das sogenannte Napoleon-Dreieck. Der Satz von Napoleon besagt, dass das Dreieck *DEF* für jedes beliebige Dreieck *ABC* immer ein gleichseitiges Dreieck ist.

Zum ersten Mal wird der Satz von Napoleon 1825 in einer englischen Zeitschrift erwähnt, einige Jahre nach dem Tod Napoleons auf St. Helena im Jahre 1821. Napoleons bemerkenswerte mathematische Fähigkeiten in der Schule erleichterten ihm zweifelsohne den Zugang zur Militärschule, und später als Kaiser lernte er in Paris die führenden Mathematiker kennen. Allerdings gibt es keine weiteren Hinweise über seine Kontakte zur Mathematik, und der „Satz von Napoleon" wird, wie so viele andere mathematische Ergebnisse, einer Person zugeschrieben, die nur wenig mit seiner Entdeckung oder gar seinem Beweis zu tun hat. Tatsächlich handelt es sich um einen Satz, der häufig wiederentdeckt und verallgemeinert wurde.

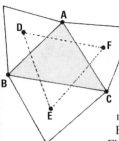

Der Satz von Napoleon

Ein Dreieck ist bereits eindeutig festgelegt, wenn man eine Länge und zwei Winkel kennt. Mithilfe der Trigonometrie kann man daraus alle anderen Größen berechnen.

Bei der Landvermessung zur Erstellung von Landkarten ist es ganz nützlich, ein „Flachlandbewohner" zu sein und die Dreiecke als flach anzunehmen. Man erhält ein Netz von Dreiecken, indem man mit einer Grundlinie *BC* bekannter Länge beginnt, einen entfernten Punkt *A* wählt (den Triangulationspunkt) und die Winkel *AB̂C* und *AĈB* mit einem Theodoliten misst. Mit trigonometrischen Verfahren lassen sich alle Größen des Dreiecks *ABC* berechnen, und der Landvermesser geht weiter. Er wählt, ausgehend von der Grundlinie *AB* oder *AC*, einen neuen Triangulationspunkt und wiederholt das Ganze. Auf diese Weise gelangt er schließlich zu einem Netz aus Dreiecken. Der Vorteil dieses Verfahrens liegt in der Möglichkeit, auch unzugängliches Gelände vermessen zu können, beispielsweise Sumpf- und Moorland, Treibsand oder Flüsse.

Dieses Verfahren wurde auch bei der Großen Trigonometrischen Vermessung von Indien verwendet, die um 1800 begann und insgesamt 40 Jahre dauerte. Es ging damals darum, entlang des Großen Meridianbogens von Kap Komorin im Süden bis zum Himalaya im Norden das Land zu vermessen und zu kartografieren, immerhin eine Strecke von rund 3 000 Kilometern. Um die höchstmögliche Genauigkeit bei der Winkelmessung zu garantieren, hatte Sir George Everest in London zwei riesige Theodoliten anfertigen lassen, die zusammen eine Tonne wogen und rund zwölf Leute für ihren Transport benötigten. Die Winkelmessung war entscheidend, und es wurde viel über die Genauigkeit der Messungen gesprochen, doch im Mittelpunkt der ganzen Operation

Bauen mit Dreiecken

Das Dreieck ist auch bei Baukonstruktionen unverzichtbar. Seine Nützlichkeit und Stärke beruhen auf derselben Tatsache, die es auch für die Landvermessung so wertvoll macht: Ein Dreieck ist starr. Man kann die Form eines Quadrats oder Rechtecks verändern, ohne die Seitenlängen zu ändern, doch bei einem Dreieck geht das nicht.

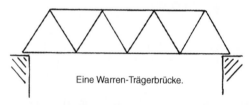

Eine Warren-Trägerbrücke.

Baugerüste bestehen im Wesentlichen aus Verbindungen von Dreiecken, und auch bei Dachkonstruktionen erkennt man diese Komponenten. Eine besondere Bedeutung erlangte das Dreieck im Zusammenhang mit dem Brückenbau.

Ein Warren-Träger kann im Vergleich zu seinem Eigengewicht sehr große Lasten tragen. Patentiert wurde diese Konstruktion im Jahre 1848 von James Warren, und zwei Jahre später wurde die erste Brücke in diesem Stil an der London Bridge Station gebaut. Die Konstruktion mit gleichseitigen Dreiecken erwies sich als tragfähiger im Vergleich zu ähnlichen Entwürfen mit gleichschenkligen Dreiecken, bei denen nur zwei Seiten gleich sind.

stand das bescheidene Dreieck. In viktorianischer Zeit musste man noch ohne GPS auskommen, auch wenn es schon (menschliche) „Rechner" gab.

Sind sämtliche Längen in einem Dreieck bekannt, ist die Bestimmung der Fläche vergleichsweise einfach. Es gibt viele Formeln zur Berechnung der Fläche A eines Dreiecks, aber besonders bemerkenswert ist die Formel von Heron von Alexandrien:

$$A = \sqrt{s \times (s-a) \times (s-b) \times (s-c)}$$

Sie lässt sich auf jedes Dreieck anwenden, wir müssen dazu noch nicht einmal einen Winkel kennen. Das Symbol s steht für die Hälfte des Dreiecksumfangs, und die Seitenlängen sind a, b und c. Wenn zum Beispiel ein Dreieck die Seitenlängen 13, 14 und 15 hat, ist der Umfang $13 + 14 + 15 = 42$, sodass $s = 21$. Mit obiger Formel erhalten wir $A = \sqrt{21 \times 8 \times 7 \times 6} = \sqrt{7056} = 84$.

Das Dreieck ist eine vertraute Figur, sei es für Kinder, die mit einfachen Formen spielen, oder für den Wissenschaftler, der sich in der abstrakten Mathematik mit Dreiecksungleichungen beschäftigt. Die Trigonometrie bildet die Grundlage für Dreiecksberechnungen, und die Sinus-, Cosinus- und Tangens-Funktion sind unentbehrliche Hilfsmittel für exakte Berechnungen in praktischen Anwendungen. Das Dreieck hat in der Vergangenheit viel Beachtung gefunden, deshalb ist es erstaunlich, dass es immer noch sehr viel über diese einfache Figur mit den drei Linien zu entdecken gibt.

Die drei Seiten einer Geschichte

22 Kurven

Kurven sind leicht zu zeichnen. Künstler malen unterschiedliche Kurven; Architekten planen moderne Gebäudekomplexe oder Anlagen in Form eines Halbkreises. Der Pitcher wirft in einem Baseballspiel einen Curveball, Fußballer rennen in Kurven über das Spielfeld, und wenn sie den Ball aufs Tor schießen, folgt dieser einer Bahnkurve. Doch wenn wir uns fragen „Was ist eine Kurve?", fällt die Antwort nicht so leicht.

Seit vielen Jahrhunderten haben die Mathematiker aus den unterschiedlichsten Blickwinkeln Kurven untersucht. Es begann mit den Griechen und den Kurven, die man heute als „klassische" Kurven bezeichnet.

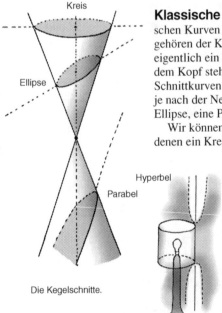

Die Kegelschnitte.

Klassische Kurven Die bekannteste Familie im Bereich der klassischen Kurven bezeichnen wir heute als „Kegelschnitte". Zu dieser Familie gehören der Kreis, die Ellipse, die Parabel und die Hyperbel. Der Kegel ist eigentlich ein Doppelkegel – wie zwei Eishörnchen, bei denen das eine auf dem Kopf steht und die an ihren Spitzen zusammengehalten werden. Die Schnittkurven von einer flachen Ebene mit diesem Doppelkegel sind dann, je nach der Neigung der Ebene zur senkrechten Kegelachse, ein Kreis, eine Ellipse, eine Parabel oder eine Hyperbel.

Wir können uns einen Kegel auch als die Projektionslinien vorstellen, mit denen ein Kreis auf eine Leinwand geworfen wird. Die Lichtstrahlen, die von der Birne einer Lampe mit einem zylinderförmigen Schirm ausgehen und den oberen und unteren Kreisrand des Schirms projizieren, bilden einen Doppelkegel. Das Bild an der Decke ist ein Kreis, doch wenn wir die Lampe etwas neigen, wird dieser Kreis zu einer Ellipse. Andererseits besteht das Bild der beiden Kreisränder an der Wand aus einer Kurve mit zwei Anteilen, diese bilden eine Hyperbel.

Die Kegelschnitte erhält man auch aus bestimmten Bewegungen eines Punktes in der Ebene. Dieses Verfahren mochten die Griechen besonders, aber anders als bei den Projektionen spielen hier Längen eine wichtige Rolle. Bewegt sich ein Punkt in der Ebene und bleibt dabei sein Abstand von *einem* festen Punkt immer derselbe, so ist die Bahnkurve dieses Punktes ein Kreis. Wenn sich der Punkt so bewegt, dass die Summe seiner Abstände zu *zwei* festen Punkten (den Brennpunkten) konstant bleibt, erhalten wir eine Ellipse (wenn die beiden Brennpunkte zusammenfallen, wird aus der Ellipse ein Kreis). Die Ellipse wurde zur entscheidenden Kurve für die Beschreibung der Planetenbewegung. Im Jahre 1609 verkündete der deutsche Astronom Johannes Kepler, dass sich die Planeten auf Ellipsen um die Sonne bewegen, womit er gleichzeitig der alten Vorstellung von Kreisbahnen widersprach.

Weniger offensichtlich verläuft die Bahnkurve eines Punktes, wenn sein Abstand von einem festen Punkt (dem Brennpunkt F) gleich seinem senkrechten Abstand zu einer gegebenen Linie ist (der sogenannten Leitgeraden). In diesem Fall erhält man eine Parabel, die sehr viele nützliche Eigenschaften hat. Wenn man eine Lichtquelle in den Brennpunkt F bringt, sind die von der Parabel reflektierten Strahlen parallel zu *PM*. Wenn umgekehrt die von einem Satelliten ausgesandten Fernsehsignale auf eine Parabolantenne treffen, werden sie alle im Brennpunkt gebündelt und zum Fernseher geleitet.

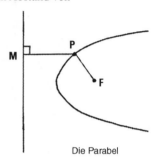

Die Parabel

Dreht sich ein Stab um einen Punkt, dann beschreibt jeder feste Punkt auf diesem Stab einen Kreis. Wenn sich jedoch dieser Punkt gleichzeitig entlang des rotierenden Stabs nach außen bewegen darf, erhält man für die Bahnkurve eine Spirale. Pythagoras liebte Spiralen, Leonardo da Vinci verbrachte zehn Jahre seines Lebens mit dem Studium der verschiedenen Spiraltypen und René Descartes schrieb sogar eine ganze Abhandlung über sie. Die logarithmische Spirale bezeichnet man auch als gleichwinklige Spirale, weil der Winkel zwischen dem Radius und der Tangente an dem Punkt, wo der Radius die Spirale trifft, immer gleich ist.

Jacob Bernoulli aus der berühmten Schweizer Mathematikerfamilie war von der logarithmischen Spirale derart angetan, dass er sie auf seinem Grabstein in Basel verewigt haben wollte. (Tatsächlich befindet sich auf seinem Grabstein jedoch eine sogenannte Archimedische Spirale.) Für den zur Zeit der Renaissance lebenden Emanuel Swedenborg war die Spirale die vollkommenste aller Formen. Eine dreidimensionale Spirale, die sich um einen Zylinder windet, bezeichnet man als Helix. Zwei solcher Spiralen – eine Doppelhelix – bilden die Grundstruktur der DNA.

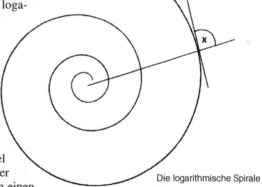

Die logarithmische Spirale

1704 n. Chr.	**1890**	**1920**er-Jahre
Newton klassifiziert kubische Kurven	Peano konstruiert eine Kurve, die ein Quadrat ausfüllt	Menger und Urysohn definieren Kurven im Rahmen der Topologie

Es gibt viele klassische Kurven, beispielsweise die Pascal'sche Schnecke, die Lemniskate (Figur einer liegenden 8 (∞), das Symbol für unendlich) und verschiedene Formen von Ovalen. Die Kardioide erhielt ihren Namen von ihrer Herzform. Die Katenoide wurde intensiv im 18. Jahrhundert untersucht und beschreibt die Form einer hängenden Kette zwischen zwei Aufhängepunkten. Man findet die Katenoide auch bei einer Hängebrücke zwischen ihren beiden senkrechten Pylonen.

Im 19. Jahrhundert interessierte man sich unter anderem für Kurven, die von mechanischen Stabkonstruktionen erzeugt wurden. Dabei handelte es sich um eine Verallgemeinerung eines Problems, das von dem schottischen Ingenieur James Watt gelöst worden war. Watt hatte eine Vorrichtung aus zwei Stäben entworfen, mit denen sich eine Kreisbewegung in eine lineare Bewegung umsetzen lässt. Das galt im Zeitalter der Dampfmaschine als ein wesentlicher Fortschritt.

Das einfachste dieser mechanischen Geräte besteht aus drei Stäben, die jeweils an ihren Enden miteinander verbunden sind. Bei einer Bewegung des Verbindungsstücks *PQ* folgt der Ort eines Punktes auf diesem Stab einer Kurve sechsten Grades, einer „sextischen Kurve".

Die Bewegung von drei Stäben

Algebraische Kurven

Nachdem Descartes die Geometrie durch die Einführung der *x*-, *y*- und *z*-Koordinaten und die nach ihm benannten Kartesischen Koordinatenachsen revolutioniert hatte, konnte man Kegelschnitte auch mit algebraischen Verfahren untersuchen. Beispielsweise wird ein Kreis vom Radius 1 durch die Gleichung $x^2 + y^2 = 1$ beschrieben. Dies ist eine Gleichung zweiten Grades, ebenso wie die Bestimmungsgleichungen aller anderen Kegelschnitte. Ein neuer Zweig der Geometrie hatte sich aufgetan, die sogenannte algebraische Geometrie.

In einer umfangreichen Untersuchung gelang es Isaac Newton sämtliche Kurven zu klassifizieren, die durch algebraische Gleichungen dritten Grades (kubische Gleichungen) beschrieben wurden. Vergleichbar mit den vier Typen von Kegelschnitten fand er 78 verschiedene Typen, die in fünf Klassen eingeteilt werden konnten. Die rasche Zunahme verschiedener Typen setzt sich für quartische Kurven fort; eine vollständige Klassifikation wurde aufgrund der vielen verschiedenen Typen nie durchgeführt.

Die Darstellung von Kurven durch algebraische Gleichungen ist nicht die einzige Möglichkeit. Viele Kurven, beispielsweise die Katenoiden, die Zykloiden (Kurven, die von einem Punkt auf einem rotierenden Rad beschrieben werden) oder die Spiralen, lassen sich nicht leicht durch algebraische Gleichungen beschreiben.

Eine Definition

Man suchte nach einer Definition für eine Kurve und nicht nur nach besonderen Beispielen. Camille Jordan formulierte eine Theorie der Kurven, die auf der Definition einer Kurve durch eine Variable beruhte.

Betrachten wir ein Beispiel: Wenn wir $x = t^2$ setzen und $y = 2t$, dann erhalten wir für verschiedene Werte von *t* auch verschiedene Punkte, die wir als Koordinaten (x, y)

schreiben können. Für $t = 0$ finden wir zum Beispiel den Punkt (0, 0), für $t = 1$ den Punkt (1, 2) usw. Wenn wir all diese Punkte in der x-y-Ebene auftragen und miteinander verbinden, erhalten wir eine Parabel. Jordan konnte dieses Konzept von Punktmengen, die von einer Variablen abhängen, formalisieren. Für ihn war dies die Definition einer Kurve.

Jordan-Kurven gleichen in zweifacher Hinsicht einem Kreis: Sie sind „einfach" (das heißt sie kreuzen sich nicht selbst) und „geschlossen" (sie haben keinen Anfang und kein Ende). Trotzdem können sie sehr kompliziert sein. Der Jordan'sche Kurvensatz besagt, dass eine einfache, geschlossene Kurve eine Ebene in ein Inneres und ein Äußeres aufteilt. Diese Aussage ist nur scheinbar offensichtlich.

Eine geschlossene einfache Jordan-Kurve

In Italien sorgte Giuseppe Peano für eine Sensation, als er 1890 zeigen konnte, dass nach der Definition von Jordan eine Kurve ein Quadrat vollständig ausfüllen kann. Er fand eine mit Jordans Definition im Einklang stehende Kurve, die *jeden* Punkt des Quadrats durchläuft. Diese flächenfüllende Kurve war ein Rückschlag für Jordans Definition, denn offensichtlich ist ein Quadrat keine Kurve im herkömmlichen Sinne.

Solche flächen- und raumfüllenden Kurven sowie andere pathologische Beispiele zwangen die Mathematiker, nochmals an den Ausgangspunkt zurückzukehren und über die Grundlagen einer Kurventheorie nachzudenken. Die Frage nach einer besseren Definition für eine Kurve stand wieder zur Debatte. Zu Beginn des 20. Jahrhunderts entwickelte sich aus diesem Problem das neue Feld der Topologie.

Alles andere als geradlinig

23 Topologie

Die Topologie ist ein Zweig der Mathematik, der sich mit den Eigenschaften von Flächen und Formen beschäftigt, ohne sich jedoch um das Maß von Längen oder Winkeln zu kümmern. Ganz oben auf der Liste stehen Eigenschaften, die sich bei Verformungen nicht verändern. Man darf die Formen in beliebige Richtungen verschieben und verzerren, weshalb man die Topologie manchmal auch als die „Gummiflächengeometrie" bezeichnet. Für Topologen gibt es keinen Unterschied zwischen einem Donut und einer Kaffeetasse!

Ein Donut ist eine Fläche mit einem Loch. Eine Kaffeetasse ist dasselbe, wobei hier das Loch die Form eines Griffs hat. Man kann einen Donut in eine Kaffeetasse transformieren:

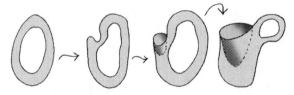

Die Klassifikation von Polyedern Die einfachsten Formen, mit denen sich die Topologen beschäftigen, sind Polyeder (*polys* bedeutet „viel" und *hedra* Fläche). Ein

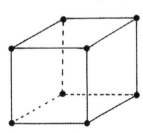

Beispiel für einen Polyeder ist ein Würfel mit sechs quadratischen Seitenflächen, acht Vertizes (Punkte, bei denen mehr als zwei Flächen zusammenkommen) und zwölf Kanten (Verbindungslinien zwischen Punkten, an denen zwei Flächen zusammenkommen). Durch die folgenden Eigenschaften wird der Würfel zu einem regulären Polyeder:

- Alle Seitenflächen haben dieselbe reguläre Form,
- alle Winkel zwischen den Kanten, die an einem Vertex zusammenlaufen, sind gleich.

Zeitleiste

ca. **300** v. Chr.	ca. **250** v. Chr.	**1752** n. Chr.
Euklid beweist, dass es fünf reguläre Polyeder gibt	Archimedes untersucht trunkierte Polyeder	Euler veröffentlicht seine Formel für die Anzahl der Vertizes, Kanten und Flächen eines Polyeders

Die Topologie ist ein vergleichsweise junges Gebiet, und doch lässt sie sich bis zu den Griechen zurückverfolgen. Tatsächlich ist eines der Hauptergebnisse in Euklids *Elementen* der Beweis, dass es genau fünf reguläre Polyeder gibt. Dabei handelt es sich um die Platonischen Körper:

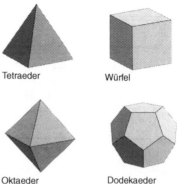

Tetraeder   Würfel

Oktaeder   Dodekaeder

- das Tetraeder (mit 4 Dreiecksflächen),
- den Würfel (mit 6 Quadratflächen),
- das Oktaeder (mit 8 Dreiecksflächen),
- das Dodekaeder (mit 12 Fünfeckflächen),
- das Ikosaeder (mit 20 Dreiecksflächen).

Wenn wir die Bedingung aufgeben, dass alle Flächen dieselbe Form haben müssen, gelangen wir zu den halbregulären Archimedischen Körpern. Beispiele dafür erhält man aus den Platonischen Körpern, indem man einige Ecken abschneidet (trunkiert). Wenn man einem Ikosaeder die Ecken abschneidet, erhält man die Form eines modernen Fußballs. Die 32 Seitenflächen bestehen aus 12 Fünfecken und 20 Sechsecken; es gibt 90 Kanten und 60 Vertizes. Dies ist auch die Form der Buckminster-Fullerene, benannt nach dem Visionär Richard Buckminster Fuller, dem Erfinder der geodätischen Kuppeln. Bei diesen „Buckyballs" handelt es sich um eine neu entdeckte Form von Kohlenstoffmolekülen, beispielsweise C_{60}, bei denen sich an jedem Vertex ein Kohlenstoffatom befindet.

Ikosaeder

Ikosaederstumpf

Die Euler'sche Formel Die Euler'sche Formel besagt, dass die Anzahl der Vertizes V, der Kanten K und der Flächen F eines Polyeders immer über die folgende Gleichung zusammenhängen:

$$V - K + F = 2$$

Für einen Würfel gilt $V = 8$, $K = 12$ und $F = 6$, also $V - K + F = 2$, und für Buckminster-Fullerene gilt: $V - K + F = 60 - 90 + 32 = 2$. Es ergibt sich die Frage, ob ein allgemeiner Polyeder nicht sogar über dieses Theorem definiert werden kann.

Wenn ein Würfel einen „Tunnel" besitzt, handelt es sich dann noch um ein Polyeder? In diesem Fall ist $V = 16$, $K = 32$, $F = 16$ und somit $V - K + F = 16 - 32 + 16 = 0$. Die Euler'sche Formel gilt nicht. Wir kön-

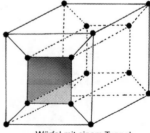

Würfel mit einem Tunnel

nen die Gültigkeit der Formel retten, wenn wir uns auf Polyeder ohne Tunnel beschränken. Es gibt auch eine Verallgemeinerung der Euler'schen Formel, die diese Besonderheit berücksichtigt.

Die Klassifikation von Flächen

Für einen Topologen sind ein Donut und eine Kaffeetasse vielleicht identisch, doch welche Art von Flächen unterscheidet sich von einem Donut? Ein möglicher Kandidat ist ein Gummiball. Es gibt keine Möglichkeit, einen Donut in einen Ball zu verformen, denn der Donut hat ein Loch und der Ball nicht. Das ist ein grundlegender Unterschied zwischen diesen beiden Flächen. Eine Möglichkeit der Klassifikation von Flächen erfolgt daher über die Anzahl der Löcher.

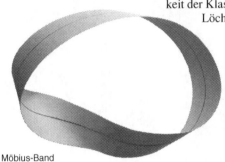

Wir betrachten eine Fläche mit r Löchern und unterteilen sie in Bereiche, deren Ränder aus einer Folge von Kanten bestehen, die benachbarte Vertizes auf der Fläche verbinden. Nun zählen wir die Anzahl aller Vertizes, Kanten und Seitenflächen. Für jede solche Aufteilung finden wir für den Ausdruck $V - K + F$ immer denselben Wert, den man auch die Euler-Charakteristik der Fläche nennt:

Möbius-Band

$$V - K + F = 2 - 2r$$

Wenn die Fläche keine Löcher hat ($r = 0$), wie es bei den gewöhnlichen Polyedern der Fall ist, wird aus dieser Formel die Euler-Formel $V - K + F = 2$. Für ein Loch ($r = 1$), wie bei dem Würfel mit dem Tunnel, finden wir $V - K + F = 0$.

Einseitige Flächen

Gewöhnlich hat eine Fläche zwei Seiten. Die Außenseite eines Balls unterscheidet sich von der Innenseite, und wenn man von einer Seite auf die andere möchte, muss man ein Loch in die Fläche bohren. Eine solche Veränderung der Fläche ist jedoch in der Topologie nicht erlaubt (man darf Flächen dehnen, aber nicht zerschneiden). Ein anderes Beispiel wäre ein Blatt Papier mit seinen zwei Seiten. Die beiden Seiten treffen sich entlang des Rands, der aus den vier Kanten des Papiers besteht.

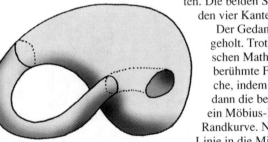

Der Gedanke an eine einseitige Fläche scheint weit hergeholt. Trotzdem wurde im 19. Jahrhundert von dem deutschen Mathematiker und Astronom August Möbius eine berühmte Fläche dieser Art entdeckt. Man erhält die Fläche, indem man einen Papierstreifen einmal verdreht und dann die beiden Enden zusammenklebt. Das Ergebnis ist ein Möbius-Band, eine einseitige Fläche mit nur einer Randkurve. Nehmen Sie einen Bleistift und malen Sie eine Linie in die Mitte des Streifens. Nach einer Weile kommen Sie wieder zu Ihrem Ausgangspunkt zurück!

Klein'sche Flasche

Es gibt sogar einseitige Flächen ohne einen Rand. Ein Beispiel ist die „Klein'sche Flasche", benannt nach dem deutschen Mathematiker Felix Klein. Eine beeindruckende Eigenschaft dieser Flasche ist, dass sich ihre Fläche nicht selbst schneidet. Im dreidimensionalen Raum ist es allerdings nicht möglich, ein Modell der Klein'schen Flasche anzufertigen, ohne dass sich die Fläche physikalisch schneidet. Die Klein'sche Flasche lebt eigentlich in vier Dimensionen, wo es diese Überschneidungen nicht gibt.

Beide Flächen sind Beispiele für das Konzept einer „Mannigfaltigkeit" in der Topologie. Mannigfaltigkeiten sind geometrische Flächen, die in *kleinen* Bereichen wie zweidimensionale Papierstücke aussehen. Da die Klein'sche Flasche keinen Rand hat, bezeichnet man sie auch als „geschlossene" zweidimensionale Mannigfaltigkeit.

Die Poincaré-Vermutung

Für mehr als ein Jahrhundert galt die berühmte Poincaré-Vermutung, benannt nach dem französischen Mathematiker Henri Poincaré, als eines der herausragenden Probleme der Topologie. Die Vermutung bezog sich auf eine zentrale Beziehung zwischen der Algebra und der Topologie.

Der Teil der Vermutung, der bis vor Kurzem noch ungelöst war, bezog sich auf geschlossene dreidimensionale Mannigfaltigkeiten. Solche Mannigfaltigkeiten können sehr kompliziert sein – man denke nur an eine Klein'sche Flasche mit einer zusätzlichen Dimension. Poincaré hatte vermutet, dass es sich bei geschlossenen dreidimensionalen Mannigfaltigkeiten, die in bestimmter Hinsicht sämtliche Charakteristika einer dreidimensionalen Sphäre haben, auch tatsächlich immer um dreidimensionale Sphären handelt. Stellen Sie sich vor, Sie spazieren um einen riesigen Ball und alles, was Sie dabei über den Ball in Erfahrung bringen können, deutet auf eine Sphäre – eine Kugeloberfläche – hin. Doch weil Sie den Ball nicht als Ganzes sehen können, fragen Sie sich, ob Sie wirklich eine Sphäre vor sich haben.

Niemand konnte die Poincaré-Vermutung für dreidimensionale Mannigfaltigkeiten beweisen. War sie richtig oder falsch? Für andere Dimensionen hatte man sie beweisen können, doch die dreidimensionalen Mannigfaltigkeiten blieben etwas Besonderes. Es gab viele falsche Beweise, bis man im Jahre 2002 erkannte, dass Grigori Perelman vom Steklov-Institut in St. Petersburg die Vermutung schließlich bewiesen hatte. Ebenso wie bei den Lösungen zu anderen großen Problemen der Mathematik, lagen die Verfahren für den Beweis der Poincaré-Vermutung außerhalb des unmittelbaren Gebiets, in diesem Fall hingen sie mit der Diffusion von Wärme zusammen.

Von Donuts zu Kaffeetassen

24 Dimensionen

Leonardo da Vinci schrieb in seinen Aufzeichnungen: »Die Wissenschaft der Malerei beginnt mit dem Punkt, dann kommt die Linie, als drittes die Ebene und als viertes der Körper mit seiner Hülle aus Ebenen.« In da Vincis Hierarchie hat der Punkt die Dimension null, die Linie ist eindimensional, die Ebene zweidimensional und der Raum dreidimensional. Was könnte selbstverständlicher sein? Auf diese Weise wurden der Punkt, die Linie, die Ebene und die Geometrie der Körper von dem griechischen Geometer Euklid eingeführt, und Leonardo folgte nur Euklids Darstellung.

Seit Jahrtausenden empfinden wir unseren Raum als dreidimensional. Im physikalischen Raum können wir uns entlang der x-Achse *aus* dieser Seite herausbewegen, oder auch entlang der y-Achse von *links* nach *rechts* bewegen bzw. entlang der z-Achse von *unten* nach *oben*. In Bezug auf den Ursprung (wo sich die drei Achsen treffen) gehört zu jedem Punkt ein Satz von räumlichen Koordinaten, der durch die Werte x, y, und z festgelegt ist und in der Form (x, y, z) geschrieben wird.

Bei einem Würfel sind diese drei Dimensionen offensichtlich, ebenso bei jedem anderen starren Körper. In der Schule lernen wir gewöhnlich die ebene zweidimensionale Geometrie und manchmal auch die dreidimensionale Geometrie der Körper.

Anfang des 19. Jahrhunderts begannen einige Mathematiker, sich mit vier Dimensionen zu beschäftigen, und teilweise untersuchten sie sogar höherdimensionale Räume. Viele Philosophen und Mathematiker fragten sich, ob es höhere Dimensionen tatsächlich geben könnte.

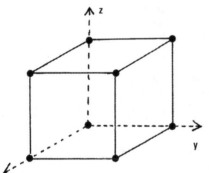

Der dreidimensionale Raum

Höhere physikalische Dimensionen In der Vergangenheit gab es viele führende Mathematiker, die davon überzeugt waren, dass sich vier Dimensionen nicht vorstellen lassen. Sie bezweifelten die Realität von vier Dimensionen und suchten nach Beweisen dafür.

Zeitleiste

ca. 300 v. Chr.

Euklid beschreibt eine dreidimensionale Welt

1877 n. Chr.

Cantor ist von seinen kontroversen Entdeckungen in der Theorie der Dimensionen überrascht

Umgekehrt konnte man den Schritt von drei nach vier Dimensionen veranschaulichen, indem man sich in zwei Dimensionen zurückzog. Im Jahre 1884 verfasste der englische Lehrer und Theologe Edwin Abbott ein sehr populäres Buch über „Flachlandbewohner", die in einer zweidimensionalen Ebene lebten. Sie konnten Dreiecke, Quadrate oder Kreise nicht unmittelbar beobachten, obwohl es diese Figuren in *Flachland* gab, weil sie sich nicht in die dritte Dimension begeben und auf diese Objekte schauen konnten. Ihre Vorstellungsmöglichkeiten waren sehr eingeschränkt. Für sie war der Gedanke an eine dritte Dimension ähnlich unvorstellbar wie für uns die vierte Dimension. Doch durch seine Geschichte konnte Abbott seinen Lesern die Möglichkeit einer vierten Dimension näherbringen.

Ausgelöst durch die Einstein'sche Relativitätstheorie begann man verstärkt über die tatsächliche Existenz eines vierdimensionalen Raumes nachzudenken. Vierdimensionale Geometrie wurde anschaulicher und sogar verständlicher, weil in Einsteins Modell die zusätzliche Dimension die Zeit ist. Im Gegensatz zur Vorstellung von Newton, war für Einstein die Zeit eng mit dem Raum in einem vierdimensionalen Raumzeitkontinuum verbunden. Nach Einsteins Theorie leben wir in einer vierdimensionalen Welt mit vier Koordinaten (x, y, z, t), wobei t die Zeit bezeichnet.

Heute erscheint uns die vierdimensionale Welt Einsteins eher harmlos und als allgemein akzeptierte Tatsache. In jüngerer Zeit wird in der Physik ein Modell für die Realität diskutiert, das auf „Strings" beruht. In dieser Theorie sind die vertrauten Teilchen, wie die Elektronen, nur die beobachtbaren Erscheinungen von außerordentlich winzigen und schnell schwingenden Saiten. In der Stringtheorie muss das vierdimensionale Raumzeitkontinuum durch eine höherdimensionale Raumzeit ersetzt werden. Nach dem heutigen Stand der Dinge muss die Dimension der zugehörigen Raumzeit für Strings entweder 10, 11 oder 26 sein, je nach den zusätzlichen Annahmen, die man in die Theorie steckt, oder dem persönlichen Standpunkt.

Diese Angelegenheit könnte durch einen 2 000 Tonnen schweren Magneten am CERN in der Nähe von Genf geklärt werden, der dazu dient, Teilchen mit sehr hohen Geschwindigkeiten aufeinander zu schießen. In solchen Experimenten möchte man in erster Linie die Struktur der Materie untersuchen, doch in diesem Zusammenhang könnte man auch zu einer besseren Theorie und der „richtigen" Antwort bezüglich der Dimensionalität der Raumzeit geführt werden. Die größte Aussicht auf Erfolg scheinen derzeit Theorien zu haben, nach denen wir in einer 11-dimensionalen Raumzeit leben.

Hyperräume   Im Gegensatz zu höherdimensionalen physikalischen Räumen kann ein *mathematischer Raum* problemlos mehr als drei Dimensionen haben. Seit Anfang des 19. Jahrhunderts haben die Mathematiker soweit möglich mit n Variablen gearbeitet. Georg Green, ein Müller aus Nottingham, beschäftigte sich mit der Mathematik der Elektrizität. Er und viele reine Mathematiker, wie A. L. Cauchy, Arthur Cayley und

1909

Brouwers Arbeiten
ändern unsere
Vorstellungen von
Dimension

1919

Hausdorff führt das Konzept
von nicht ganzzahligen „Haus-
dorff-Dimensionen" ein

1970

Nach der Stringtheorie hat
unser Universum 10, 11
oder 26 Dimensionen

Hermann Grassmann, versuchten ihre Mathematik in n-dimensionalen Hyperräumen zu formulieren. Es schien keinen Grund zu geben, die Mathematik auf drei Dimensionen zu beschränken und damit auf die Vorteile zu verzichten, die eine Betrachtung allgemeiner Dimensionen in Bezug auf Eleganz und Klarheit mit sich brachte.

Das Konzept von n Dimensionen beruht auf einer einfachen Erweiterung der dreidimensionalen Koordinaten (x, y, z) zu einer beliebigen Anzahl von Variablen. In zwei Dimensionen lässt sich ein Kreis durch die Gleichung $x^2 + y^2 = 1$ beschreiben. Eine Kugeloberfläche in drei Dimensionen erfüllt die Gleichung $x^2 + y^2 + z^2 = 1$. Weshalb sollte man also eine Hypersphäre in vier Dimensionen nicht durch die Gleichung $x^2 + y^2 + z^2 + w^2 = 1$ beschreiben?

Die acht Eckpunkte eines Würfels in drei Dimensionen haben die Koordinaten (x, y, z), wobei x, y und z jeweils die Werte 0 oder 1 annehmen können. Der Würfel hat sechs Flächen, die jeweils die Form eines Quadrats haben, und es gibt $2 \times 2 \times 2 = 8$ Eckpunkte. Wie könnte ein vierdimensionaler Würfel aussehen? Seine Eckpunkte haben die Koordinaten (x, y, z, w), wobei x, y, z und w jeweils die Werte 0 oder 1 haben können. Also gibt es $2 \times 2 \times 2 \times 2 = 16$ Eckpunkte des vierdimensionalen Würfels und acht Seiten, die jeweils die Form eines Würfels haben. Wir können diesen vierdimensionalen Würfel nicht wirklich sehen, aber wir können eine Zeichnung von einer Projektion des vierdimensionalen Würfels auf die Ebene anfertigen. Man erkennt so gerade eben die kubischen Seiten.

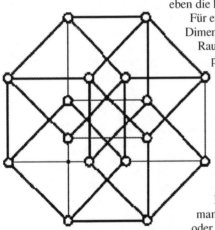

Ein vierdimensionaler Würfel

Für einen Mathematiker ist ein mathematischer Raum mit vielen Dimensionen nichts Besonderes. Es geht nicht darum, ob ein solcher Raum tatsächlich existiert, obwohl man ihn sich in einer idealen platonischen Welt vorstellen könnte. Bei dem großen Problem der Klassifikation von Gruppen (▶ Kapitel 38) beschreibt zum Beispiel die „Monster-Gruppe" die Symmetrie eines mathematischen Raumes in 196 883 Dimensionen. Wir können diesen Raum nicht in derselben Weise wie unseren gewöhnlichen dreidimensionalen Raum veranschaulichen, doch man kann Vorstellungen entwickeln und insbesondere im Rahmen der modernen Algebra ebenso exakt damit umgehen.

In der Physik verwendet man oft einen Dimensionsbegriff, der nur bedingt etwas mit der Dimensionalität eines Raumes in der Mathematik zu tun hat. Üblicherweise muss man in der Physik für Größen wie die Masse M, die Länge L oder die Zeit T gewisse Einheiten verwenden. Mithilfe von Dimensionsanalysen kann der Physiker überprüfen, ob eine Gleichung überhaupt sinnvoll ist, denn auf beiden Seiten der Gleichung müssen dieselben Dimensionen stehen.

Erhält man nach einer langen Rechnung als Ergebnis Kraft = Geschwindigkeit, so hat man einen Fehler gemacht. Die Einheit der Geschwindigkeit ist Meter pro Sekunde, also hat die Geschwindigkeit die Dimension Länge dividiert durch Zeit oder L/T, was wir auch in der Form LT^{-1} schreiben. Kraft ist dasselbe wie Masse mal Beschleunigung, und da die Beschleunigung in Metern pro Sekunde pro Sekunde gemessen wird, hat Kraft die Dimension MLT^{-2}.

Menschliche Koordinaten

Auch Menschen sind mehrdimensionale Wesen. Ein Mensch besitzt wesentlich mehr „Koordinaten" als nur drei. Wir könnten beispielsweise (a, b, c, d, e, f, g, h) für Alter, Größe, Gewicht, Geschlecht, Schuhgröße, Augenfarbe, Haarfarbe, Nationalität usw. verwenden. Statt geometrischer Punkte hätten wir Menschen. Wenn wir uns auf diesen achtdimensionalen „Raum" von Menschen beschränken, hätte John Doe vielleicht die Koordinaten (43 Jahre, 165 cm, 83 kg, männlich, 43, blau, blond, dänisch) und die Koordinaten von Mary Smith wären (26 Jahre, 157 cm, 56 kg, weiblich, 38, braun, brünett, englisch).

Topologie   Die mathematische Dimensionstheorie ist Teil der allgemeinen Topologie. Andere Konzepte von Dimensionen lassen sich unabhängig im Zusammenhang mit abstrakten mathematischen Räumen definieren. Eine wichtige Aufgabe besteht darin, die Zusammenhänge zwischen diesen unterschiedlichen Konzepten aufzuzeigen. In verschiedenen Bereichen der Mathematik haben sich führende Köpfe mit der Bedeutung von „Dimension" beschäftigt, unter anderem Henri Lebesgue, L. E. J. Brouwer, Karl Menger, Paul Urysohn und Leopold Vietoris (bis vor Kurzem die älteste Person in Österreich; er starb 2002 im Alter von 110 Jahren).

Der Klassiker auf diesem Gebiet ist das Buch *Dimension Theory*, das 1948 von Witold Hurewicz und Henry Wallmann veröffentlicht wurde. Es gilt immer noch als ein herausragendes Werk für unser Konzept und Verständnis von Dimension.

Dimensionen in allen Formen   Ausgehend von den drei Dimensionen der Griechen wurde das Konzept der Dimension kritisch analysiert und erweitert.

Der Übergang zu beliebigen Dimensionen mathematischer Räume erfolgte problemlos. Die Physiker haben Theorien eines vierdimensionalen Raumzeitkontinuums entwickelt, und neuere Versionen der Stringtheorie (siehe oben) fordern sogar 10, 11 oder 26 Dimensionen für die Raumzeit. Es gab auch Ausflüge in nicht ganzzahlige Dimensionen (sogenannte fraktale Dimensionen, ▶ Kapitel 25), wo verschiedene Maße untersucht wurden. Hilbert entwickelte einen unendlich dimensionalen mathematischen Raum, der heute zu den Grundkonzepten der reinen Mathematik gehört. Der Dimensionsbegriff ist wesentlich reichhaltiger als nur das „eins, zwei, drei" der Euklidischen Geometrie.

Jenseits der dritten Dimension

25 Fraktale

März 1980: Der damalige Supercomputer am IBM-Forschungszentrum in Yorktown Heights im Staate New York schickt seine Instruktionen an einen veralteten Tektronix-Drucker. Pflichtbewusst platziert dieser Punkte an die erstaunlichsten Stellen auf einem weißen Blatt Papier, und als das Geklapper endlich aufhört, erscheint das Ergebnis zunächst wie eine auf das Papier geworfene Handvoll Staub. Benoît Mandelbrot reibt sich ungläubig seine Augen. Er erkennt sofort die Bedeutung, doch worum handelt es sich? Das Bild vor seinen Augen wird immer klarer, wie das Bild auf einer fotografischen Platte im Entwicklerbad. Es war der erste Blick auf das Symbol der neuen Welt der Fraktale – die Mandelbrot-Menge.

Diese Arbeit war experimentelle Mathematik in Reinform. Wie der Physiker und Chemiker hatte jetzt auch der Mathematiker seinen Laborplatz. Er führte Experimente durch, und im wahrsten Sinne des Wortes eröffneten sich neue Blickwinkel. Es war wie eine Befreiung aus dem trockenen Gebiet der „Definitionen, Theoreme, Beweise", auch wenn später eine Rückkehr zu der strengen logischen Beweisführung erfolgen musste.

Dieser experimentelle Zugang hatte den Nachteil, dass die visuellen Bilder den theoretischen Grundlagen vorangingen. Die Experimentalisten kreuzten die Meere ohne eine Karte. Mandelbrot hatte den Begriff der „Fraktale" geprägt, doch worum handelte es sich dabei? Gab es eine exakte Definition im Sinne der herkömmlichen Mathematik? Zunächst wollte Mandelbrot diese Richtung nicht einschlagen. Er wollte den Zauber der Erfahrung nicht durch eine strenge Definition zerstören, die sich später als unangebracht und zu einschränkend erweisen könnte. Er empfand das Konzept eines Fraktals »wie einen guten Wein, der erst reifen muss, bevor er abgefüllt wird«.

Die Mandelbrot-Menge   Mandelbrot und seine Kollegen waren keine weltfremden Mathematiker. Sie spielten mit den einfachsten Formeln herum. Die eigentliche Idee lag in der Iteration – der wiederholten Hintereinanderausführung einer Formel. Die Formel, die zur Mandelbrot-Menge führte, war einfach $x^2 + c$.

Zunächst wählen wir einen Wert für c, sagen wir $c = 0{,}5$. Wir beginnen mit $x = 0$ und setzen dies in die Formel $x^2 + 0{,}5$ ein. Wir erhalten 0,5. Nun setzen wir diesen Wert für x wieder in die Formel $x^2 + 0{,}5$ ein und erhalten nach einer kurzen Rechnung

1879 n. Chr.

Cayley arbeitet an Vorläufern der
modernen Fraktale

1904

von Koch entdeckt seine
Schneeflockenkurve

$(0,5)^2 + 0,5 = 0,75$. Wir machen weiter und erhalten im nächsten Schritt $(0,75)^2 + 0,5 = 1,0625$. Diese Rechnungen lassen sich noch mit einem einfachen Taschenrechner durchführen. Wenn wir auf diese Weise fortfahren, werden wir feststellen, dass das Ergebnis immer größer wird.

Nehmen wir für c einen anderen Wert, beispielsweise $c = -0,5$. Wie vorher beginnen wir bei $x = 0$, setzen das in $x^2 - 0,5$ ein und erhalten $-0,5$. Im nächsten Schritt erhalten wir $-0,25$, doch dieses Mal werden die Zahlen nicht zunehmend größer, sondern nähern sich nach einigem Hin und Her einem Wert bei $-0,3660...$

Die Zahlen der bei $x = 0$ beginnenden Folge werden für den Wert $c = 0,5$ immer größer und gehen schließlich nach unendlich, doch für $c = -0,5$ finden wir, dass die bei $x = 0$ beginnende Zahlenfolge schließlich zu einem Wert nahe $-0,3660...$ konvergiert. Die Mandelbrot-Menge besteht aus genau den Werten von c, für die die Folge (bei $x = 0$ beginnend) *nicht* nach unendlich entweicht.

Das ist allerdings noch nicht die ganze Geschichte. Bisher haben wir nur die eindimensionalen reellen Zahlen betrachtet, die auf eine eindimensionale Mandelbrot-Menge führen, der wir nicht allzu viel ansehen würden. Wir müssen dieselbe Formel $z^2 + c$ für zweidimensionale komplexe Werte c und z betrachten (►Kapitel 8). Das führt uns zu der zweidimensionalen Mandelbrot-Menge.

Für manche Werte von c in der Mandelbrot-Menge macht die Folge der z's alle möglichen seltsamen Dinge, zum Beispiel springt sie zwischen einigen Punkten immer hin und her, aber die Zahlen werden nicht beliebig groß. In der Mandelbrot-Menge erkennen wir noch eine weitere wichtige Eigenschaft von Fraktalen: die Selbstähnlichkeit. Wenn man in die Menge hineinzoomt, kann man den Vergrößerungsfaktor nicht mehr erkennen, denn man findet immer wieder neue Mandelbrot-Mengen.

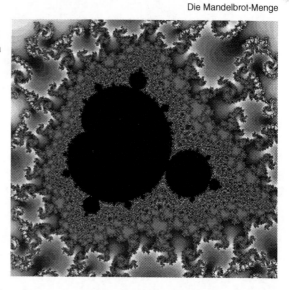

Die Mandelbrot-Menge

Die Zeit vor Mandelbrot

Wie bei den meisten Dingen in der Mathematik, sind außergewöhnliche Entdeckungen nie wirklich vollkommen neu. Als Mandelbrot in der Geschichte der Mathematik stöberte, fand er Hinweise darauf, dass schon Mathematiker wie Henri Poincaré und Arthur Cayley rund hundert Jahre vor ihm eine wage Vorstellung von ähnlichen Ideen hatten. Leider standen ihnen damals noch keine Computer zur Verfügung, mit denen sie die Angelegenheit hätten weiterverfolgen können.

1918
Hausdorff führt das Konzept einer fraktalen Dimension ein

1919
Julia und Fatou untersuchen fraktale Strukturen in der komplexen Ebene

1975
Mandelbrot führt den Begriff des Fraktals ein

Damals, bei der ersten Welle fraktaler Theorien, war man meist auf besonders gefaltete Kurven oder „Monster-Kurven" gestoßen. Man hatte sie ursprünglich als Beispiele für pathologische Kurven angesehen. Gerade wegen ihrer Pathologie wurden sie ins mathematische Kuriositätenkabinett verbannt, und man schenkte ihnen keine weitere Aufmerksamkeit. Damals interessierte man sich für normale „glatte" Kurven, bei denen man die Methoden der Differenzialrechnung anwenden konnte. Je populärer die Fraktale wurden, umso mehr alte Arbeiten entdeckte man zu diesem Thema, beispielsweise von Mathematikern wie Gaston Julia und Pierre Fatou, die sich in den Jahren nach dem Ersten Weltkrieg mit fraktalähnlichen Strukturen in der komplexen Ebene beschäftigt hatten. Damals nannten sie ihre Kurven natürlich noch nicht Fraktale, und sie hatten auch nicht die technischen Möglichkeiten, die teilweise bizarren Formen wirklich zu erkennen.

Das erzeugende Element der Koch'schen Schneeflocke

Weitere berühmte Fraktale Die bekannte Koch-Kurve ist nach dem schwedischen Mathematiker Niels Fabian Helge von Koch benannt. Bei dieser Schneeflockenkurve handelt es sich praktisch um die erste fraktale Kurve. Auch sie entsteht durch eine Iteration, das heißt durch die wiederholte Hintereinanderausführung derselben Vorschrift. Man beginnt mit einer Seite eines gleichseitigen Dreiecks als Grundelement, unterteilt dieses in drei gleiche Teile der Länge ⅓ und errichtet über dem mittleren Teil ein neues Dreieck.

Die Koch-Kurve hat die seltsame Eigenschaft, dass ihre Fläche endlich ist, weil sie immer innerhalb eines Kreises bleibt, dass ihre Länge aber bei jedem neuen Schritt zunimmt. Es handelt sich um eine Kurve, die eine endliche Fläche umschließt, allerdings „unendlich" lang ist!

Die Koch'sche Schneeflocke

Ein weiteres berühmtes Fraktal ist nach dem polnischen Mathematiker Waclaw Sierpiński benannt. In diesem Fall beginnt man mit einem gleichseitigen Dreieck und entfernt aus der Mitte dieses Dreiecks ein auf dem Kopf stehendes kleineres gleichseitiges Dreieck. Durch wiederholte Anwendung dieser Vorschrift gelangt man schließlich zum Sierpiński-Dreieck (ein anderes Verfahren, dieses Fraktal zu erzeugen, wurde in ▶Kapitel 13 besprochen).

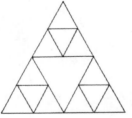

Das Sierpiński-Dreieck3

Fraktale Dimensionen   Felix Hausdorff entwickelte einen vollkommen neuen Dimensionsbegriff, der auf einem Skalenverhalten beruht. Wenn eine Linie um einen Faktor 3 skaliert wird, ist sie 3-mal so lang wie vorher. Da $3 = 3^1$, sagt man, eine Linie hat die Dimension 1. Wird ein Quadrat um einen Faktor 3 skaliert, ist seine Fläche 9-mal so groß wie ursprünglich, und da $9 = 3^2$, sagt man, die Dimension ist 2. Wird ein Würfel um diesen Faktor skaliert, ist sein neues Volumen 27 oder 3^3-mal das ursprüngliche Volumen, also ist die Dimension 3. Diese Werte für die Hausdorff-Dimension stimmen mit unseren Vorstellungen von einer Linie, Fläche oder einem Volumen überein.

Wenn man jedoch die Grundeinheit der Koch-Kurve um einen Faktor 3 skaliert, wird die Kurve 4-mal länger als vorher. Wenn wir der obigen Vorschrift folgen, ergibt sich die Hausdorff-Dimension D in diesem Fall aus der Bedingung $4 = 3^D$. Das führt auf die Gleichung

$$D = \frac{\log 4}{\log 3}$$

Damit ist die Dimension D der Koch-Kurve ungefähr 1,262. Bei Fraktalen ist die Hausdorff-Dimension häufig größer als die gewöhnliche Dimension, die bei der Koch-Kurve den Wert 1 hat.

Die Hausdorff-Dimension wurde schließlich zum entscheidenden Kriterium für Mandelbrots Definition eines Fraktals: Ein Fraktal ist eine Punktmenge, deren Wert für D keine ganze Zahl ist. Die nicht ganzzahligen Dimensionen wurden somit die definierende Eigenschaft für Fraktale.

Anwendungen von Fraktalen   Fraktale haben viele praktische Anwendungsgebiete. Sie könnten sich auch als die mathematischen Objekte erweisen, mit denen sich natürliche Vorgänge wie das Wachstum von Pflanzen oder die Entstehung von Wolken beschreiben lassen.

Fraktale wurden bereits erfolgreich zur Beschreibung des Wachstums von Meeresorganismen wie Korallen oder Schwämmen herangezogen. Auch das Wachstum moderner Städte zeigt Ähnlichkeiten zu fraktalem Wachstum. In der Medizin finden sich Anwendungen im Bereich der Modellierung von Gehirnaktivitäten. Außerdem wurden die fraktalen Eigenschaften der Bewegungen von Aktien- oder Wechselkursmärkten untersucht. Die Arbeit von Mandelbrot eröffnete ein vollkommen neues Fenster, und es gibt immer noch viel zu entdecken.

Worum es geht
Formen mit fraktalen Dimensionen

26 Chaos

Wie könnte wohl eine Theorie des Chaos aussehen? Chaos scheint genau das zu sein, das sich nicht durch eine Theorie beschreiben lässt. Die Geschichte geht auf das Jahr 1812 zurück. Während Napoleon seine Truppen auf Moskau zu bewegte, veröffentlichte sein Landsmann Marquis Pierre-Simon de Laplace eine Abhandlung über das deterministische Universum: Wenn zu einem gegebenen Augenblick die Orte und Geschwindigkeiten sämtlicher Gegenstände im Universum bekannt wären, ebenso wie die auf diese Gegenstände einwirkenden Kräfte, dann könnte man diese Größen für alle Zukunft berechnen. Das Universum und alle Objekte in ihm wären vollkommenen determiniert. Die Chaostheorie beweist, dass die Welt doch komplizierter ist als diese Vorstellung.

In der Praxis können wir die Orte, Geschwindigkeiten und Kräfte niemals vollkommen exakt kennen, doch Laplace war der Überzeugung, dass das Universum sich auch nicht sehr viel anders verhalten würde, wenn uns diese Werte zu einem gegebenen Zeitpunkt nur näherungsweise bekannt wären. Das erschien vernünftig, denn ein 100-Meter-Läufer, der nach dem Pistolenschuss eine Zehntelsekunde verspätet losläuft, erreicht das Ziel auch mit einer Zehntelsekunde Verzögerung im Vergleich zur üblichen Zeit. Man war der Überzeugung, dass kleine Ungenauigkeiten in den Anfangsbedingungen auch nur zu kleinen Unsicherheiten in den Endergebnissen führen würden. Die Chaostheorie ließ diese Vorstellung platzen.

Der Schmetterlingseffekt Der Schmetterlingseffekt verdeutlicht, wie ein winziger Unterschied in den Anfangsbedingungen ein im Vergleich zu den Vorhersagen vollkommen anderes Ergebnis zur Folge haben kann. Wenn für einen bestimmten Tag in Europa gutes Wetter vorhergesagt wurde, aber ein Schmetterling in Südamerika mit den Flügeln flattert, könnte das tatsächlich die Ursache für einen Sturm auf der anderen Erdseite sein. Das Flattern der Flügel verursacht winzige Veränderungen im Luftdruck, die schließlich zu einem völlig anderen Wetter als dem ursprünglich vorhergesagten führen können.

Wir können diese Überlegung durch ein einfaches mechanisches Experiment verdeutlichen. Lässt man eine Kugel von oben durch eine Öffnung in ein sogenanntes Galton-Brett fallen, wird sie beim Herunterrollen an den verschiedenen Hindernissen abgelenkt,

1812	1889
Laplace veröffentlicht seine Abhandlung über eine deterministische Welt	Bei seinen Untersuchungen des Dreikörperproblems stößt Poincaré auf chaotisches Verhalten und erhält dafür einen Preis des schwedischen Königs Oscar II.

bis sie schließlich in einem Fach am unteren Ende des Bretts zur Ruhe kommt. Nun können Sie versuchen, eine zweite identische Kugel an genau derselben Stelle mit derselben Geschwindigkeit in das Brett fallen zu lassen. Wären Sie tatsächlich dazu in der Lage, hätte Marquis de Laplace Recht, und der Weg der zweiten Kugel wäre identisch mit dem der ersten. Wenn die erste Kugel in das dritte Fach von rechts gefallen ist, müsste auch die zweite Kugel in dieses Fach fallen.

Eine solche Präzision ist natürlich unmöglich; man kann die Kugel nicht von genau derselben Ausgangslage mit genau derselben Geschwindigkeit und Kraft in das Brett fallen lassen. In Wirklichkeit gibt es einen winzigen Unterschied, der vielleicht noch nicht einmal messbar ist. Doch die Kugel folgt schließlich einem vollkommen anderen Weg und landet mit großer Wahrscheinlichkeit auch in einem anderen Fach.

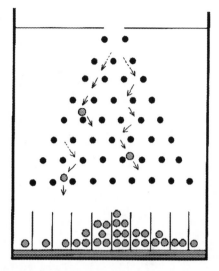

Das Galton-Brett

Ein einfaches Pendel
Das freie Pendel ist eines der einfachsten mechanischen Systeme. Während seiner Bewegung verliert es langsam an Energie. Die Auslenkungen von der Senkrechten und die (Winkel-)Geschwindigkeit werden kleiner, bis das Pendel schließlich senkrecht herunterhängt und in Ruhe bleibt.

Die Bewegung des Gewichts lässt sich in einem Phasendiagramm aufzeichnen. Auf der horizontalen Achse wird die Auslenkung (als Winkel) aufgetragen und auf der vertikalen Achse die Geschwindigkeit. Der Ausgangspunkt ist der Punkt A auf der positiven horizontalen Achse. Bei A hat die Auslenkung ihren Maximalwert und die Geschwindigkeit ist null. Wenn das Pendelgewicht durch die Senkrechte schwingt (wo die Auslenkung null ist), hat die Geschwindigkeit ihren Maximalwert, was im Phasendiagramm dem Punkt B entspricht. Bei C hat das Pendel auf der anderen Seite seine größte Auslenkung, der Winkel ist negativ und die Geschwindigkeit ist null. Das Pendel schwingt zurück durch den Punkt D (wo es sich in die andere Richtung bewegt, sodass die Geschwindigkeit negativ ist) und hat bei E eine vollständige Schwingung ausgeführt. Im Phasendiagramm entspricht das einer vollen Drehung um 360 Grad, doch weil die Schwingung nachlässt, befindet sich der Punkt E *innerhalb* der Ausgangslage. Die Auslenkung des Pendels wird immer kleiner. Im Phasendiagramm drückt sich das durch eine Spirallinie aus, die schließlich im Ursprung zur Ruhe kommt und endet.

Dieses einfache Verhalten findet man schon nicht mehr bei einem Doppelpendel, bei dem das Gewicht am unteren Ende eines Stabs hängt, der selbst wiederum über ein Gelenk mit einem anderen frei

Das freie Pendel.

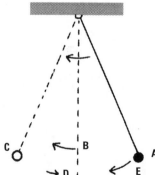

Geschwindigkeit

B

Auslenkung

C　E　A

D

Phasendiagramm für
ein einfaches Pendel

schwingenden Stab verbunden ist. Für kleine Auslenkungen gleicht die Bewegung des Doppelpendels dem einfachen Pendel, doch für große Auslenkungen kann das Gewicht hin- und hertaumeln und sogar rotieren, und die Auslenkung um das mittlere Gelenk ist scheinbar zufällig. Wenn die Bewegung nicht von außen angetrieben wird, kommt das Gewicht wieder zur Ruhe, allerdings ist die Kurve im Phasendiagramm wesentlich komplizierter als die Spirale des einfachen Pendels.

Chaotische Bewegung Chaotische Systeme haben die charakteristische Eigenschaft, dass sie zwar deterministisch sind, aber scheinbar zufällige Bewegungen ausführen. Betrachten wir als Beispiel die Iteration nach der Formel $a \times p \times (1 - p)$, wobei p für den relativen Anteil einer Population steht, gemessen auf einer Skala zwischen 0 und 1. Der Wert von a muss zwischen 0 und 4 liegen, damit der Wert von p bei der wiederholten Anwendung der Formel zwischen 0 und 1 bleibt.

Wir betrachten das Modell zunächst für einen Wert von $a = 2$. Der Anfangswert zum Zeitpunkt $t = 0$ sei $p = 0,3$, und wir wollen die Population zum Zeitpunkt $t = 1$ finden. Wir setzen $p = 0,3$ in die Formel $a \times p \times (1 - p)$ ein und erhalten 0,42. Mit einem Taschenrechner können wir diesen Vorgang wiederholen, diesmal mit $p = 0,42$, und erhalten als nächsten Wert 0,4872. Auf diese Weise können wir die Population zu späteren Zeitpunkten berechnen. Im vorliegenden Fall strebt der Wert rasch gegen $p = 0,5$, wo er auch bleibt. Solange a kleiner ist als 3, geht die Population immer gegen einen festen Wert, der sich dann nicht mehr verändert.

Wenn wir jedoch $a = 3,9$ wählen, also einen Wert in der Nähe des möglichen Maximalwerts, und mit derselben Anfangspopulation $p = 0,3$ beginnen, strebt diese Population nicht gegen einen festen Wert, sondern oszilliert wild umher. Der Grund ist, dass a im „chaotischen Bereich" liegt, das bedeutet in diesem Fall, der Wert von a ist größer als 3,57. Wenn wir außerdem einen anderen Anfangswert für die Population wählen, beispielsweise $p = 0,29$, was ziemlich nahe an dem vorherigen Wert 0,3 liegt, wird das Verhalten der Population für die ersten paar Schritte dem alten gleichen, doch dann ziemlich bald vollkommen anders verlaufen. Genau dieses Verhalten fand auch Edward Lorenz im Jahre 1961.

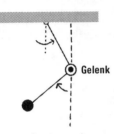

Gelenk

Bewegung eines
Doppelpendels

Zeitliches Verhalten
einer Population für
$a = 3,9$

1,0

0,5

0,30
0,29

Zeit

0　1　2　3　4　5　6　7　8　9　10　11　12　13　14

Wettervorhersagen Selbst mit den besten Computern können wir das Wetter für kaum mehr als wenige Tage vorhersagen. Und selbst bei einer Wettervorhersage von wenigen Tagen sind wir vor

Von der Meteorologie zur Mathematik

Die Entdeckung des Schmetterlingseffekts erfolgte durch Zufall um das Jahr 1961. Während sich der Meteorologe Edward Lorenz am MIT eine Tasse Kaffee holen ging, ließ er seinen Computer weiterlaufen. Bei seiner Rückkehr fand er etwas Unerwartetes. Ursprünglich wollte er einige Bilder zum Wetterverhalten neu erstellen, doch die neuen Graphen waren völlig anders als erwartet. Das war seltsam, denn er hatte eigentlich dieselben Anfangswerte wie bei einer früheren Rechnung eingegeben, und die Bilder sollten somit dieselben

sein. War es an der Zeit, den alten Computer auszurangieren und sich einen neuen zuzulegen?

Nach einigem Nachdenken entdeckte er einen Unterschied in der Art, wie er die Anfangswerte eingegeben hatte: Ursprünglich hatte er sechs Dezimalstellen angegeben, doch bei der Wiederholung hatte er sich mit drei Dezimalstellen zufriedengegeben. Der Unterschied war gewaltig und führte zum Begriff des „Schmetterlingseffekts". Nach dieser Entdeckung entwickelte Lorenz ein größeres Interesse an der reinen Mathematik.

Überraschungen nicht sicher. Der mathematische Grund dafür ist, dass die Gleichungen für die Wettervorhersage nichtlinear sind. Es treten nicht nur einfach die Variablen auf, sondern auch Produkte der Variablen mit sich selbst.

Zwei Personen haben praktisch unabhängig voneinander die mathematische Theorie hinter den Wettervorhersagen entdeckt: der französische Ingenieur Claude Navier im Jahre 1821 und der englische mathematische Physiker George Gabriel Stokes im Jahre 1845. Die daraus resultierenden Navier-Stokes-Gleichungen sind für den Wissenschaftler von größtem Interesse. Das Clay Mathematics Institute in Cambridge, Massachusetts, hat einen Preis in Höhe von einer Million Dollar ausgeschrieben für die Person, die einen wesentlichen Fortschritt zur Entwicklung einer mathematischen Theorie dieser Gleichungen liefert. Man weiß heute viel über das gleichmäßige Fließverhalten der Luft in der oberen Atmosphäre. Doch die Luftströme in der Nähe der Erdoberfläche erzeugen Turbulenzen und chaotisches Verhalten, deren Auswirkungen größtenteils unbekannt sind.

Während man lineare Gleichungssysteme allgemein lösen kann, enthalten Navier-Stokes-Gleichungen nichtlineare Terme, die sie für viele Fälle unlösbar machen. Der einzige praktische Weg zur Lösung ist das numerische Verfahren mit sehr großen Computern.

Seltsame Attraktoren Dynamische Systeme können in ihren Phasendiagrammen sogenannte „Attraktoren" besitzen. Beim einfachen Pendel besteht der Attraktor aus dem einzelnen Punkt im Ursprung, auf den die Bewegung zuläuft. Beim Doppelpendel sind die Verhältnisse schon komplizierter, doch auch hier beobachtet man Regelmäßigkeiten und die Bewegung endet schließlich in einzelnen Punkten des Phasendiagramms. Bei noch komplizierteren Systemen kann die Menge von Punkten, in denen das System schließlich landet, auch die Form eines Fraktals haben (▶Kapitel 25). In diesem Fall spricht man von „seltsamen" Attraktoren, die eine bestimmte mathematische Struktur besitzen. Es ist also nicht alles verloren. In der neuen Chaostheorie erweist sich das Chaos teilweise als sehr regulär.

Gesetzmäßigkeiten im Chaos

27 Das Parallelen- postulat

Diese ereignisreiche Geschichte beginnt mit einer einfachen geometrischen Situation. Man stelle sich eine Linie *l* vor und einen Punkt *P*, der sich nicht auf dieser Linie befindet. Wie viele Linien können wir durch *P* zeichnen, die parallel zu *l* sind? Es scheint offensichtlich, dass es nur eine Linie durch *P* gibt, welche die Linie *l* niemals schneidet, gleichgültig wie weit man sie zu jeder Seite fortsetzt. Diese Beobachtung erscheint so selbstverständlich und in Übereinstimmung mit der Anschauung, dass sie keiner weiteren Erklärung bedarf. Euklid von Alexandrien nahm in seinen *Elementen* eine äquivalente Aussage in seine Liste von Postulaten zur Begründung der Geometrie auf.

$$P$$
$$\infty$$

—————————————— *l*

Die Anschauung ist nicht immer ein verlässlicher Führer. Wir werden sehen, ob Euklids Annahme mathematisch sinnvoll ist.

Euklids *Elemente* Die euklidische Geometrie ist in den 13 Büchern der *Elemente* dargelegt, die um 300 v. Chr. geschrieben wurden. Es handelt sich dabei um einen der einflussreichsten mathematischen Texte, die jemals verfasst wurden, und die griechischen Mathematiker bezogen sich ständig auf diese erste systematische Formulierung der Geometrie. Spätere Gelehrte studierten und übersetzten die vorhandenen Manuskripte, und so wurden die *Elemente* durch die Jahrtausende weitergereicht und als Paradebeispiel strenger Geometrie gepriesen.

Die *Elemente* fanden auch ihren Eingang in die Schulen, und Auszüge aus dem „heiligen Buch" dienten als Vorlage für die Vermittlung von Geometrie. Allerdings erwies sich der Text für Kinder eher als ungeeignet. Der Dichter A. C. Hilton spottete einmal, dass Auswendiglernerei nicht gleichbedeutend mit wirklicher Erkenntnis sei. Man könnte einwerfen, dass Euklid für Erwachsene und nicht für Kinder geschrieben hat. Seinen

Zeitleiste

ca. **300** v. Chr.	**1829–1831**
Euklid formuliert das Parallelenpostulat in seinen *Elementen*	Lobatschewski und Bolyai veröffentlichen ihre Arbeiten über hyperbolische Geometrien

---

Euklids Postulate

Eine der Besonderheiten der Mathematik ist, dass man aus wenigen Annahmen ganze Theorien ableiten kann. Euklids Postulate sind dafür ein ausgezeichnetes Beispiel, das außerdem die Maßstäbe für spätere axiomatische Systeme setzte. Seine fünf Postulate bestehen in den folgenden Forderungen:

1. Man kann von jedem Punkt nach jedem Punkt eine gerade Linie ziehen.

2. Man kann eine begrenzte gerade Linie zusammenhängend gerade verlängern.

3. Man kann mit jedem Mittelpunkt und Radius einen Kreis zeichnen.

4. Alle rechten Winkel sind einander gleich.

5. Wenn eine gerade Linie beim Schnitt mit zwei geraden Linien bewirkt, dass innen auf derselben Seite entstehende Winkel zusammen klei-

ner als zwei rechte Winkel werden, dann treffen sich die zwei geraden Linien bei Verlängerung ins Unendliche auf der Seite, auf der die Winkel liegen, die zusammen kleiner als zwei rechte Winkel sind.

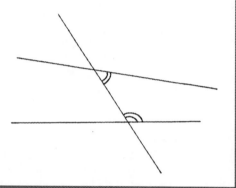

---

größten schulischen Einfluss erreichte Euklid im 19. Jahrhundert, und noch heute sind seine *Elemente* für Mathematiker eine Herausforderung.

Das Besondere an Euklids *Elementen* ist der Stil – die Darstellung der Geometrie als eine Folge von bewiesenen Aussagen. Sherlock Holmes hätte die streng logischen Schlussfolgerungen aus klar formulierten Postulaten bewundert, und er hätte Dr. Watson vielleicht vorgeworfen, die Schönheit dieses „kalten, gefühllosen Systems" nicht zu erkennen.

Das Gebäude der euklidischen Geometrie beruht auf den Postulaten (die wir heute Axiome nennen würden). Doch das war nicht genug. Euklid fügte noch „Definitionen" und „allgemeine Bemerkungen" hinzu. Die Definitionen umfassen solche Erklärungen wie „ein Punkt ist, was keine Teile hat" und „eine Linie [ist] breitenlose Länge". Die allgemeinen Bemerkungen enthalten Feststellungen wie „das Ganze ist größer als der Teil" und „was demselben gleich ist, ist auch einander gleich". Erst gegen Ende des 19. Jahrhunderts erkannte man, dass Euklid zusätzlich gewisse implizite Annahmen gemacht hatte.

Das fünfte Postulat Für die Dauer von über 2000 Jahren nach dem ersten Erscheinen der *Elemente* war das fünfte Postulat von Euklid immer wieder Anlass von Auseinandersetzungen. Schon allein der Stil – die Anzahl der Worte und die Schwerfälligkeit – ist anders als bei den ersten vier Postulaten. Euklid selbst war unzufrieden, doch er be-

---

1854
Riemann hält Vorlesungen über die Grundlagen der Geometrie

1872
Klein vereinheitlicht die Geometrie mithilfe der Gruppentheorie

1915
Einsteins Theorie der Allgemeinen Relativitätstheorie beruht auf Riemann'scher Geometrie

nötigte dieses Postulat für die Beweise von bestimmten Aussagen und nahm es in seine Liste auf. Er versuchte, es aus den anderen Postulaten abzuleiten, aber ohne Erfolg.

Später haben die Mathematiker entweder versucht, es zu beweisen, oder es durch ein einfacheres Postulat zu ersetzen. Im Jahre 1795 formulierte John Playfair es in einer bekannteren Form: Für eine Linie l und einen Punkt P, der sich nicht auf der Linie l befindet, gibt es genau eine Linie, die durch P geht und parallel zu l ist. Um dieselbe Zeit ersetzte Adrien Marie Legendre das Postulat durch eine andere äquivalente Version, indem er die Existenz eines Dreiecks forderte, dessen Winkel sich zu 180 Grad addieren. Diese neuen Formen des fünften Postulats mussten sich in gewisser Hinsicht den Vorwurf der Willkür gefallen lassen. Sie waren aber verständlicher als die umständliche Version von Euklid.

Eine andere Stoßrichtung bestand in dem Versuch, das fünfte Postulat aus den anderen Postulaten zu beweisen. Hierin lag eine große Anziehungskraft. Wenn sich nämlich ein Beweis finden lassen sollte, dann würde aus dem Postulat ein Theorem, und es würde aus der Schusslinie verschwinden. Leider erwiesen sich alle Versuche dieser Art als wunderbare Beispiele für Zirkelschlüsse. Es wurde stillschweigend das angenommen, was es zu beweisen galt.

Nichteuklidische Geometrien

Ein erster Durchbruch gelang den Arbeiten von Carl Friedrich Gauß, János Bolyai und Nikolai Ivanovich Lobatschewski. Gauß hatte seine Ergebnisse nicht veröffentlicht, doch es ist offensichtlich, dass er im Jahre 1817 zu entsprechenden Folgerungen gelangt war. Bolyai veröffentlichte seine Ergebnisse im Jahre 1831, doch unabhängig von ihm war Lobatschewski im Jahre 1829 zu ähnlichen Resultaten gelangt, wodurch ein Prioritätenstreit zwischen beiden ausgelöst wurde. Es besteht jedoch kein Zweifel an der Genialität aller drei Mathematiker. Im Grunde genommen hatten sie gezeigt, dass das fünfte Postulat unabhängig von den anderen vier Postulaten ist. Sie konnten zeigen, dass das System widerspruchsfrei bleibt, auch wenn man die Negation des fünften Postulats zu den anderen vier Postulaten hinzufügt.

Bolyai und Lobatschewski konstruierten eine neue Art der Geometrie, indem sie zuließen, dass es durch den Punkt P mehr als nur eine Linie gibt, welche die Linie l nicht trifft. Wie kann das sein? Die gestrichelten Linien in nebenstehender Abbildung treffen offensichtlich irgendwann auf l. Wenn wir so denken, verfallen wir unbewusst der euklidischen Sichtweise. Die Zeichnung ist daher irreführend, denn Bolyai und Lobatschewski hatten eine neue Art von Geometrie entwickelt, die nicht die Anschaulichkeit der euklidischen Geometrie besaß. Tatsächlich lässt sich ihre nichteuklidische Geometrie als eine Geometrie auf einer gekrümmten Fläche deuten, die man als Pseudosphäre bezeichnet.

Die kürzesten Verbindungswege zwischen Punkten auf einer Pseudosphäre spielen dieselbe Rolle, wie gerade Linien in der Geometrie von Euklid. Zu den Besonderheiten dieser nichteuklidischen Geometrie gehört, dass die Summe der Winkel in einem

Dreieck *kleiner* als 180 Grad ist. Diese Geometrie bezeichnet man als hyperbolische Geometrie.

Man kann das fünfte Postulat auch durch die Forderung ersetzen, dass *jede* Linie durch *P* die Linie *l* trifft. Mit anderen Worten, es gibt keine Linien durch den Punkt *P*, die parallel zu *l* sind. Diese Geometrie hat andere Eigenschaften als die Geometrie von Bolyai und Lobatschewski, aber es handelt sich trotzdem um eine zulässige Geometrie. Ein Modell ist die Geometrie auf einer Kugeloberfläche. In diesem Fall übernehmen die Großkreise (die denselben Umfang haben, wie die Kugel selbst) die Rolle der geraden Linien in der euklidischen Geometrie. In dieser nichteuklidischen Geometrie ist die Summe der Winkel in einem Dreieck immer *größer* als 180 Grad. Man spricht in diesem Fall von einer elliptischen Geometrie. Sie wird mit dem deutschen Mathematiker Bernhard Riemann in Beziehung gebracht, der sie um 1850 untersuchte.

Die Geometrie von Euklid war oft als die einzig wahre Geometrie bezeichnet worden. Nach den Worten von Immanuel Kant ist es die Geometrie unserer Anschauung – gleichsam angeboren. Nun war sie von ihrem Thron geworfen worden. Die euklidische Geometrie war nur eine unter vielen und lag zwischen der hyperbolischen und der elliptischen Geometrie. Im Jahre 1872 vereinheitlichte Felix Klein die verschiedenen geometrischen Systeme in einem konzeptuellen Rahmen. Die Entdeckung nichteuklidischer Geometrien war für die Mathematik ein revolutionäres Ereignis und ebnete den Weg zur Geometrie der Allgemeinen Relativitätstheorie von Einstein (▶Kapitel 48). Gerade die Allgemeine Relativitätstheorie erforderte eine neue Art der Geometrie – die Geometrie einer gekrümmten Raumzeit oder auch Riemann'sche Geometrie. Diese nichteuklidische Geometrie war nun die Erklärung, weshalb Dinge nach unten fallen, und nicht mehr die anziehenden Gravitationskräfte Newtons. Massive Gegenstände, wie die Erde oder die Sonne, können die Raumzeit krümmen. Eine kleine Murmel erzeugt auf einer dünnen Gummifläche eine Delle, doch bei Bowlingkugeln kommt es zu großen Verzerrungen.

Diese durch die Riemann'sche Geometrie gegebene Krümmung bestimmt, wie Lichtstrahlen in der Nähe massiver Objekte abgelenkt werden. Der gewöhnliche euklidische Raum zusammen mit der Zeit als unabhängige Komponente kann die Effekte der Allgemeinen Relativitätstheorie nicht mehr erklären, unter anderem, weil die euklidische Geometrie flach ist – es gibt keine Krümmung. Denken Sie an ein Blatt Papier auf einem Tisch. An jedem Punkt des Papiers ist die Krümmung null. Bei der Riemann'schen Geometrie der Raumzeit kann sich die Krümmung überall und ständig verändern, so wie die Krümmung eines verknüllten Kleidungsstücks an jedem Punkt eine andere ist. Es ist, als ob Sie vor einem gekrümmten Spiegel stehen – Ihr Spiegelbild hängt davon ab, an welcher Stelle Sie in den Spiegel blicken.

Kein Wunder, dass Gauß von dem jungen Riemann so beeindruckt war und sogar vermutete, dass die „Metaphysik" des Raumes durch diese Ideen revolutioniert würde.

Worum es geht
Was passiert, wenn sich parallele Linien treffen?

28 Diskrete Geometrien

Die Geometrie ist eines der ältesten Handwerke. Wörtlich bedeutet es Erd[*geo*]vermessung[*metron*]. In der gewöhnlichen Geometrie werden kontinuierliche Linien und zusammenhängende Körper untersucht; beides kann man sich aus Punkten zusammengesetzt vorstellen, die „unmittelbar nebeneinander" sind. In der diskreten Mathematik geht es nicht um die kontinuierlichen reellen Zahlen, sondern um ganze Zahlen. Diskrete Geometrie kann aus einer endlichen Anzahl von Punkten oder Linien bestehen oder aus einem Gitter von Punkten. Das Kontinuierliche wird durch das Isolierte ersetzt.

Ein Gitter oder Raster besteht typischerweise aus einer Menge von Punkten, deren Koordinaten ganze Zahlen sind. Diese Geometrie wirft interessante Probleme auf und findet Anwendung in unterschiedlichen Bereichen, angefangen bei einer Theorie der Nachrichtenverschlüsselung bis hin zur Planung wissenschaftlicher Experimente.

Stellen wir uns einen Leuchtturm vor, der einen Lichtstrahl aussendet. Der Lichtstrahl soll am Ursprungspunkt O beginnen und den Bereich zwischen der Horizontalen und Vertikalen überstreichen. Wir stellen uns die Frage, welche Strahlen auf welche Gitterpunkte treffen. (Bei den Gitterpunkten könnte es sich um Boote handeln, die in einem Hafen wohlgeordnet vor Anker liegen.)

Die Gitterpunkte in der *x*-*y*-Ebene

Die Gleichung eines Strahls durch den Ursprung ist $y = mx$. Diese Gleichung beschreibt eine gerade Linie durch den Ursprung mit der Steigung m. Für $y = 2x$ trifft der Strahl auf den Punkt mit den Koordinaten $x = 1$ und $y = 2$, denn diese Werte erfüllen die Gleichung. Wenn der Strahl einen Gitterpunkt mit $x = a$ und $y = b$ trifft, ist die Steigung m gleich dem Bruch b/a. Wenn m daher kein Bruch ist (beispielsweise $\sqrt{2}$), dann trifft der Strahl auch auf keinen Gitterpunkt.

Der Lichtstrahl $y = 2x$ trifft den Punkt A mit den Koordinaten $x = 1$ und $y = 2$, aber er trifft nicht den Punkt B mit den Koordinaten $x = 2$

Zeitleiste

1639
Pascal entdeckt mit 16 Jahren seinen Satz

1806
Brianchon findet das zum Satz von Pascal duale Theorem

und $y = 4$. Alle Punkte „hinter" A (wie auch der Punkt C mit den Koordinaten $x = 3$ und $y = 6$ oder D mit $x = 4$ und $y = 8$) liegen im Schatten. Wir versetzen uns in Gedanken in den Ursprung und versuchen auszumachen, welche Punkte man von dort aus sehen kann und welche nicht.

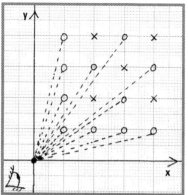

Wir können uns leicht überlegen, dass man vom Ursprung aus genau die Punkte sehen kann, deren Koordinaten $x = a$ und $y = b$ teilerfremd sind. Dazu gehört zum Beispiel der Punkt mit den Koordinaten $x = 2$ und $y = 3$. Außer 1 gibt es keine Zahl, die sowohl ein Teiler von x als auch von y ist. Die Punkte dahinter sind Vielfache, wie $x = 4$ und $y = 6$ oder $x = 6$ und $y = 9$.

Die Punkte ○ sind vom Ursprung aus „sichtbar", die Punkte × sind verdeckt

Der Satz von Pick Für zwei Dinge ist der österreichische Mathematiker Georg Pick berühmt. Zum einen war er ein Freund von Albert Einstein und hat wesentlich dazu beigetragen, dass dieser als junger Wissenschaftler 1911 an die deutsche Universität in Prag kam. Zum zweiten schrieb er einen im Jahre 1899 veröffentlichten kurzen Artikel zur „rechteckigen" Geometrie. Von einem umfangreichen Lebenswerk, das viele Bereiche der Mathematik überdeckt hat, bleibt er aufgrund eines kleinen Satzes im Gedächtnis, dem Satz von Pick – was für ein Satz!

Der Satz von Pick ist eine Vorschrift zur Berechnung der Fläche eines Polygonzugs, der durch die Verbindung von Punkten in der Ebene mit ganzzahligen Koordinaten entstanden ist. Das ist Mathematik am Steckbrett.

Zur Bestimmung der Fläche müssen wir die Anzahl der Punkte ● auf dem Rand und die Anzahl der inneren Punkte ○ zählen. In unserem Beispiel gibt es $b = 22$ Punkte auf dem Rand und $c = 7$ Punkte im Inneren des Polygonzugs. Die folgende Formel ist der Satz von Pick:

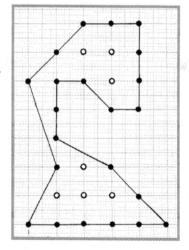

Ein Polygonzug

$$\text{Fläche} = \tfrac{b}{2} + c - 1$$

Nach dieser Formel ist die Fläche in der Abbildung gleich $\tfrac{22}{2} + 7 - 1 = 17$. Die Fläche beträgt 17 Quadrateinheiten. So einfach ist das. Der Satz von Pick lässt sich auf beliebige Formen anwenden, bei denen diskrete Punkte mit ganzzahligen Koordinaten zu einem Polygonzug verbunden werden. Es gibt nur eine Einschränkung: Der Rand darf sich nicht überschneiden.

1846

Kirkman nimmt die Entdeckung der Steiner-Tripel-Systeme vorweg

1892

Fano entdeckt die Fano-Ebene, das einfachste Beispiel einer projektiven Geometrie

1899

Pick veröffentlicht seinen Satz über die Fläche von Polygonzügen

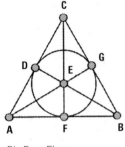

Die Fano-Ebene

Die Fano-Ebene

Die Geometrie der Fano-Ebene wurde um die gleiche Zeit entdeckt wie der Satz von Pick, allerdings geht es hier nicht darum, etwas auszumessen. Benannt ist sie nach dem italienischen Mathematiker Gino Fano, einem Vorreiter auf dem Gebiet der endlichen Geometrie. Die Fano-Ebene ist das einfachste Beispiel einer „projektiven" Geometrie. Sie hat nur sieben Punkte und sieben Linien.

Wir bezeichnen die sieben Punkte mit A, B, C, D, E, F und G. Sechs der sieben Linien erkennt man sofort, doch wo ist die siebte? Die Eigenschaften dieser Geometrie und die Art, wie das Diagramm konstruiert ist, machen es notwendig, die siebte Linie DFG in Form eines Kreises durch die Punkte D, F und G zu zeichnen. Darin liegt kein Problem, denn in der diskreten Geometrie müssen Linien ohnehin nicht im üblichen Sinne „gerade" sein.

Diese kleine Geometrie hat viele Eigenschaften, unter anderem:

- Jedes Paar von Punkten bestimmt eindeutig eine Linie, die durch diese Punkte geht.
- Jedes Paar von Linien bestimmt eindeutig einen Punkt, der auf beiden Linien liegt.

Diese beiden Eigenschaften verdeutlichen die bemerkenswerte Dualität in Geometrien dieser Art. Die zweite Eigenschaft ergibt sich aus der ersten, wenn man die Worte „Punkt" und „Linie" vertauscht; entsprechend gilt umgekehrt dasselbe.

Wenn wir in jeder wahren Aussage die beiden Worte „Punkt" und „Linie" vertauschen (und entsprechend dem Sprachgebrauch unerhebliche Änderungen vornehmen) erhalten wir wieder eine wahre Aussage. Die projektive Geometrie ist, im Gegensatz zur euklidischen Geometrie, sehr symmetrisch. In der euklidischen Geometrie gibt es parallele Linien, also Paare von Linien, die sich niemals treffen. Wir können in der euklidischen Geometrie von dem Konzept des Parallelismus sprechen. In der projektiven Geometrie gibt es das nicht. In dieser treffen sich alle Paare von Linien in einem Punkt. Für den Mathematiker ist die euklidische Geometrie in diesem Sinne keine vollkommene Geometrie.

Wenn wir eine Linie *und* die dazugehörigen Punkte aus der Fano-Ebene entfernen, befinden wir uns wieder im Bereich der unsymmetrischen euklidischen Geometrie und der Existenz paralleler Linien. Angenommen, wir entfernen die „Kreislinie" DFG, dann führt uns dies zu einem euklidischen Diagramm.

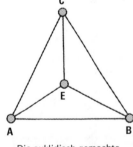

Die euklidisch gemachte Fano-Ebene

Nachdem eine Linie entfernt wurde, gibt es nun sechs Linien: AB, AC, AE, BC, BE und CE. Nun gibt es Paare von Linien, die „parallel" sind, nämlich: AB und CE, AC und BE sowie BC und AE. Wir bezeichnen diese Linien als parallel, weil sie keinen gemeinsamen Punkt haben – wie AB und CE.

In der Mathematik nimmt die Fano-Ebene eine besondere Stellung ein, weil sie sehr viele Verbindungen zu anderen Ideen und Anwendungen hat. Ein Beispiel ist das Schulmädchenproblem von Thomas Kirkman (Kapitel 41). In der Theorie der Versuchsplanung tritt die Fano-Ebene als Beispiel für ein sogenanntes Steiner-Tripel-System (STS) auf. Ein STS ist eine Vorschrift, eine endliche Anzahl n von Objekten in Blöcke von jeweils drei Objekten aufzuteilen, sodass jedes Paar aus diesen n Objekten in genau einem

Block ist. Wenn sieben Objekte A, B, C, D, E, F und G gegeben sind, dann sind die Blöcke im STS genau die Linien der Fano-Ebene.

A	F	B
B	G	C
C	A	D
D	B	E
E	C	F
F	D	G
G	E	A

Ein Paar Sätze Der Satz von Pascal und der Satz von Brianchon liegen auf der Grenze zwischen der kontinuierlichen und der diskreten Geometrie. Es sind verschiedene Sätze, aber sie hängen eng miteinander zusammen. Blaise Pascal entdeckte „seinen" Satz im Jahre 1639, als er gerade 16 Jahre alt war. Gegeben sei eine Ellipse (▶ Kapitel 22), die wir uns als einen gestreckten Kreis vorstellen können. Wir betrachten sechs beliebige Punkte auf dem Rand der Ellipse, die wir mit A_1, B_1 und C_1 sowie A_2, B_2 und C_2 bezeichnen. Mit P bezeichnen wir den Schnittpunkt von A_1B_2 mit A_2B_1, mit Q den Schnittpunkt von A_1C_2 mit A_2C_1 und mit R den Schnittpunkt von B_1C_2 mit B_2C_1. Der Satz von Pascal besagt, dass die Punkte P, Q und R immer auf einer geraden Linie liegen.

Der Satz von Pascal gilt unabhängig von der Lage der sechs Punkte auf dem Rand der Ellipse. Tatsächlich könnten wir die Ellipse durch einen anderen Kegelschnitt ersetzen, beispielsweise eine Hyperbel, einen Kreis, eine Parabel oder sogar zwei parallele Geraden, und der Satz bleibt immer noch gültig.

Der Satz von Brianchon wurde erst sehr viel später von dem französischen Mathematiker und Chemiker Charles-Julien Brianchon entdeckt. Wir zeichnen sechs Tangenten an eine Ellipse. Die Linien bezeichnen wir mit a_1, b_1 und c_1 sowie a_2, b_2 und c_2 (gegenüberliegende Linien haben gleiche Buchstaben). Nun können wir durch die Schnittpunkte benachbarter Linien drei Diagonalen definieren, die Linien p, q und r. Dabei sei p die Linie zwischen den beiden Punkten, an denen sich a_1 mit b_2 trifft und a_2 mit b_1; q ist die Linie zwischen den beiden Punkten, an denen sich a_1 mit c_2 trifft und a_2 mit c_1; und r ist die Linie zwischen den Punkten, an denen sich b_1 mit c_2 trifft und b_2 mit c_1. Der Satz von Brianchon besagt, dass sich die drei Linien p, q und r in einem Punkt treffen.

Diese beiden Sätze sind dual zueinander. Sie sind ein weiteres Beispiel für das paarweise Auftreten von Sätzen in der projektiven Geometrie.

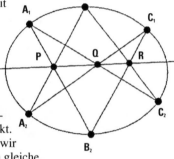

Der Satz von Pascal

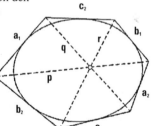

Der Satz von Brianchon

Worum es geht

Interessante Punkte

29 Graphen

Es gibt in der Mathematik zwei Arten von Graphen. In der Schule zeichnen wir Kurven, die wir als Graphen bezeichnen, um die Beziehung zwischen zwei Variablen *x* und *y* zu verdeutlichen. Bei der anderen, neueren Art von Graph werden Punkte durch Linien verbunden.

Königsberg (heute Kaliningrad) ist eine Stadt im ehemaligen Ostpreußen, die unter anderem für ihre sieben Brücken über den Fluss Pregel bekannt ist. Sie war die Heimatstadt des bekannten Philosophen Immanuel Kant. Die Stadt und ihre Flüsse haben auch einen engen Bezug zu dem berühmten Mathematiker Leonhard Euler.

Im 18. Jahrhundert kursierte eine populäre Frage: Ist es möglich, einen Spaziergang durch Königsberg zu machen und dabei jede Brücke genau einmal zu überqueren? Der Spaziergang muss nicht wieder am Ausgangspunkt enden, wichtig ist lediglich, dass jede Brücke nur einmal überquert wird.

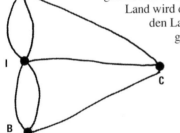

Im Jahre 1735 überreichte Euler seine Lösung der Russischen Akademie. Diese Lösung wird heute als der Beginn der modernen Graphentheorie gewertet. In unserer halbabstrakten Zeichnung wurde die Insel in der Flussmitte mit *I* bezeichnet und die Flussufer mit *A*, *B* und *C*. Finden Sie einen Spaziergang für einen Sonntagnachmittag, bei dem jede Brücke genau einmal überquert wird? Nehmen Sie einen Stift und versuchen Sie es. Der entscheidende Schritt besteht darin, alle Details wegzulassen und zu einer vollkommen abstrakten Zeichnung überzugehen. Auf diese Weise erhält man einen Graphen mit Punkten und Linien. Das Land wird durch „Punkte" dargestellt, und die Verbindungsbrücken zwischen den Landteilen durch „Linien". Dabei spielt es keine Rolle, ob die Linien gerade sind oder unterschiedliche Längen haben. Diese Dinge sind unwichtig. Nur die Art der Verbindungen spielt eine Rolle.

Euler machte eine interessante Beobachtung, die für einen erfolgreichen Spaziergang eine notwendige Voraussetzung ist. Abgesehen vom Ausgangs- und Endpunkt des Spaziergangs muss es möglich sein, wenn man eine Brücke zu einem Stück Land überquert hat, dieses Landstück über eine andere, noch nicht überquerte Brücke wieder zu verlassen. Übertragen auf das ab-

Zeitleiste

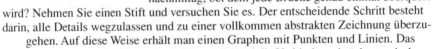

1735
Euler löst das Problem der Königsberger Brücken

1874
Carl Schorlemmer verbir
die Chemie mit „Bäumen

strakte Bild bedeutet diese Beobachtung, dass die Linien an einem Punkt immer paarweise auftreten müssen. Abgesehen von den beiden Punkten am Anfang und Ende können die Brücken nur dann im Sinne der Spielregel überquert werden, wenn an jedem Punkt eine gerade Anzahl von Linien zusammenkommt.

Die Anzahl der Linien an einem Punkt bezeichnet man auch als den „Grad" des Punktes.

Grad = 5

Eulers Schlussfolgerung lautete:

Die Brücken einer Stadt lassen sich nur dann genau einmal überqueren, wenn alle Punkte, abgesehen von höchstens zweien, einen geraden Grad haben.

Im Graph zu den Königsberger Brücken hat jeder Punkt einen ungeraden Grad. Das bedeutet, dass es in Königsberg keinen Weg geben kann, bei dem jede Brücke nur einmal überquert wird. Bei einer anderen Anordnung der Brücken wäre ein solcher Weg möglich. Würde beispielsweise eine weitere Brücke zwischen der Insel *I* und dem Ufer *C* gebaut, hätten *I* und *C* einen geraden Grad. Wir könnten unseren Weg also bei *A* beginnen und bei *B* enden lassen und dabei jede Brücke genau einmal überqueren. Würde man noch eine weitere Brücke zwischen *A* und *B* bauen (siehe nebenstehende Abbildung), könnten wir den Spaziergang an jedem beliebigen Punkt beginnen und an demselben Ort auch enden lassen, denn in diesem Fall hätte jeder Punkt einen geraden Grad.

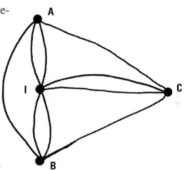

Der Satz vom Händeschütteln
Wenn man Sie bitten würde, einen Graph zu zeichnen, bei dem genau drei Punkte einen ungeraden Grad haben, hätten Sie ein Problem. Versuchen Sie es! Es geht nicht.

In jedem Graph muss die Anzahl der Punkte mit einem ungeraden Grad eine gerade Zahl sein.

Dies bezeichnet man manchmal auch als den Satz vom Händeschütteln – der erste Satz in der Graphentheorie. In jedem Graph hat jede Linie einen Anfangspunkt und einen

1930	**1935**	**1999**
Kuratowski beweist seinen Satz zu planaren Graphen	George Pólya entwickelt algebraische Verfahren zum Abzählen von Graphen	Eric Rains und Neil Sloane erweitern das Abzählen von Baumgraphen

Endpunkt, mit anderen Worten, zum Händeschütteln bedarf es zweier Leute. Wenn wir in einem Graph von allen Punkten die jeweiligen Grade addieren, müssen wir eine gerade Zahl erhalten, sagen wir N. Angenommen, es gäbe x Punkte mit ungeradem Grad und y Punkte mit geradem Grad. Die Summe aller Grade an den x-Punkten sei N_x und die Summe an den y-Punkten N_y. Insgesamt erhalten wir also $N = N_x + N_y$ bzw. $N_x = N - N_y$. Da N_y ebenso wie N immer gerade ist, muss auch N_x gerade sein. Damit kann x selbst jedoch nicht ungerade sein, denn die Summe von einer ungeraden Anzahl von ungeraden Zahlen ist immer ungerade. Also muss x gerade sein.

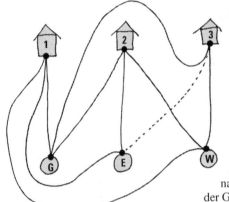

Nicht planare Graphen   Das Versorgungsproblem ist ein alt bekanntes Rätsel. Man stelle sich drei Häuser vor und drei Versorgungsunternehmen – Gas, Elektrizität und Wasser. Jedes Haus soll mit jedem Versorgungsunternehmen verbunden werden, allerdings gibt es eine Einschränkung: Die Verbindungen dürfen sich nicht schneiden.

Es ist unmöglich, aber Sie können das Beispiel ja mit Freunden durchspielen, die es nicht kennen. Der Graph, bei dem jeweils drei Punkte mit jedem von drei anderen Punkten verbunden werden sollen (insgesamt neun Linien) lässt sich nicht in einer Ebene ohne Überschneidungen zeichnen. Einen solchen Graphen bezeichnet man als „nicht planar". Ein weiteres Beispiel eines nicht planaren Graphen ist der Graph mit fünf Punkten, von denen jeder mit jedem verbunden werden soll. Diese beiden Graphen nehmen in der Graphentheorie einen besonderen Platz ein. Im Jahr 1930 bewies der polnische Mathematiker Kazimierz Kuratowksi den erstaunlichen Satz, dass ein Graph genau dann planar ist, wenn er keinen dieser beiden Graphen als einen Teilgraphen enthält, also als einen kleineren Graphen innerhalb des großen.

Baumgraphen   „Bäume" sind besondere Graphen mit vollkommen anderen Eigenschaften als der Versorgungsgraph oder der Königsberger Graph. Beim Problem der Königsberger Brücken war es möglich, den Spaziergang an einem Punkt zu beginnen und über einen anderen Weg wieder zu diesem Punkt zurückzugelangen. Einen solchen Weg,

Hauptverzeichnis

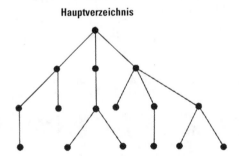

der von einem Punkt ausgehend wieder zu diesem Punkt zurückführt, ohne einen anderen Punkt mehr als einmal zu besuchen, bezeichnet man als einen Zyklus. Ein Baumgraph ist ein Graph, der keine Zyklen hat.

Ein vertrautes Beispiel für einen Baumgraphen ist die Struktur der Verzeichnisse in einem Computer. Es handelt sich um eine hierarchische Struktur mit einem Hauptverzeichnis (*root*) und verschiedenen Unterverzeichnissen. Weil es keine Zyklen gibt, kann man auch nicht von einem Zweig in einen anderen Zweig gelangen, ohne über das Hauptverzeichnis zu gehen – für Computernutzer ein bekanntes Manöver.

Das Abzählen von Baumgraphen   Wie viele verschiedene Baumgraphen gibt es mit einer bestimmten Anzahl von Punkten? Das Problem des Abzählens von Baumgraphen wurde im 19. Jahrhundert von dem englischen Mathematiker Arthur Cayley untersucht. Zum Beispiel gibt es genau drei verschiedene Baumgraphen mit fünf Punkten.

Die Baumgraphen mit wenigen Punkten konnte Cayley noch abzählen. Er kam bis zu Bäumen mit weniger als 14 Punkten. Dann wurde die kombinatorische Komplexität des Problems für eine Person ohne Computer zu viel. Seit damals sind die Berechnungen immerhin bis zu Baumgraphen mit 22 Punkten gelangt. Von diesen gibt es mehrere Millionen verschiedene Typen.

Schon damals hatten die Untersuchungen von Cayley auch praktische Anwendungen. Das Abzählen von Baumgraphen ist ein wichtiges Problem in der Chemie, wo die Unterschiede mancher Verbindungen nur von der Anordnung der Atome in den Molekülen abhängen. Verbindungen mit denselben chemischen Elementen, aber unterschiedlichen Anordnungen haben oft auch unterschiedliche chemische Eigenschaften. Mit solchen Untersuchungen war es möglich, die Existenz bestimmter chemischer Verbindungen „am grünen Brett" vorherzusagen, bevor sie schließlich im Labor gefunden wurden.

Worum es geht
Über die Brücken und in die Bäume

30 Das Vier-Farben-Problem

Wer könnte wohl dem jungen Tiny Tim als Weihnachtsgeschenk vier Wachsmalstifte und eine unausgefüllte Karte der Grafschaften von England geschenkt haben? Vielleicht war er der benachbarte Kartenhersteller, der gelegentlich kleine Geschenke brachte, oder auch der seltsame Mathematiker Augustus De Morgan, der in der Nähe lebte und seine Zeit mit Tims Vater verbrachte. Es war sicherlich nicht der alte Geizhals Scrooge.

Die Cratchits lebten in einem düsteren Terrassenhaus in der Bayham Street in Camden Town, nördlich des gerade eröffneten Colleges der Universität, wo De Morgan Professor war. Die Absicht hinter dem Geschenk wäre im neuen Jahr offensichtlich geworden, wenn der Professor hätte überprüfen wollen, ob Tim die Karte angemalt hatte.

De Morgan hatte klare Vorstellungen, was zu tun war: „Du musst die Karte so anmalen, dass zwei Grafschaften mit einer gemeinsamen Grenze immer verschiedene Farben haben."

„Aber ich habe nicht genügend Farben", sagte Tim, ohne lange zu überlegen. De Morgan hätte vielleicht gelächelt und ihn mit seiner Aufgabe allein gelassen. Gerade hatte ihn einer seiner Studenten, Frederick Guthrie, zu diesem Problem befragt und dabei eine erfolgreiche Farbcodierung von England mit nur vier Farben erwähnt. Dieses Problem ließ De Morgans mathematischer Fantasie keine Ruhe.

Ist es möglich, *jede* Karte mit nur vier Farben so anzumalen, dass benachbarte Gebiete unterschieden werden können? Kartografen waren davon vielleicht schon seit Jahrhunderten überzeugt, aber lässt es sich streng beweisen? Wir können an jede beliebige Karte der Welt denken, es müssen nicht die Grafschaften von England sein. Es könnte auch eine Karte der Vereinigten Staaten oder der französischen Departements sein, selbst künstliche Karten mit beliebigen Gebieten und Grenzen sind erlaubt. Drei Farben reichen aber mit Sicherheit nicht.

Zeitleiste

1852	1879	1890
Guthrie, ein Student von De Morgan, stellt das Problem auf	Kempe glaubt, das Vier-Farben-Problem gelöst zu haben	Heawood findet einen Fehler in Kempes Beweis und beweist selbst ein Fünf-Farben-Theorem

Betrachten wir eine Karte der Weststaaten von Amerika. Wenn wir nur die Farben Blau, Grün und Rot zur Verfügung hätten, könnten wir zunächst Nevada und Idaho anmalen. Dabei spielt es keine Rolle, mit welcher Farbe wir beginnen, also wählen wir Blau für Nevada und Grün für Idaho. So weit, so gut. Bei dieser Wahl der Farben *müsste* Utah in jedem Fall rot angemalt werden, und damit folgt Arizona in Grün, Kalifornien in Rot und Oregon in Grün. Doch nun wären sowohl Oregon als auch Idaho grün und könnten nicht unterschieden werden. Hätten wir vier Farben, beispielsweise die zusätzliche Farbe Gelb, könnten wir Oregon gelb anmalen und alles wäre in Ordnung. Reichen diese vier Farben – Blau, Grün, Rot und Gelb – für jede beliebige Karte? Diese Frage ist als das Vier-Farben-Problem bekannt.

Die Weststaaten
der USA

Das Problem wird populär Innerhalb von 20 Jahren, nachdem De Morgan dem Problem eine gewisse Beachtung geschenkt hatte, wurde es unter den Mathematikern in Europa und Amerika allgemein bekannt. In den 1860er-Jahren behauptete der amerikanische Mathematiker und Philosoph Charles Sanders Peirce, er hätte einen Beweis; man hat jedoch bis heute keine Aufzeichnung seiner Argumentation gefunden.

Das Problem erlangte größere Berühmtheit, als der populäre viktorianische Wissenschaftler Francis Galton sich seiner annahm. Er überredete den bekannten Mathematiker Arthur Cayley aus Cambridge, einen Artikel über dieses Problem zu schreiben. Leider musste Cayley zugeben, keinen Beweis finden zu können, allerdings zeigte er, dass man sich auf die Untersuchung kubischer Karten (bei denen an einem Punkt höchstens drei Länder zusammentreffen) beschränken konnte. Cayleys Beitrag regte wiederum seinen Studenten Alfred Bray Kempe an, nach einer Lösung zu suchen. Nur ein Jahr später verkündete Kempe, er habe einen Beweis gefunden. Cayley gratulierte herzlich, der Beweis wurde veröffentlicht, und Kempe wurde in die Royal Society of London gewählt.

Die Folgezeit Kempes Beweis war lang und technisch sehr aufwendig, und obwohl ein oder zwei Personen Einwände vorbrachten, wurde der Beweis allgemein akzeptiert. Zehn Jahre später fand jedoch Percy Heawood, ein Mathematiker aus Durham, überraschend ein Beispiel für eine Karte, aus der sich ein Fehler in Kempes Argument ergab. Heawood konnte zwar keinen eigenen Beweis vorlegen, aber er zeigte immerhin, dass das Vier-Farben-Problem noch nicht gelöst war. Die Mathematiker mussten also von vorne anfangen, und auch die Neulinge hatten wieder eine Chance. Mit einigen von Kempes Techniken konnte Heawood ein Fünf-Farben-Theorem beweisen: Jede Karte lässt sich mit fünf Farben anmalen. Das wäre ein großartiges Ergebnis gewesen, wenn jemand eine Karte gefunden hätte, die sich nicht mit vier Farben anmalen ließ. Die Mathematiker waren verunsichert: Sind es nun vier oder fünf Farben?

1976

Appel und Haken beweisen das allgemeine Theorem mithilfe eines Computers

1994

Der Computerbeweis wird vereinfacht, doch es bleibt ein Computerbeweis

Der einfache
Donut oder
„Torus"

Das ursprüngliche Vier-Farben-Problem bezog sich auf Karten, die auf einer flachen Fläche oder einer Kugeloberfläche gezeichnet waren. Doch wie steht es mit Karten auf einer Fläche von der Form eines Donuts? Das Interesse der Mathematiker an Donuts beruht eher auf ihrer Form als ihrem Geschmack. Für diese Fläche konnte Heawood beweisen, dass sieben Farben sowohl notwendig als auch hinreichend für die Bemalung einer beliebigen Karte sind. Er bewies sogar einen Satz für einen Donut mit mehreren Löchern (sagen wir mit h Löchern). Er konnte damit eine Anzahl von Farben angeben, die in jedem Fall für die Bemalung einer beliebigen Karte ausreicht – auch wenn er nicht beweisen konnte, dass dies immer die minimale Anzahl von Farben ist. Eine Tabelle der ersten Werte von Heawoods h ist:

Ein Torus mit
zwei Löchern

Anzahl der Löcher, h	1	2	3	4	5	6	7	8
ausreichende Anzahl der Farben, C	7	8	9	10	11	12	12	13

Im Allgemeinen gilt: $C = [\frac{1}{2}(7 + \sqrt{(1 + 48h)})]$. Die eckigen Klammern sollen dabei andeuten, dass man nur den ganzzahligen Anteil des Ausdrucks innerhalb der Klammer zu nehmen hat. Für $h = 8$ folgt beispielsweise $C = [13{,}3107...] = 13$. Bei der Herleitung von Heawoods Formel wurde eindeutig die Annahme gemacht, dass die Anzahl der Löcher größer ist als null. Erstaunlicherweise liefert die Formel für den nicht erlaubten Wert $h = 0$ das Ergebnis $C = 4$.

Problem gelöst?
50 Jahre später, nachdem Mathematiker sich 1852 zum ersten Mal mit diesem Problem auseinandergesetzt hatten, war es immer noch ungelöst. Und auch im 20. Jahrhundert beschäftigten sich viele hochrangige Mathematiker mit diesem Problem.

Ein Teilerfolg wurde erzielt, als ein Mathematiker zeigen konnte, dass man mit vier Farben jede Karte mit höchstens 27 Ländern einfärben kann. Ein anderer erhöhte dies auf 31 Länder und schließlich gelangte man zu 35 Ländern – auf diese Weise würde die Sache ewig dauern. Tatsächlich waren die Ansätze von Kempe und Cayley in ihren frühen Arbeiten wesentlich aussichtsreicher, bis sich herausstellte, dass man nur bestimmte Kartenkonfigurationen überprüfen muss, um zu zeigen, dass vier Farben tatsächlich ausreichen. Das Problem war, dass es immer noch sehr viele Konfigurationen waren – anfänglich handelte es sich um mehrere Tausend. Eine solche Überprüfung ließ sich nicht von Hand durchführen, doch glücklicherweise konnte der deutsche Mathematiker Wolfgang Haken, der jahrelang an diesem Problem gearbeitet hatte, den amerikanischen Mathematiker und Computerexperten Kenneth Appel zu einer Zusammenarbeit überreden. Durch geniale Verfahren ließ sich die Anzahl der Konfigurationen auf unter 1 500 drücken. Ende Juni 1976, nach vielen schlaflosen Nächten, war die Arbeit getan und zusammen mit ihrem getreuen IBM-370-Computer hatten die beiden Forscher das große Problem gelöst.

So hatte also das Institut für Mathematik an der University of Indiana einen neuen Erfolg zu vermelden. Sie ersetzten die Nachricht „Größte entdeckte Primzahl" auf ihrem Poststempel durch „Vier Farben genügen". Der Stolz war verständlich, doch wo blieb die allgemeine weltweite Anerkennung? Immerhin handelte es sich um ein ehrwürdiges Problem, das auch die Freunde von Tiny Tim verstanden hätten, und mit dem sich über ein Jahrhundert die größten Mathematiker herumgeschlagen hatten.

Der Applaus hielt sich in Grenzen. Manche akzeptierten widerwillig, dass die Sache erledigt war, doch die meisten blieben skeptisch. Das Problem war, dass die entscheidenden Beweisschritte von einem Computer geführt worden waren, und das entsprach nicht dem herkömmlichen Bild eines mathematischen Beweises. Man ging davon aus, dass ein Beweis schwierig oder sehr lang sein kann, doch ein Computerbeweis war ein Schritt zu weit. Wie konnte man den Beweis überprüfen? Wie konnte irgendjemand die vielen Tausend Zeilen Computercode kontrollieren, auf denen der Beweis beruhte? Und es gibt immer wieder Fehler in einem Computerprogramm. In diesem Fall wäre ein Fehler fatal.

Das war noch nicht alles. Was man eigentlich vermisste, war der Aha-Faktor. Wie konnte sich irgendjemand durch den Beweis hindurcharbeiten und die besonderen Feinheiten des Problems bewundern oder den entscheidenden Teil der Beweiskette nachvollziehen. Einer der schärfsten Kritiker war der berühmte Mathematiker Paul Halmos; für ihn hatte ein Computerbeweis die Glaubwürdigkeit eines angesehenen Wahrsagers. Mittlerweile erkennen die meisten Mathematiker den Beweis an, und man müsste entweder sehr überzeugt oder sehr dumm sein, wenn man seine wertvolle Zeit mit der Suche nach einem Gegenbeispiel verbringen wollte. Vielleicht hätte man sich vor Appel und Haken dazu durchringen können, aber nicht mehr danach.

Nach dem Beweis Seit 1976 wurde die Anzahl der zu überprüfenden Konfigurationen nochmals halbiert und die Computer schneller und besser. Doch immer noch wartet die Mathematikerwelt auf einen kürzeren Beweis im Sinne der traditionellen Verfahren. Mittlerweile hat das Vier-Farben-Theorem viele bedeutende Probleme in der Graphentheorie aufgeworfen und auch die Frage nach dem Wesen eines mathematischen Beweises.

Vier Farben sind genug

31 Wahrscheinlich-keiten

Wie groß ist die Wahrscheinlichkeit, dass es morgen schneit? Wie wahrscheinlich ist es, dass ich den Frühzug noch erreiche? Wie groß sind meine Chancen, im Lotto zu gewinnen? Wahrscheinlichkeit und Chance sind Worte, die wir jeden Tag verwenden, und wir möchten gerne Antworten auf unsere Fragen. Doch es handelt sich auch um Begriffe aus der mathematischen Theorie der Wahrscheinlichkeit.

Die Wahrscheinlichkeitstheorie ist ein wichtiger Zweig der Mathematik. Es geht um Unsicherheiten und das Problem, die Risiken abzuschätzen. Doch wie lässt sich eine Theorie der Unsicherheiten quantifizieren? Ist die Mathematik nicht eine exakte Wissenschaft?

Das eigentliche Problem ist, wie man Wahrscheinlichkeit quantifiziert.

Betrachten wir ein sehr einfaches Standardbeispiel: einen Münzwurf. Mit welcher Wahrscheinlichkeit erhält man Kopf? Wir sind sofort geneigt, mit ½ zu antworten (manchmal auch als 0,5 oder 50 % geschrieben). Wir untersuchen die Münze und gehen davon aus, dass sie nicht manipuliert wurde, dass also die Wahrscheinlichkeit für Kopf ebenso groß ist wie die für Zahl, und daher die Wahrscheinlichkeit für Kopf ½ ist.

Bei Münzen, Kugeln, die in Fächer fallen, und „mechanischen" Beispielen sind die Verhältnisse vergleichsweise einfach. Im Wesentlichen gibt es zwei Ansätze, wie man die Wahrscheinlichkeiten für konkrete Ereignisse bestimmt. Eine Möglichkeit beruht auf der Symmetrie der Münze in Bezug auf die beiden Seiten. Eine andere ist die relative Häufigkeit: Man wiederholt dasselbe Experiment sehr oft und zählt die Anzahl der Kopf-Ereignisse. Doch wie oft ist oft? Man ist schnell überzeugt, dass die Anzahl der Kopf-Ereignisse im Vergleich zu den Zahl-Ereignissen ungefähr 50 : 50 ist, aber wer garantiert uns, dass sich dieses Verhältnis nicht wieder ändert, wenn wir mit dem Experiment weiter fortfahren?

Unabhängig von diesen Fragen stoßen wir jedoch auf ein Problem, wenn es um weniger triviale Ereignisse geht. Wie kann man ein sinnvolles Maß für die Wahrscheinlichkeit angeben, dass es morgen schneit? Wiederum können wir davon ausgehen, dass es nur zwei Möglichkeiten gibt: Entweder es schneit oder es schneit nicht. Doch diesmal

Zeitleiste

ca. **1650**	**1785**
Pascal und Huygens legen die Grundlagen der Wahrscheinlichkeitstheorie	Condorcet wendet Wahrscheinlichkeitsüberlegungen auf das Verhalten von Geschworenen und auf Wahlsysteme an

ist überhaupt nicht offensichtlich, dass diese beiden Möglichkeiten gleich wahrscheinlich sind, wie es bei der Münze der Fall war. Zur Abschätzung der Wahrscheinlichkeit, dass es morgen schneit, muss man nicht nur die gegenwärtige Wetterlage berücksichtigen, sondern noch viele weitere Faktoren. Und selbst dann ist es nicht möglich, eine exakte Zahl für diese Wahrscheinlichkeit zu berechnen. Wir können jedoch versuchen, einen sinnvollen „Überzeugungsgrad" anzugeben, dass die Wahrscheinlichkeit klein, mittel oder hoch ist. In der Mathematik wird die Wahrscheinlichkeit auf einer Skala zwischen 0 und 1 gemessen. Die Wahrscheinlichkeit für ein unmögliches Ereignis ist 0, für ein sicheres Ereignis ist sie 1. Eine Wahrscheinlichkeit von 0,1 entspräche eher einer kleinen Wahrscheinlichkeit, während 0,9 eine große Wahrscheinlichkeit bezeichnet.

Die Ursprünge der Wahrscheinlichkeitstheorie Eine mathematische Theorie der Wahrscheinlichkeit entwickelte sich erst im 17. Jahrhundert, als Blaise Pascal, Pierre de Fermat und Antoine Gombaud (auch als Chevalier de Méré bekannt) ausgiebig über Probleme im Zusammenhang mit Glücksspielen diskutierten. Sie waren auf ein einfaches Rätsel gestoßen, das sich aus einer Frage von Chevalier de Méré ergab: Welches Ereignis ist wahrscheinlicher – in vier Würfen mit einem Würfel eine Sechs zu würfeln oder in 24 Würfen mit zwei Würfeln ein Sechserpaar zu würfeln? Auf welche Möglichkeit würden Sie Ihr Geld setzen?

Damals war man allgemein der Meinung, eine Wette auf das Sechserpaar sei die bessere Option, weil so viel mehr Würfe erlaubt sind. Diese Ansicht wurde jedoch erschüttert, als man die Wahrscheinlichkeiten genauer untersuchte. Hier sind die Berechnungen:

Eine Sechs mit einem Würfel: Die Wahrscheinlichkeit, bei einem einzelnen Wurf *keine* Sechs zu erhalten, ist $\frac{5}{6}$, und bei vier Würfen wäre die Wahrscheinlichkeit, *keine* Sechs zu erhalten, $\frac{5}{6} \times \frac{5}{6} \times \frac{5}{6} \times \frac{5}{6}$ oder $(\frac{5}{6})^4$. Da sich die Ergebnisse der einzelnen Würfe nicht gegenseitig beeinflussen, sind sie „unabhängig", und wir können die Wahrscheinlichkeiten einfach multiplizieren. Die Wahrscheinlichkeit, bei vier Würfen zumindest eine Sechs zu erhalten, ist somit:

$$1 - (\tfrac{5}{6})^4 = 0{,}517746...$$

Ein Sechserpaar mit zwei Würfeln: Die Wahrscheinlichkeit, bei einem Wurf *kein* Sechserpaar zu erhalten, ist $\frac{35}{36}$, und in 24 Würfen ist die Wahrscheinlichkeit $(\frac{35}{36})^{24}$.

Die Wahrscheinlichkeit für mindestens ein Sechserpaar ist somit:

$$1 - (\tfrac{35}{36})^{24} = 0{,}491404...$$

Wir können noch ein weiteres Beispiel untersuchen.

1812

Laplace veröffentlicht sein zweibändiges Werk *Théorie Analytique des Probabilités*

1912

Von Keynes erscheint das Werk *Über Wahrscheinlichkeit*, das seine ökonomischen und statistischen Theorien beeinflusst

1933

Kolmogorov gibt eine axiomatische Formulierung der Wahrscheinlichkeitstheorie

Craps Das Beispiel mit den beiden Würfeln bildet die Grundlage des heute besonders in amerikanischen Casinos oder bei Online-Wetten beliebten Würfelspiels Craps. Mit zwei unterscheidbaren Würfeln (einer rot und einer blau) gibt es insgesamt 36 verschiedene Ergebnisse. In der Schreibweise (x,y) lassen sich diese Ergebnisse als 36 Punkte in einer x-y-Ebene auftragen. Die Menge dieser Punkte bezeichnet man als den „Ereignisraum" oder genauer den „Raum der Elementarereignisse".

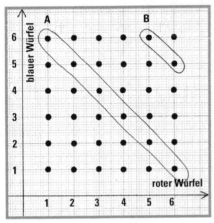

Betrachten wir das „Ereignis" A, dass die Summe der Zahlen auf den beiden Würfeln bei einem Wurf 7 ist. Es gibt sechs Möglichkeiten, bei denen dies der Fall ist, somit können wir dieses Ereignis durch

$$A = \{(1,6), (2,5), (3,4), (4,3), (5,2), (6,1)\}$$

ausdrücken und in der Zeichnung markieren. Die Wahrscheinlichkeit für A beträgt 6 Möglichkeiten aus 36, was man auch in der Form $P(A) = \frac{6}{36} = \frac{1}{6}$ schreiben kann. Wenn wir unter B das Ereignis verstehen, dass die Summe der Augenzahlen gleich 11 ist, erhalten wir $B = \{(5,6), (6,5)\}$ und $P(B) = \frac{2}{36} = \frac{1}{18}$.

Beim Würfelspiel Craps werden zwei Würfel auf einen Tisch geworfen. Sie können bereits in der ersten Runde gewinnen oder verlieren, doch für einige Zahlenkombinationen gibt es eine zweite Runde. Sie gewinnen in der ersten

Ereignisraum
(für 2 Würfel)

Runde, wenn entweder das Ereignis A oder B eintritt – diesen Fall bezeichnet man als *natural*. Die Wahrscheinlichkeit für ein *natural* folgt aus der Summe der Einzelwahrscheinlichkeiten: $\frac{6}{36} + \frac{2}{36} = \frac{8}{36}$. Sie verlieren in der ersten Runde, wenn Sie eine 2, 3 oder 12 werfen (diese Kombinationen bezeichnet man als *craps*). Eine entsprechende Rechnung wie oben liefert für die Wahrscheinlichkeit, in der ersten Runde zu verlieren, $\frac{4}{36}$. Wenn die Summe der Würfelaugen entweder 4, 5, 6, 8, 9 oder 10 ist, geht es in die zweite Runde. Die Wahrscheinlichkeit dafür ist $\frac{24}{36} = \frac{2}{3}$.

In der Spielwelt der Casinos spricht man auch von Chancen. Bei Craps würden Sie im Mittel bei 36 Spielen in der ersten Runde 8-mal gewinnen und 28-mal nicht gewinnen. Die Chance, in der ersten Runde nicht zu gewinnen, beträgt also 28 zu 8, was dasselbe ist wie 3,5 zu 1.

Der Affe an der Schreibmaschine

Alfred ist ein Affe im örtlichen Zoo. Er hat eine alte Schreibmaschine mit 26 Tasten für die Buchstaben (ohne Umlaute), einer Taste für einen Punkt, einer für ein Komma, einer für ein Fragezeichen und einer Leertaste – insgesamt 30 Tasten. Mit großer literarischer Begeisterung sitzt er in einer Ecke und schreibt, doch sein Vorgehen ist etwas eigenartig: Er haut zufällig auf die Tasten.

Für jede Folge von Buchstaben gibt es eine bestimmte Wahrscheinlichkeit, bei dieser Methode aufzutreten. Also gibt es auch eine äußerst geringe Wahrscheinlichkeit, dass der Affe auf diese Weise die gesammelten Werke Shakespeares korrekt eintippt. Darüber hinaus gibt es auch eine Wahrscheinlichkeit (wenn auch noch kleiner), dass der Affe diesen Werken noch die französische, die spanische und die deutsche Übersetzung folgen lässt. Zum Ausgleich hängt er noch die Gedichte von William Wordsworth an. Die Wahrscheinlichkeit dafür ist winzig, aber sie ist sicherlich nicht null. Genau darum geht es. Wir wollen einmal berechnen, wie lange es dauert, bis der Affe die ersten Worte *„To be or"* aus dem berühmten Monolog Hamlets geschrieben hat. Wir stellen uns acht Felder vor, in denen die acht Buchstaben einschließlich der Leerzeichen stehen:

T	o		b	e		o	r

Für das erste Feld gibt es insgesamt 30 Möglichkeiten, ebenso für das zweite usw. Daher gibt es insgesamt $30 \times 30 \times 30 \times 30 \times 30 \times 30 \times 30 \times 30$ Möglichkeiten, die acht Felder auszufüllen. Die Wahrscheinlichkeit, dass Alfred die Zeile „To be or" tippt, ist 1 zu $6{,}561 \times 10^{11}$. Wenn er jede Sekunde eine Taste drückt, wird es, bis er „To be or" hervorgebracht hat, im Durchschnitt rund 20 000 Jahre dauern, was für einen Primaten eine ungewöhnlich lange Lebenserwartung ist. Man sollte also nicht darauf warten, bis er sämtliche Werke Shakespeares hervorgebracht hat. Die meiste Zeit werden wir Dinge wie „xo,h?yt?" finden.

Die Entwicklung der Wahrscheinlichkeitstheorie

Im Zusammenhang mit Wahrscheinlichkeitsüberlegungen kann die Interpretation der Ergebnisse durchaus umstritten sein, doch zumindest der mathematische Formalismus ist einigermaßen fundiert. Im Jahre 1933 gelang es Andrey Nikolaevich Kolmogorov, die Wahrscheinlichkeitstheorie auf eine axiomatische Grundlage zu stellen – vergleichbar mit der Formulierung der Prinzipien der Geometrie 2 000 Jahre zuvor.
Wahrscheinlichkeiten werden durch folgende Axiome definiert:

- Die Wahrscheinlichkeit für das Eintreten irgendeines Ereignisses ist 1.
- Die Wahrscheinlichkeit hat einen Wert, der größer oder gleich 0 ist.
- Wenn sich die Ereignismengen nicht überschneiden, darf man die Wahrscheinlichkeiten addieren.

Aus diesen Axiomen, üblicherweise in einer mathematischen Sprache ausgedrückt, lassen sich die mathematischen Eigenschaften der Wahrscheinlichkeit ableiten. Das Konzept von Wahrscheinlichkeit findet breite Anwendungen, und viele Bereiche des modernen Lebens kommen ohne diese Theorie nicht mehr aus. Risikoabschätzung, Sport, Soziologie, Psychologie, Technik, Finanzen usw. – die Liste ist endlos. Wer hätte gedacht, dass sich die Probleme im Zusammenhang mit Glücksspielen, aus denen sich die Konzepte im 17. Jahrhundert entwickelten, zu einem solch umfangreichen Gebiet entwickeln würden? Wie groß war die Wahrscheinlichkeit für diese Entwicklung?

Die geheimen Tricks der Spieler

32 Bayes'sche Wahrscheinlichkeiten

Die frühen Jahre des presbyterianischen Pfarrers Thomas Bayes liegen im Dunkeln. Vermutlich wurde er 1702 im Südosten Englands geboren. Später wurde er Geistlicher, obwohl er nicht der englischen Staatskirche angehörte, darüber hinaus verschaffte er sich einen Ruf als Mathematiker und wurde im Jahre 1742 in die Royal Society of London gewählt. Im Jahre 1763, zwei Jahre nach seinem Tod, wurde sein berühmtes *Essay towards solving a problem in the doctrine of chances* (Abhandlung über die Lösung eines Problems in der Theorie der Wahrscheinlichkeiten) veröffentlicht. Er gab dort eine Formel zur Bestimmung einer „inversen" Wahrscheinlichkeit an, einer Wahrscheinlichkeit für „den umgekehrten Fall". Diese Formel wurde zum zentralen Konzept der Bayes'schen Philosophie: bedingte Wahrscheinlichkeiten.

Auf den Namen von Thomas Bayes geht die Bezeichnung „Bayesianer" zurück. Hierbei handelt es sich um eine Gruppe von Wahrscheinlichkeitstheoretikern, die sich der herkömmlichen Interpretation der sogenannten „Frequentisten" entgegenstellen. Die Frequentisten verwenden einen Wahrscheinlichkeitsbegriff, der auf harten numerischen Daten beruht. Die Bayesianer beziehen sich auf die berühmte Bayes'sche Formel sowie die Vorstellung, dass sich auch der subjektive „Vermutungsgrad" als eine mathematische Wahrscheinlichkeit beschreiben lässt.

Bedingte Wahrscheinlichkeit Wir stellen uns vor, der erfahrene Arzt Dr. Why möchte bei seinen Patienten Masern diagnostizieren. Rote Flecken sind ein Anzeichen für Masern, doch ganz so einfach ist die Sache nicht. Es gibt Patienten mit Masern ohne erkennbare Flecken, und umgekehrt gibt es auch Patienten mit roten Flecken, ohne dass Masern vorliegen. Die Wahrscheinlichkeit, dass ein Patient rote Flecken hat, unter der Voraussetzung, dass er Masern hat, ist eine bedingte Wahrscheinlichkeit. Bayesianer verwenden in ihren Ausdrücken eine senkrechte Linie, um „unter der Voraussetzung, dass" anzudeuten. Wir schreiben also

Zeitleiste

p(ein Patient hat Flecken | der Patient hat Masern).

Gemeint ist damit die Wahrscheinlichkeit, dass ein Patient Flecken hat unter der Voraussetzung, dass er Masern hat. Der Wert für p(ein Patient hat Flecken | der Patient hat Masern) ist nicht derselbe wie p(ein Patient hat Masern | der Patient hat Flecken). In gewisser Hinsicht handelt es sich um Wahrscheinlichkeiten für jeweils umgekehrte Situationen. Die Formel von Bayes gibt an, wie man die eine Wahrscheinlichkeit aus der anderen berechnet. Mathematiker verwenden immer gerne eine symbolische Schreibweise für ihre Objekte. Also legen wir fest, das Ereignis „hat die Masern" bezeichnen wir mit M und das Ereignis „hat Flecken" mit F. Das Symbol $\tilde{F}$ steht für das Ereignis „hat keine Flecken" und $\tilde{M}$ für das Ereignis „hat keine Masern". Wir können zu dieser Situation ein Venn-Diagramm aufstellen.

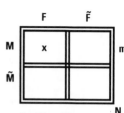

Das Venn-Diagramm zeigt die logische Struktur für das Auftreten von Flecken und Masern.

Diesem Diagramm kann Dr. Why entnehmen, dass insgesamt x Patienten sowohl Masern als auch Flecken haben, m Patienten haben Masern (unabhängig davon, ob sie Flecken haben oder nicht), und insgesamt gibt es N Patienten. Aus diesem Diagramm kann man nun ablesen, dass die Wahrscheinlichkeit für das Auftreten von Masern zusammen mit Flecken einfach durch x/N gegeben ist, die Wahrscheinlichkeit für das Auftreten von Masern allgemein durch m/N. Die bedingte Wahrscheinlichkeit, also die Wahrscheinlichkeit, dass jemand Flecken hat, unter der Voraussetzung, dass er Masern hat, also $p(F \mid M)$, ist einfach x/m. Damit erhält Dr. Why für die Wahrscheinlichkeit, dass jemand Masern und Flecken hat:

$$p(M \ \& \ F) = \frac{x}{N} = \frac{x}{m} \times \frac{m}{N}$$

oder

$$p(M \ \& \ F) = p(F \mid M) \times p(M)$$

Mit der entsprechenden Argumentation finden wir auch:

$$p(M \ \& \ F) = p(M \mid F) \times p(F)$$

Die Bayes'sche Formel Wenn wir die beiden Ausdrücke für $p(M \ \& \ F)$ gleichsetzen, erhalten wir die Bayes'sche Formel. Sie drückt eine Beziehung zwischen einer bedingten Wahrscheinlichkeit und der Wahrscheinlichkeit für die umgekehrte Bedingung aus. Dr. Why hat vermutlich eine gute Vorstellung von $p(F \mid M)$, das heißt der Wahrscheinlichkeit, dass ein Patient Flecken hat, wenn er die Masern hat. Interessiert ist er an der umgekehrten bedingten Wahrscheinlichkeit, also einer Abschätzung, ob ein Patient Masern hat, wenn er Flecken aufweist. Dies herauszufinden, ist das Umkehr-

$$p(M \mid F) = \frac{p(M)}{p(F)} \times p(F \mid M)$$

Die Bayes'sche Formel.

1950

Jimmy Savage und Dennis Lindley sind Vorreiter der modernen Bayes'schen Bewegung

1950er-Jahre

Der Ausdruck „Bayesianer" wird erstmals verwendet

1992

Gründung der International Society for Bayesian Analysis

problem, das von Bayes in seiner Abhandlung betrachtet wurde. Um die Wahrscheinlichkeiten berechnen zu können, benötigen wir einige Zahlen. Die folgenden Zahlen sind willkürlich; es geht uns nur darum, wie sie kombiniert werden. Die Wahrscheinlichkeit, dass die Patienten Flecken haben, unter der Voraussetzung, dass sie Masern haben, also $p(F \mid M)$, ist vermutlich hoch, sagen wir 0,9; Dr. Why dürfte eine grobe Vorstellung von diesem Wert haben. Der erfahrene Arzt wird auch ungefähr wissen, wie viel Prozent aller Menschen Masern haben, sagen wir 20 %. Also ist $p(M) = 0,2$. Nun benötigen wir noch $p(F)$, also den Anteil der Bevölkerung mit Flecken. Die Wahrscheinlichkeit, dass jemand Flecken hat, ist gleich der Wahrscheinlichkeit, dass er Masern *und* Flecken hat *plus* der Wahrscheinlichkeit, dass er *keine* Masern und doch Flecken hat. Für die bedingte Wahrscheinlichkeit, Flecken zu haben, obwohl keine Masern vorliegen, setzen wir 0,15 an. Damit finden wir aus unseren Beziehungen: $p(F) = p(F \mid M) \times p(M) + p(F \mid \tilde{M}) \times p(\tilde{M}) = 0,9 \times 0,2 + 0,15 \times 0,8 = 0,3$. Wenn wir diese Werte in die Formel von Bayes einsetzen, erhalten wir:

$$p(M \mid F) = \frac{0,2}{0,3} \times 0,9 = 0,6$$

Dieses Ergebnis besagt, dass von allen Patienten mit Flecken ungefähr 60 % mit Masern diagnostiziert werden. Angenommen, der Arzt erhält zusätzliche Informationen über die Art der Masern, sodass die Wahrscheinlichkeit ihrer Erkennung zunimmt, das heißt die Wahrscheinlichkeit $p(F \mid M)$, Flecken aufgrund von Masern zu haben, steigt von 0,9 auf 0,95 und $p(F \mid \bar{M})$, die Wahrscheinlichkeit, Flecken aus einem anderen Grund zu haben, sinkt von 0,15 auf 0,1. Wie ändern diese Informationen seine Rate der erfolgreichen Maserndiagnose? Wie groß ist das neue $p(M \mid F)$? Mit dieser neuen Information wird $p(F) = 0,95 \times 0,2 + 0,1 \times 0,8 = 0,27$. Nach der Formel von Bayes erhalten wir für $p(M \mid F)$ somit 0,2 dividert durch $p(F) = 0,27$ und dann alles multipliziert mit 0,95. Das Ergebnis ist 0,704. Mit seiner neuen Information kann Dr. Why also nun 70 % aller Fälle richtig diagnostizieren. Würden sich die Wahrscheinlichkeiten jeweils zu 0,99 und 0,01 ändern, dann wäre die Nachweiswahrscheinlichkeit $p(M \mid F) = 0,961$. Die Chancen für eine richtige Diagnose lägen in diesem Fall also bei 96 %.

Moderne Bayesianer   Ein traditioneller Wahrscheinlichkeitstheoretiker hat keine Probleme mit der Bayes'schen Formel, sofern die Wahrscheinlichkeiten alle gemessen werden können. Der anhaltende Streitpunkt ist die Interpretation von Wahrscheinlichkeit als ein „Vermutungsgrad" oder, wie man auch sagt, als eine subjektive Wahrscheinlichkeit.

Bei einem Prozess vor Gericht wird die Frage nach Schuld oder Unschuld manchmal durch eine „Abwägung der Wahrscheinlichkeiten" entschieden. Ein Anhänger der relativen Häufigkeiten wird ein Problem damit haben, der Wahrscheinlichkeit für die Schuld eines Gefangenen eine Bedeutung beimessen zu können. Der Bayesianer hat da keine Probleme; er kann auch Gefühle in seine Überlegungen einbeziehen. Wie soll das gehen? Wenn wir eine Entscheidung über Schuld oder Unschuld von einer „Abwägung der Wahrscheinlichkeiten" abhängig machen, sehen wir, wie Wahrscheinlichkeiten beeinflusst werden können. Betrachten wir eine mögliche Situation.

Ein Geschworener hat gerade vor Gericht einen Fall verfolgt. Nach seinen bisherigen Informationen entscheidet er für sich, dass der Angeklagte mit einer Wahrscheinlichkeit von 1 : 100 schuldig ist. Noch während sich die Geschworenen in einem Nebenraum beraten, werden sie zurück in den Gerichtssaal gerufen, weil die Anklage neue Beweise vorlegen will. Es wurde eine Waffe im Haus des Beschuldigten gefunden und der Chefankläger behauptet, die Wahrscheinlichkeit, diese Waffe unter diesen Umständen zu finden, liege bei 0,95, wenn der Angeklagte schuldig ist, aber nur bei 0,1, wenn er nicht schuldig ist. Die Wahrscheinlichkeit, die Waffe im Haus des Angeklagten zu finden, ist daher wesentlich höher, wenn der Angeklagte schuldig ist, als wenn er unschuldig wäre. Wie soll ein Geschworener seine Einschätzung über den Angeklagten aufgrund dieser neuen Information ändern? Mit unserer Schreibweise sei S das Ereignis, dass der Angeklagte schuldig ist, und B ist das Ereignis, dass es neue Beweise gibt. Der Geschworene hatte eine ursprüngliche Einschätzung von $p(S) = \frac{1}{100}$ oder 0,01. Diese Wahrscheinlichkeit bezeichnet man auch als die *a-priori*-Wahrscheinlichkeit. Die Neueinschätzung $p(S \mid B)$ ist die revidierte Wahrscheinlichkeit bei Vorlage der neuen Beweise B; man bezeichnet sie auch als die *posteriori* Wahrscheinlichkeit. Die Formel von Bayes

$$p(S \mid B) = \frac{p(B \mid S)}{p(B)} \times p(S)$$

zeigt nun, wie man aus der *priori* Wahrscheinlichkeit die *posteriori* Wahrscheinlichkeit berechnet. $p(B)$ können wir wie bei dem medizinischen Beispiel bestimmen und erhalten:

$$p(S \mid B) = \frac{0,95}{0,95 \times 0,01 + 0,1 \times 0,99} \times 0,01 = 0,088$$

Das könnte den Geschworenen in eine Verlegenheit bringen, denn seine ursprüngliche Einschätzung von 1 % Wahrscheinlichkeit für schuldig ist nun auf fast 9 % angestiegen. Hätte die Anklage die stärkere Behauptung aufgestellt, dass die Wahrscheinlichkeit für das Auffinden der Waffe bei 0,99 liegt, wenn der Angeklagte schuldig ist, aber nur bei 0,01, wenn er nicht schuldig ist, dann hätte der Geschworene mit der Bayes'schen Formel seine Meinung von 1 % zu 50 % schuldig ändern müssen.

Die Anwendung der Bayes'schen Formel unter solchen Bedingungen wurde oft kritisiert. Der entscheidende Punkt ist, wie man zu der *a-priori*-Wahrscheinlichkeit gelangt ist. Andererseits kann man durchaus sagen, dass die Bayes'sche Vorgehensweise eine Möglichkeit bietet, mit subjektiven Wahrscheinlichkeiten umzugehen und den Einfluss neuer Informationen auf diese Wahrscheinlichkeiten zu berücksichtigen. Die Bayes'sche Methode findet Anwendung in unterschiedlichen Bereichen, den Naturwissenschaften, der Wettervorhersage und bei der Rechtssprechung. Die Anhänger betonen die Ehrlichkeit und den pragmatischen Charakter im Umgang mit Unsicherheiten. Es spricht einiges dafür.

Meinungsbildung aufgrund von Indizien

33 Das Geburtstags- problem

Stellen Sie sich vor, Sie befinden sich in einem Bus auf Ihrer morgendlichen Fahrt zur Arbeit, und sie haben gerade nichts Besonderes zu tun. Da die Mitreisenden mit großer Wahrscheinlichkeit zufällig zusammengetroffen sind, können wir annehmen, dass ihre Geburtstage auch zufällig über das Jahr verstreut liegen. Insgesamt – Sie eingeschlossen – befinden sich nur 23 Reisende im Bus. Das ist nicht viel, aber es reicht für die folgende Behauptung: Die Wahrscheinlichkeit dafür, dass zwei Passagiere am selben Tag Geburtstag haben, ist größer als 50 %. Glauben Sie das? Die meisten Menschen glauben es nicht, doch es stimmt. Selbst Experten der Wahrscheinlichkeitstheorie wie William Feller waren erstaunt.

Ein Bus ist für die weiteren Überlegungen zu klein, also verlegen wir das Argument in einen großen Saal. Wie viele Personen müssen sich in dem Saal befinden, sodass *mit Sicherheit* zwei Personen am selben Tag Geburtstag haben? Ein (gewöhnliches) Jahr hat 365 Tage (der Einfachheit halber berücksichtigen wir keine Schaltjahre); wenn es also in dem Saal 366 Personen gibt, muss zumindest ein Paar am selben Tag Geburtstag haben. Es ist unmöglich, dass alle Personen an verschiedenen Tagen Geburtstag haben.

Das ist das Taubenschlagprinzip (manchmal auch Schubladenprinzip genannt): Wenn es $n + 1$ Tauben gibt, die sich auf insgesamt n Taubenschläge verteilen, muss ein Taubenschlag mehr als eine Taube enthalten. Bei 365 Personen könnten wir uns nicht sicher sein, dass es einen gemeinsamen Geburtstag gibt, denn die Geburtstage könnten sich auf die verschiedenen Tage im Jahr verteilen. Wenn sich jedoch 365 zufällig ausgewählte Personen im Saal befinden, wäre dies außerordentlich unwahrscheinlich. Selbst bei nur 50 anwesenden Personen beträgt die Wahrscheinlichkeit, dass zwei Personen am selben Tag Geburtstag haben, immer noch 96,5 %. Wird die Anzahl der Personen kleiner, verringert sich auch die Wahrscheinlichkeit für einen gemeinsamen Geburtstag. Bei 23 Personen ist diese Wahrscheinlichkeit gerade eben größer als ½, und bei 22 Personen ist sie kleiner als ½. Die Zahl 23 ist die kritische Zahl. Doch auch wenn die Ant-

Zeitleiste

wort auf das klassische Geburtstagsproblem überraschen mag, es handelt sich nicht um ein Paradoxon.

Der Beweis   Wie können wir uns davon überzeugen? Wir wählen zunächst eine beliebige Person. Die Wahrscheinlichkeit, dass eine zweite Person am selben Tag Geburtstag hat wie die erste Person ist $1/365$. Die Wahrscheinlichkeit, dass beide Personen nicht am selben Tag Geburtstag haben, ist somit eins minus diese Zahl (oder $364/365$). Die Wahrscheinlichkeit, dass eine weitere beliebig gewählte Person ihren Geburtstag am selben Tag hat wie eine der ersten beiden, ist $2/365$, und damit ist die Wahrscheinlichkeit, dass diese Person *nicht* ihren Geburtstag am selben Tag hat wie eine der ersten beiden, eins minus diese Zahl (oder $363/365$). Die Wahrscheinlichkeit, dass unter den drei Personen kein gemeinsamer Geburtstag vorliegt, ist daher das Produkt dieser beiden Wahrscheinlichkeiten, oder $(364/365) \times (363/365)$. Das ist ungefähr 0,9918.

Ebenso können wir auch 4, 5, 6, ... Personen behandeln und auf diese Weise das Geburtstagsparadoxon auflösen. Bei 23 Personen liefert unser Taschenrechner die Antwort 0,4927 für die Wahrscheinlichkeit, dass keine zwei Personen am selben Tag Geburtstag haben. Die Verneinung davon bedeutet, dass zumindest zwei Personen am selben Tag Geburtstag haben, und die Wahrscheinlichkeit für dieses Ereignis ist $1 - 0,4927 =$ 0,5073, also gerade eben größer als die kritische Grenze $1/2$.

Für $n = 22$ ist die Wahrscheinlichkeit, dass zwei Personen ihren Geburtstag am selben Tag haben, gleich 0,4757, also weniger als $1/2$. Das scheinbar Paradoxe an dem Geburtstagsproblem hängt damit zusammen, wie es sprachlich formuliert wird. Es geht um zwei Personen, die am selben Tag Geburtstag haben, aber es wird nicht gesagt, welche zwei Personen das sind. Wir wissen nicht, wen es schließlich trifft. Wenn sich andererseits Trevor Thomson im Raum befindet, der am 8. März Geburtstag hat, dann lässt sich die Frage auch anders stellen.

Wie viele Personen haben zusammen mit Trevor Thomson Geburtstag?

Zur Beantwortung dieser Frage ist die Rechnung eine andere. Die Wahrscheinlichkeit, dass Herr Thomson nicht am selben Tag Geburtstag hat wie eine beliebige andere Person, ist $364/365$, sodass die Wahrscheinlichkeit, dass sein Geburtstag mit keinem der Geburtstage der $n - 1$ anderen Personen im Raum zusammenfällt, durch $(364/365)^{n-1}$ gegeben ist. Die Wahrscheinlichkeit, dass Herr Thomson seinen Geburtstag mit einer anderen Person im Raum zusammen feiern kann, beträgt somit eins minus diese Zahl.

Wenn wir das für $n = 23$ berechnen, erhalten wir für die Wahrscheinlichkeit 0,061151. Die Chance, dass jemand seinen Geburtstag am 8. März hat, ist somit nur 6 %. Wird n größer, wächst auch diese Wahrscheinlichkeit. Doch wir müssen schon bis $n = 254$ gehen (wobei Herr Thomson einbezogen wurde), um für die Wahrscheinlichkeit einen Wert von über $1/2$ zu erhalten. Für $n = 254$ ist der Wert 0,5005. Hier liegt die Gren-

1920er-Jahre

1939

Satyendra Nath Bose behandelt
Einsteins Lichttheorie als ein
Besetzungszahlproblem

Richard von Mises formuliert das
Geburtstagsproblem

ze, denn $n = 253$ ergibt nur $0{,}4991$, also einen Wert unter $\frac{1}{2}$. Es müssen sich also schon 254 Personen im Raum befinden, damit die Wahrscheinlichkeit, dass Herr Thomson seinen Geburtstag mit einer zweiten Person zusammen feiern kann, größer als $\frac{1}{2}$ ist. Das entspricht unserer Intuition vielleicht eher als die überraschende Lösung des klassischen Geburtstagsproblems.

Andere Geburtstagsprobleme

Das Geburtstagsproblem wurde in mehrfacher Hinsicht verallgemeinert. Eine mögliche Verallgemeinerung besteht in der Frage, ob drei Personen am selben Tag Geburtstag haben. In diesem Fall wären 88 Personen notwendig, damit die Wahrscheinlichkeit größer als $\frac{1}{2}$ ist. Entsprechend werden auch die Gruppen größer, wenn man die Frage auf Gruppen von vier, fünf etc. Personen erweitert, die alle am selben Tag Geburtstag haben sollen. In einer Gruppe von 1 000 Personen ist die Wahrscheinlichkeit größer als $\frac{1}{2}$, dass neun Personen am selben Tag Geburtstag haben.

Andere Verallgemeinerungen erhält man, wenn die Geburtstage nur nahe beieinander liegen sollen. In diesem Fall erhält man einen Treffer, wenn ein Geburtstag innerhalb einer bestimmten Anzahl von Tagen bei einem anderen Geburtstag liegt. Es reichen schon 14 Personen in einem Zimmer aus, damit die Wahrscheinlichkeit größer ist als $\frac{1}{2}$, dass sich die Geburtstage von zwei Personen nur um maximal einen Tag unterscheiden.

Eine weitere Form des Geburtstagsproblems, das schon anspruchsvollere mathematische Verfahren erfordert, ist das Geburtstagsproblem für Jungen und Mädchen. Angenommen, in einer Klasse befinden sich ebenso viele Jungen wie Mädchen. Was wäre die kleinste Klasse, sodass die Wahrscheinlichkeit, dass ein Junge und ein Mädchen am selben Tag Geburtstag haben, größer ist als $\frac{1}{2}$?

Die Antwort lautet, dass die minimale Klasse in diesem Fall 32 Kinder (16 Mädchen und 16 Jungen) haben muss. Das lässt sich mit den 23 Personen im klassischen Geburtstagsproblem vergleichen.

Ändert sich die Fragestellung etwas, erhalten wir neue Probleme (die allerdings auch nicht einfacher zu beantworten sind). Angenommen, vor der Kasse zu einem Bob-Dylan-Konzert hat sich eine lange Schlange gebildet, und die Leute stellen sich zufällig an. Da wir an Geburtstagsproblemen interessiert sind, betrachten wir nicht den Fall, dass sich gleichzeitig Zwillinge oder Drillinge anstellen. Die Fans betreten den Konzertsaal und werden nach ihrem Geburtstag gefragt. Eine mathematische Frage könnte lauten: Wie viele Leute müssen im Mittel den Saal betreten haben, bis zwei *aufeinanderfolgende* Personen am selben Tag Geburtstag haben? Eine andere Frage wäre: Wie viele Personen haben den Saal betreten, bis eine Person am selben Tag Geburtstag hat wie Trevor Thomson (8. März)?

Mädchen   Jungen

Bei den Geburtstagsproblemen wird angenommen, dass die Geburtstage gleichförmig verteilt sind und dass jeder Tag dieselbe Wahrscheinlichkeit hat, der Geburtstag einer willkürlich herausgegriffenen Person zu sein. Experimentell erweist sich diese Annahme als falsch (während der Sommermonate werden mehr Personen geboren), doch die Abweichungen sind klein genug, um die berechneten Ergebnisse nicht wesentlich zu ändern.

Geburtstagsprobleme sind Beispiele für sogenannte Besetzungszahlprobleme, bei denen es den Mathematikern darum geht, Kugeln nach bestimmten Regeln in Fächer oder Zellen zu verteilen. Beim Geburtstagsproblem ist die Anzahl der Zellen 365 (sie entsprechen den möglichen Geburtstagen) und die Kugeln, die beliebig in die Zellen verteilt werden, sind die Personen. Die Frage lässt sich dann auch so formulieren, dass die Wahrscheinlichkeit gesucht ist, mit der zwei Kugeln in derselben Zelle landen. Bei dem Problem mit der Schulklasse aus Mädchen und Jungen haben die Kugeln noch zwei verschiedene Farben.

Nicht nur Mathematiker sind an Geburtstagsproblemen interessiert. Der indische Physiker Satyendra Nath Bose war fasziniert von Einsteins Theorie des Lichts und dem Konzept der Photonen. Er verließ die üblichen physikalischen Wege und betrachtete das physikalische System als ein Besetzungszahlproblem. Für ihn waren die Zellen keine Jahrestage, wie beim Geburtstagsproblem, sondern die Energieniveaus der Photonen. Statt Personen auf Zellen zu verteilen, verteilte er Photonen auf diese Zustände. Auch in den anderen Naturwissenschaften gibt es viele Anwendungen von Besetzungszahlproblemen. Beispielsweise lässt sich in der Biologie die Ausbreitung von Epidemien als ein Besetzungszahlproblem formulieren – die Zellen sind in diesem Fall geographische Gebiete, und die Kugeln entsprechen Krankheiten. Das Problem besteht darin, herauszufinden, in welchen Gebieten die Krankheiten besonders häufig auftreten.

Die Welt ist voller überraschender Zufälle, doch nur die Mathematik gibt uns die Möglichkeiten an die Hand, ihre Wahrscheinlichkeiten zu berechnen. Das klassische Geburtstagsproblem ist nur die Spitze des Eisbergs, und in diesem Sinne ist es ein Einstieg in einen ernsthaften Bereich der Mathematik mit wichtigen Anwendungen.

Die Berechnung von Zufällen

34 Verteilungs-funktionen

Ladislaus J. Bortkiewicz war begeistert von Sterbetafeln. Für ihn handelte es sich nicht um ein düsteres Thema, sondern um ein fruchtbares Gebiet wissenschaftlicher Forschung. Berühmt wurde er für seine Zählungen derjenigen Reiter in der preußischen Armee, die durch Pferdetritte ums Leben gekommen waren. Frank Benford, ein Elektroingenieur, untersuchte die ersten Ziffern aller möglichen Zahlen, um herauszufinden, wie oft die Eins, die Zwei, die Drei usw. vertreten waren. Und schließlich gab es George Kingsley Zipf, ein Deutschlehrer in Harvard mit einem großen Interesse an Philologie, der die Häufigkeiten von Worten in Texten untersuchte.

Bei all diesen Beispielen geht es um die Messung der Wahrscheinlichkeiten von Ereignissen. Wie groß ist die Wahrscheinlichkeit, dass x Reiter innerhalb eines Jahres durch einen Pferdetritt ums Leben kommen? Die Aufstellung einer Tabelle mit den Wahrscheinlichkeiten für jeden Wert von x bezeichnet man als eine Wahrscheinlichkeitsverteilung. In diesen Fällen handelt es sich um diskrete Verteilungen, weil die Werte von x nur bestimmte isolierte Werte annehmen können. Es gibt Lücken zwischen den interessanten Werten. Es können drei oder vier preußische Reiter durch einen Pferdetritt umkommen, aber nicht 3½. Bei der Benford-Verteilung ist man an der Häufigkeit der Zahlen 1, 2, 3, ... interessiert, und bei der Zipf-Verteilung könnte das Wort „das" an der achten Stelle in der Rangliste der führenden Wörter liegen, aber nicht an der Stelle 8,23.

Leben und Sterben in der preußischen Armee   Bortkiewicz sammelte über 20 Jahre die Daten von zehn Truppen und erhielt so Daten für 200 Truppenjahre. Er betrachtete die Anzahl der Todesfälle (was Mathematiker in diesem Fall die Variable nennen) und die Anzahl der Truppenjahre, in denen diese Anzahl von Todesfällen auftrat. Beispielsweise gab es 109 Truppenjahre, in denen kein Todesfall auftrat, während es in einem Truppenjahr vier Todesfälle gab. In einer bestimmten Truppe, sagen wir Truppe C, gab es in einem bestimmten Jahr vier Todesfälle.

Zeitleiste

1837	1881	1898
Siméon-Denis Poisson beschreibt die nach ihm benannte Verteilungsfunktion	Newcomb entdeckt die später unter dem Namen Benford'sches Gesetz bekannte Beziehung	Bortkiewicz analysiert die Todesursachen von Reitern der preußischen Kavallerie

Wie ist die Anzahl der Todesfälle verteilt? Das Sammeln solcher Informationen ist die eine Hälfte der Arbeit eines Statistikers. Bortkiewicz erhielt die folgende Tabelle:

Anzahl der Todesfälle	0	1	2	3	4
Häufigkeit	109	65	22	3	1

Zum Glück handelt es sich bei Pferdetritten als Todesursache um seltene Ereignisse. Das beste theoretische Modell für das Auftreten von seltenen Ereignissen ist die sogenannte Poisson-Verteilung. Hätte Bortkiewicz mit dieser Methode die Ergebnisse vorhersagen können, ohne die Pferdeställe zu besuchen? Die theoretische Poisson-Verteilung besagt, dass die Wahrscheinlichkeit für das Auftreten von X Todesfällen gerade durch die Poisson'sche Formel gegeben ist, wobei e die schon früher besprochene besondere Zahl ist, die häufig im Zusammenhang mit Wachstumsprozessen auftritt (▶ Kapitel 06) und das Ausrufezeichen die „Fakultät" bedeutet, also das Produkt aller ganzen Zahlen zwischen 1 und dieser Zahl (▶Kapitel 06). Der griechische Buchstabe lambda, geschrieben λ, ist die durchschnittliche Anzahl der Todesfälle. Wir wollen diesen Wert für die 200 Truppenjahre finden, also multiplizieren wir 0 Todesfälle mit 109 Truppenjahren (ergibt 0), 1 Todesfall mit 65 Truppenjahren (ergibt 65), 2 Todesfälle mit 22 Truppenjahren (ergibt 44), 3 Todesfälle mit 3 Truppenjahren (ergibt 9) und 4 Todesfälle mit 1 Truppenjahr (ergibt 4). Nun bilden wir die Summe all dieser Ergebnisse (das ist 122) und dividieren durch 200. Die durchschnittliche Anzahl von Todesfällen pro Truppenjahr ist somit $^{122}/_{200} = 0{,}61$.

$$e^{-\lambda}\lambda^x / x\,!$$

Die Poisson'sche Formel

Die theoretischen Wahrscheinlichkeiten (die wir mit p bezeichnen) erhalten wir, indem wir die Werte $x = 0, 1, 2, 3$ und 4 in die Poisson-Formel einsetzen. Die Ergebnisse sind:

Anzahl der Todesfälle	0	1	2	3	4
Wahrscheinlichkeiten, p	0,543	0,331	0.101	0,020	0,003
erwartete Anzahl von Todesfällen, $200 \times p$	108,6	66,2	20,2	4,0	0,6

Es sieht so aus, als ob die experimentellen Daten gut durch die theoretische Verteilung beschrieben werden.

Erste Ziffern Wenn wir die letzten Stellen von Telefonnummern in einer Spalte eines Telefonbuchs untersuchen, würden wir erwarten, dass die Zahlen 0, 1, 2, ..., 9 gleich häufig auftreten. Sie treten zufällig auf, und jede Zahl hat dieselbe Wahrscheinlichkeit. Im Jahre 1938 fand der Elektroingenieur Frank Benford, dass diese Aussage nicht für die ersten Ziffern von bestimmten Datenmengen gilt. Tatsächlich hatte er eine Gesetzmäßigkeit wiederentdeckt, auf die schon vor ihm im Jahre 1881 der Astronom Simon Newcomb gestoßen war.

1938

Benford findet erneut die
Verteilung für die ersten Ziffern

1950

Zipf leitet eine Formel für den
Zusammenhang zwischen Wortgebrauch und Wortschatz ab

2003

Die Poisson-Verteilung findet
Anwendung bei der Untersuchung der Fischbestände
im Nordatlantik

Vor einigen Tagen machte ich ein kleines Experiment. Ich untersuchte die Zahlen für Wechselkurse in einer örtlichen Tageszeitung. Es gab den Wechselkurs 2,119, der in diesem Fall bedeutete: Man benötigt 2,119 US-Dollar, um 1 Pfund Sterling zu kaufen. Entsprechend brauchte man 1,59 Euro oder 15,390 Hong-Kong-Dollar für den Kauf von 1 Pfund Sterling. Von diesen Zahlen interessierte mich immer nur die erste Ziffer, und die Häufigkeit, mit der eine bestimmte Ziffer auftrat, trug ich in eine Tabelle ein:

erste Ziffer	1	2	3	4	5	6	7	8	9	gesamt
Häufigkeit des Auftretens	18	10	3	1	3	5	7	2	1	50
Prozentsatz, %	36	20	6	2	6	10	14	4	2	100

Dieses Ergebnis bestätigt das Benford'sche Gesetz, das Folgendes besagt: Für manche Datenklassen erscheint die Zahl 1 als erste Ziffer in ungefähr 30 % der Daten, die Zahl 2 in rund 18 % der Daten usw. Es handelt sich offensichtlich nicht um die gleichförmige Verteilung der Zahlen, die man bei den letzten Stellen der Telefonnummern findet.

Es ist nicht offensichtlich, weshalb so viele Datenmengen dem Benford'schen Gesetz genügen sollen. Im 19. Jahrhundert fand Simon Newcomb zunächst eine entsprechende Regelmäßigkeit in mathematischen Tafeln, und er hätte sich vermutlich kaum vorstellen können, dass sie so weit verbreitet ist.

Die Benford'sche Verteilung tritt in vielen Zusammenhängen auf, dazu zählen die Punkte bei Sportereignissen, die Daten von Aktienmärkten, Hausnummern, Bevölkerungszahlen von Ländern und die Längen von Flüssen. Die Einheiten sind dabei nicht wichtig – es spielt keine Rolle, ob die Länge von Flüssen in Metern oder Meilen gemessen wird. Das Benford'sche Gesetz hat auch praktische Anwendungen. Nachdem man entdeckt hatte, dass die Zahlen von Abrechnungen in der Buchhaltung diesem Gesetz folgen, konnte man leichter falsche Angaben und Betrug ausfindig machen.

Wörter Neben seinen vielen Interessensgebieten hatte G. K. Zipf auch die seltsame Angewohnheit, Wörter zu zählen. Die kurzen Wörter in der folgenden Tabelle sind die zehn häufigsten Wörter in der deutschen Sprache:

Rang	1	2	3	4	5	6	7	8	9	10
Wort	der	die	und	in	den	von	zu	das	mit	sich

Eine solche Tabelle erhält man aus einer sehr großen Menge möglichst unterschiedlicher Literatur, wobei man nur die Wörter zählt. Dem häufigsten Wort wurde Rang 1 gegeben, dem zweithäufigsten Rang 2 usw. Je nach Art der untersuchten Texte gibt es Unterschiede in den Häufigkeiten, doch diese sind selten sehr groß.

Vermutlich wird es kaum jemanden überraschen, dass „der" das häufigste und „die" das zweithäufigste Wort ist. Doch die Liste geht weiter, und vielleicht interessiert es Sie, dass das Wort „ganze" an Stelle 500 und das Wort „bezeichnet" an Stelle 1 000 liegt. Wir betrachten hier nur die ersten zehn Wörter. Wenn Sie sich einen beliebigen Text vornehmen und die Wörter zählen, erhalten Sie mehr oder weniger dieselben Wörter in derselben Reihenfolge. Das Überraschende ist jedoch, dass der Rang einen Einfluss auf die tatsächliche Häufigkeit des Wortes in einem Text hat. Das Wort „der" tritt ungefähr doppelt so häufig auf wie das Wort „die" und dreimal so häufig wie „und" usw. Die tatsächliche Anzahl folgt einer bekannten Formel. Es handelt sich um ein empirisch bestimmtes Gesetz, das von Zipf aus den Daten abgelesen wurde. Das Zipf'sche Gesetz besagt, dass die prozentuale Häufigkeit des Wortes mit Rang r durch

$$\frac{k}{r} \times 100$$

gegeben ist, wobei k nur vom Wortschatz des Autors abhängt. Würde ein Autor sämtliche Wörter seiner Muttersprache beherrschen, sagen wir grob geschätzt rund eine Million Wörter, dann wäre dieser Wert 0,0694. Nach der Formel des Zipf'schen Gesetzes würde das Wort „der" in diesem Fall rund 6,94 % aller Wörter im Text ausmachen. Eine Abhandlung mit rund 3 000 Wörtern von einem derart begabten Autor würde rund 208-mal das Wort „der" und 104-mal das Wort „die" enthalten.

Für Schreiber, die nur 20 000 Wörter beherrschen, würde der Wert von k auf 0,0954 ansteigen, das heißt im gleichen Text würde (im Mittel) 286-mal das Wort „der" und 143-mal das Wort „die" auftreten. Je kleiner der Wortschatz, umso häufiger verwendet man das Wort „der".

Ein Blick in die Kristallkugel Ob Poisson, Benford oder Zipf, alle Wahrscheinlichkeitsverteilungen ermöglichen uns Vorhersagen. Es gibt keine hundertprozentige Sicherheit, doch die Wahrscheinlichkeiten zu kennen, ist immer noch besser als ein Schuss ins Leere. Neben diesen drei Verteilungen gibt es unzählige weitere – die Binomialverteilung, die negative Binomialverteilung, die geometrische Verteilung, die hypergeometrische Verteilung usw. Dem Statistiker steht somit eine ganze Palette von mathematischen Hilfsmitteln zur Verfügung, um einen großen Bereich von menschlichen Aktivitäten analysieren zu können.

Vorhersagen für „wie viele"

35 Die Normalverteilung

Die Normalverteilung spielt in der Statistik eine besondere Rolle. Man vergleicht ihre Bedeutung manchmal mit der geraden Linie in der Geometrie. Sie hat sicherlich viele wichtige mathematische Eigenschaften, doch wenn wir einen Satz von Rohdaten auswerten, finden wir in den seltensten Fällen eine exakte Normalverteilung.

Die Normalverteilung wird durch eine bestimmte mathematische Formel beschrieben, die eine glockenartige Kurve erzeugt, also eine Kurve mit einem dicken Buckel in der Mitte und zwei auslaufenden Flanken an jeder Seite. Die Bedeutung der Normalverteilung liegt weniger in der Häufigkeit ihres tatsächlichen Auftretens als in der Theorie. Dort hat sie jedoch eine lange Geschichte. Der französische Hugenotte Abraham de Moivre, der nach England fliehen musste, um der religiösen Verfolgung zu entgehen, stieß auf diese Kurve im Jahre 1733 im Zusammenhang mit seinen Untersuchungen von Wahrscheinlichkeiten. Pierre Simon de Laplace veröffentlichte mathematische Eigenschaften dieser Verteilung, und Carl Friedrich Gauß verwendete sie in der Astronomie. Daher spricht man manchmal auch von der Gauß-Kurve und dem Gauß'schen Fehlergesetz.

Adolphe Quetelet verwendete die Normalverteilung im Zusammenhang mit seinen 1835 veröffentlichten soziologischen Untersuchungen, wo er Abweichungen von der „Durchschnittsperson" durch die Normalverteilung beschrieb. In anderen Experimenten bestimmte er die Größe von französischen Legionären und den Brustumfang von schottischen Soldaten und nahm jeweils eine Verteilung entsprechend der Glockenkurve an. Damals war man überzeugt, dass die meisten Phänomene in diesem Sinne „normal" sind.

Die Cocktailparty Georgina geht auf eine Cocktailparty und wird von ihrem Gastgeber Sebastian gefragt, ob sie von weit her gekommen sei. Im Nachhinein findet sie die Frage für eine Cocktailparty ganz nützlich. Jeder kann sich angesprochen fühlen, und sie fordert zu einer Antwort heraus. Außerdem ist die Frage nicht nervig, und sie kann den Ball ins Rollen bringen, wenn eine Unterhaltung nur schwer in Gang kommt.

Zeitleiste

1733

De Moivre veröffentlicht Arbeiten über die Normalverteilung als Näherung für die Binomialverteilung

1820

Gauß verwendet die Normalverteilung (oder Gauß-Verteilung) zur Fehlerbestimmung in der Astronomie

Am nächsten Tag fährt Georgina noch leicht benommen ins Büro und fragt sich, ob ihre Kollegen von weit her zur Arbeit kommen mussten. In der Kantine erfährt sie, dass einige gerade um die Ecke wohnen und andere fast 80 Kilometer entfernt; es gibt sehr große Unterschiede. Georgina ist Personalleiterin in einer großen Firma, und so nimmt sie bei ihrer jährlichen Personalbefragung ganz am Ende eine weitere Frage mit auf: „Wie weit sind Sie heute zur Arbeit gefahren?" Sie möchte für die Firmenmitarbeiter die mittlere Fahrtstrecke zur Arbeit bestimmen. Als Georgina die Ergebnisse der Befragung in ein Histogramm aufträgt, ist keine besondere Form erkennbar, doch zumindest kann sie die durchschnittliche Fahrtstrecke zur Arbeit berechnen.

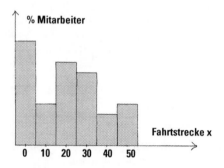

Georginas Histogramm der Fahrtstrecke, die ihre Kollegen zur Arbeit zurücklegen müssen

Für den Mittelwert findet sie 20 Kilometer. Mathematiker verwenden dafür den griechischen Buchstaben my, geschrieben μ, also ist $\mu = 20$. Die Streuung in der Verteilung bezeichnet man mit dem griechischen Buchstaben sigma (σ), meist spricht man auch von der Standardabweichung. Wenn die Standardabweichung klein ist, liegen die Daten nahe beieinander, und es gibt wenig Unterschiede, doch bei einer großen Standardabweichung liegen die Daten weit verstreut. Der Marktanalytiker der Firma hat eine Ausbildung als Statistiker, und er zeigt Georgina, dass sie aus einer Stichprobe ungefähr denselben Wert erhalten hätte. Es gab also keinen Grund, alle Angestellten zu fragen. Schätzungen dieser Art beruhen auf dem zentralen Grenzwertsatz.

Man nehme eine zufällige Stichprobe aller Angestellten der Firma. Je größer diese Stichprobe ist, umso besser, doch 30 Mitarbeiter reichen schon aus. Bei der Auswahl der Stichprobe ist es sehr wahrscheinlich, dass einige der Personen gerade um die Ecke wohnen und andere von weit her kommen. Wenn wir die mittlere Fahrtstrecke für die Personen der Stichprobe berechnen, gleichen sich lange und kurze Fahrtstrecken aus. Mathematiker schreiben für den Mittelwert der Stichprobe $\overline{x}$, was man als „x quer" liest. In Georginas Fall ist es am wahrscheinlichsten, dass $\overline{x}$ in der Nähe von 20 liegt, dem

1835

Quetelet nutzt die Normalverteilung, um Abweichungen vom Durchschnittsbürger zu bestimmen

1870er-Jahre

Die Verteilungskurve erhält die Bezeichnung „normal"

1901

Aleksandr Lyapunov gibt einen strengen Beweis für den Zentralen Grenzwertsatz mithilfe charakteristischer Funktionen

Durchschnitt der Gesamtmenge. Natürlich wäre es auch möglich, wenn auch sehr unwahrscheinlich, dass der Durchschnitt der Stichprobe sehr klein oder sehr groß ist.

Der zentrale Grenzwertsatz ist einer der Gründe, weshalb die Normalverteilung für den Statistiker so wichtig ist. Die tatsächliche Verteilung des Stichprobenmittelwerts $\bar{x}$ entspricht ungefähr einer Normalverteilung, unabhängig von der Verteilung von x. Was bedeutet das? In Georginas Fall steht x für die Wegstrecke zur Arbeit und $\bar{x}$ ist der Mittelwert der Stichprobe. Die Verteilung von x in Georginas Histogramm hat keine Ähnlichkeit mit einer Glockenkurve, doch die Verteilung von $\bar{x}$ ist eine solche Kurve, und ihr Mittelpunkt liegt bei $\mu = 20$.

Aus diesem Grund können wir den Mittelwert $\bar{x}$ einer Stichprobe als einen Schätzwert für den Mittelwert der Gesamtmenge μ ansehen. Außerdem erhalten wir auch noch die Streuung der Stichprobenmittelwerte. Wenn die Streuung der Werte von x eine Standardabweichung von σ hat, dann hat die Streuung von $\bar{x}$ den Wert $\sigma/\sqrt{n}$, wobei n die Größe der Stichprobe ist. Je größer die Stichprobe, umso enger ist die Normalverteilung der Mittelwerte, und umso besser ist der Schätzwert für μ.

20   **mittlere Wegstrecke x̄**

Die Verteilung des Stichprobenmittelwerts

Andere Normalverteilungen

Wir machen ein einfaches Experiment: Insgesamt viermal werfen wir eine Münze. Jedes Mal ist die Wahrscheinlichkeit, Kopf zu werfen, $p = \frac{1}{2}$. Das Ergebnis der vier Würfe schreiben wir auf – K steht für Kopf und Z für Zahl – jeweils in der Reihenfolge ihres Auftretens. Insgesamt gibt es 16 mögliche Ergebnisse. Wir könnten zum Beispiel insgesamt dreimal Kopf werfen, wie in $ZKKK$. Es gibt vier Möglichkeiten, dreimal Kopf zu erhalten (die anderen sind $KZKK$, $KKZK$, $KKKZ$), also ist die Wahrscheinlichkeit, dreimal Kopf zu erhalten, $\frac{4}{16} = 0{,}25$.

Für eine kleine Anzahl von Würfen lassen sich die Wahrscheinlichkeiten noch leicht berechnen und in eine Tabelle schreiben. Damit können wir auch eine Verteilung der Wahrscheinlichkeiten bestimmen. Die Zeile mit der Anzahl der Möglichkeiten können wir aus dem Pascal'schen Dreieck ablesen (▶Kapitel 13):

Anzahl „Kopf"	0	1	2	3	4
Anzahl der Möglichkeiten	1	4	6	4	1
Wahrscheinlichkeit	0.0625	0.25	0.375	0.25	0.0625
	(= 1/16)	(= 4/16)	(= 6/16)	(= 4/16)	(= 1/16)

Dies bezeichnet man als die Binomialverteilung von Wahrscheinlichkeiten. Sie tritt immer dann auf, wenn zwei mögliche Ergebnisse gleich wahrscheinlich sind (wie Kopf und Zahl). Man kann die Ergebnisse auch in einem Diagramm darstellen, bei dem sowohl die Höhe der Kurve als auch die Fläche als Wahrscheinlichkeiten gedeutet werden können.

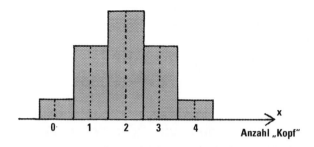

Die Anzahl von „Kopf" bei vier Würfen mit einer Münze nach der Binomialverteilung

Vier Würfe mit einer Münze ist noch etwas wenig. Was passiert, wenn wir die Münze sehr oft, zum Beispiel 100-mal, werfen? Natürlich können wir auch für $n = 100$ die Binomialverteilung für die Wahrscheinlichkeiten verwenden, doch sie lässt sich auch sehr gut durch die normalverteilte Glockenkurve mit Mittelwert $\mu = 50$ (bei 100 Würfen würden wir 50-mal Kopf erwarten) und einer Streuung (Standardabweichung) von $\sigma = 5$ annähern. Dies hat de Moivre im 18. Jahrhundert herausgefunden.

Für sehr große Werte von n nähert sich die tatsächliche Verteilung der Variablen x, die die Anzahl der erfolgreichen Ereignisse angibt, immer besser einer Normalverteilung an. Je größer der Wert von n, umso besser ist die Übereinstimmung der beiden Kurven, und 100 Münzwürfe zählt schon als ziemlich groß. Angenommen, wir möchten die Wahrscheinlichkeit berechnen, zwischen 40- und 60-mal Kopf zu werfen. Die Fläche A zeigt das relevante Gebiet und entspricht der gesuchten Wahrscheinlichkeit, für die wir $p(40 \leq x \leq 60)$ schreiben. Den Zahlenwert müssen wir einer mathematischen Tabelle entnehmen, wo wir finden $p(40 \leq x \leq 60) = 0{,}9545$. Mit anderen Worten, bei 100 Würfen ist die Wahrscheinlichkeit, zwischen 40- und 60-mal Kopf zu werfen, gleich 95,45 %, also schon ziemlich hoch.

Wahrscheinlichkeitsverteilung für die Häufigkeit von „Kopf" bei 100 Münzwürfen.

Die restliche Fläche ist $1 - 0{,}9545$, also $0{,}0455$. Da die Normalverteilung symmetrisch zur Mitte ist, entspricht die Hälfte von diesem Wert der Wahrscheinlichkeit, bei 100 Münzwürfen mehr als 60-mal Kopf zu erhalten. Das sind gerade einmal 2,275 % und entspricht einer geringen Chance. Falls Sie mal nach Las Vegas kommen, sollten sie auf solche Chancen nicht wetten.

Die allgegenwärtige Glockenkurve

36 Beziehungen zwischen Daten

Wie hängen zwei Datensätze zusammen? Vor etwa 100 Jahren glaubten Statistiker die Antwort zu kennen. Korrelation und Regression haben Gemeinsamkeiten, und doch handelt es sich um verschiedene Dinge, von denen jedes seine eigenen Aufgaben übernimmt. Durch Korrelationsmessungen bestimmt man, wie zwei Größen – zum Beispiel Gewicht und Körpergröße – miteinander in Beziehung stehen. Mit der Angabe einer Regression versucht man, die Werte einer Größe (zum Beispiel das Gewicht) aus der anderen Größe (in diesem Fall der Körpergröße) vorherzusagen.

Die Pearson-Korrelation Der Ausdruck Korrelation wurde in den 1880er-Jahren von Francis Galton eingeführt. Ursprünglich hieß es „Ko-Relation", was die eigentliche Bedeutung eher trifft. Galton war ein bekannter viktorianischer Wissenschaftler, der alles und jedes ausmessen wollte. Er untersuchte die Korrelationen zwischen allen möglichen Paaren von Variablen, unter anderem auch zwischen der Flügelbreite und der Schwanzlänge von Vögeln. Der Pearson'sche Korrelationskoeffizient verdankt seinen Namen Galtons Biograf und Schützling Karl Pearson. Der Wert dieses Koeffizienten liegt zwischen minus eins und plus eins. Ist der Wert hoch, beispielsweise +0,9, gibt es eine ausgeprägte Korrelation zwischen den Variablen. Der Korrelationskoeffizient misst, wie gut Daten entlang einer geraden Linie liegen. Ist er nahe null, gibt es praktisch keine Korrelationen.

Oft bestimmen wir die Korrelationen zwischen zwei Variablen, um festzustellen, wie stark die beiden Größen miteinander zusammenhängen. Betrachten wir als Beispiel die Verkaufszahlen von Sonnenbrillen und ihre Beziehung zu den Verkaufszahlen von Eiscreme. San Francisco ist ein guter Ort für eine solche Untersuchung, und wir sammeln monatlich die entsprechenden Verkaufsdaten der Stadt. Wenn wir die Punkte in einem Diagramm auftragen, bei dem die x-Achse (waagerecht) die Verkaufszahlen von Sonnenbrillen und die y-Achse (senkrecht) die Verkaufszahlen von Eis angeben, erhalten wir für jeden Monat einen Datenpunkt (x, y) für diese beiden Werte. So könnte der

Punkt (3, 4) bedeuten, dass im Mai Sonnenbrillen im Wert von 30 000 US-Dollar verkauft wurden, wohingegen im selben Monat aus dem Verkauf an Eiscreme 40 000 US-Dollar eingenommen wurden. Wir können für ein ganzes Jahr die Datenpunkte (x, y) in einem solchen Streudiagramm darstellen. In diesem Fall erhalten wir für den Pearson'schen Korrelationskoeffizienten einen Wert von ungefähr +0,9, was einer großen Korrelation entspricht. Die Daten folgen tendenziell einer geraden Linie. Der Koeffizient ist positiv, weil die Gerade eine positive Steigung hat – sie zeigt in nordöstliche Richtung.

Streudiagramm.

Ursache und Korrelation

Aus einer ausgeprägten Korrelation zwischen zwei Variablen können wir noch nicht den Schluss ziehen, dass eine der Größen die andere verursacht. Es könnte eine Ursache-Wirkung-Beziehung zwischen den beiden Variablen geben, doch das lässt sich nicht ausschließlich aufgrund der numerischen Verhältnisse begründen. In der Diskussion um die Beziehungen zwischen Ursache und Korrelation spricht man oft von „Assoziation", und es ist ratsam, zunächst auch nicht mehr als das zu behaupten.

Bei dem oben genannten Beispiel finden wir eine starke Korrelation zwischen dem Verkauf von Sonnenbrillen und dem von Eiscreme. Wenn der Verkauf von Sonnenbrillen zunimmt, nimmt auch der Verzehr von Eiscreme zu. Es wäre jedoch lächerlich zu behaupten, dass der höhere Verkauf von Sonnenbrillen die *Ursache* für den Mehrverkauf an Eiscreme ist. Bei Korrelationen kann auch eine versteckte dritte Variable eine wichtige Rolle spielen. So hängen der Verkauf von Sonnenbrillen und der Verkauf von Eiscreme vermutlich über die Jahreszeit miteinander zusammen (heißes Wetter in den Sommermonaten und kaltes Wetter im Winter). Es besteht noch eine weitere Gefahr bei der Interpretation von Korrelationen. Es könnte eine sehr große Korrelation zwischen Variablen geben, ohne dass ein logischer oder wissenschaftlicher Zusammenhang zwischen diesen besteht. Es könnte zum Beispiel eine hohe Korrelation zwischen den Hausnummern und dem durchschnittlichen Alter der Hausbewohner bestehen, doch daraus alleine lässt sich noch keine signifikante Beziehung ablesen.

Spearman-Korrelation

Korrelationen erweisen sich auch in anderen Zusammenhängen als nützlich. Beispielsweise lässt sich der Korrelationskoeffizient für geordnete Datensätze verwenden, also für Daten, bei denen wir wissen, welcher Datenpunkt der erste, der zweite etc. ist, bei denen aber keine numerischen Werte vorliegen.

In manchen Fällen ist uns nur die Reihenfolge von Daten bekannt. Betrachten wir als Beispiel Albert und Zac, zwei energische Punkterichter beim Eiskunstlauf, die bei einem Wettkampf die Eiskunstläufer nach künstlerischen Gesichtspunkten beurteilen sollen. Es

1896

Pearson veröffentlicht Beiträge zur Korrelation und Regression

1904

Spearman verwendet die Rangkorrelation in psychologischen Untersuchungen

handelt sich um eine subjektive Bewertung. Albert und Zac haben beide olympische Medaillen gewonnen und wurden als Punkterichter für die Endauswahl von fünf Läufern gewählt: Ann, Beth, Charlotte, Dorothy und Ellie. Würden Albert und Zac die Läufer in der exakt gleichen Rangfolge einstufen, wäre alles kein Problem, doch das Leben ist nicht immer so einfach. Andererseits würden wir auch nicht erwarten, dass die Reihenfolge, die Albert den Teilnehmern gibt, genau umgekehrt ist zu der Reihenfolge, die Zac ihnen gibt. Im Allgemeinen erhält man zwei Reihenfolgen, die zwischen diesen beiden Extremfällen liegen. Die Rangliste von Albert sei: Ann (1.), Ellie (2.), Beth (3.), Charlotte (4.) und schließlich Dorothy (5.). Für Zac war Ellie auf Platz 1, gefolgt von Beth, Ann, Dorothy und schließlich Charlotte. Diese Einstufungen lassen sich in folgender Tabelle zusammenfassen:

Läufer	Einstufung Albert	Einstufung Zac	Differenz der Einstufung, d	d^2
Ann	1	3	− 2	4
Ellie	2	1	1	1
Beth	3	2	1	1
Charlotte	4	5	− 1	1
Dorothy	5	4	1	1
n = 5			Summe	8

Wie können wir die Übereinstimmung zwischen den beiden Punkterichtern messen? Der Korrelationskoeffizient von Spearman ist ein mathematisches Hilfsmittel, um eine solche Übereinstimmung für geordnete Daten zum Ausdruck zu bringen. Ein Wert von +0,8 deutet auf ein hohes Maß an Übereinstimmung zwischen Albert und Zac hin. Wenn wir die beiden Plätze in der Reihenfolge für jeden Läufer als Datenpunkt in ein Diagramm auftragen, erhalten wir eine grafische Darstellung für den Grad an Übereinstimmung zwischen den beiden Punkterichtern.

Die Formel für diesen Korrelationskoeffizienten wurde 1904 von dem Psychologen Charles Spearman abgeleitet, der ebenso wie Pearson von den Arbeiten von Francis Galton beeinflusst war.

$$1 - \frac{6 \times Sum}{n \times (n^2 - 1)}$$

Die Formel von Spearman.

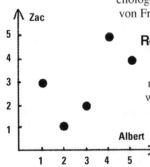

Die Übereinstimmung zwischen den beiden Punkterichtern.

Regressionsgeraden Sind Sie größer als Ihre Eltern oder kleiner, oder liegen Sie dazwischen? Wenn wir alle größer wären als unsere Eltern und sich dies bei jeder Generation wiederholen würde, gäbe es irgendwann nur noch Personen über drei Meter, was sehr unplausibel klingt. Umgekehrt, wären wir alle kleiner als unsere Eltern, würde die durchschnittliche Körpergröße der Bevölkerung immer kleiner, und das ist ebenfalls unwahrscheinlich. Die Wahrheit liegt irgendwo dazwischen.

In den 1880er-Jahren führte Francis Galton Experimente durch, bei denen er die Körpergröße von ausgewachsenen Jugendlichen mit der Größe ihrer Eltern verglich. Für jeden Wert der *x*-Variablen, die der Größe der Eltern entsprach (genauer einer Durchschnittsgröße der beiden Elternteile), untersuchte er die Größe der Nachkommen. Galton war ein Praktiker, das Ergebnis bestand also aus unzähligen, in kleine Quadrate unterteilten Papierblättern, in denen er die Daten eingetragen hatte. Für 205 Eltern und 928 Nachkommen fand er in beiden Fällen einen Mittelwert von 173,4 Zentimeter. Dieser Wert war für ihn das Mittelmaß. Er beobachtete, dass Kinder von sehr großen Eltern meist größer als dieses Mittelmaß waren, allerdings nicht so groß wie der Mittelwert ihrer Eltern. Umgekehrt waren Kinder von kleineren Eltern im Mittel ebenfalls kleiner, allerdings nicht so klein wie die Eltern. Mit anderen Worten, die Körpergrößen der Kinder tendierten zurück zum Mittelwert. Ein ähnliches Phänomen beobachtet man auch bei Topspielern in der Bundesliga. In einer Saison spielen sie außergewöhnlich gut und in der nächsten Saison spielen sie wieder schlechter, aber immer noch nicht so schlecht, wie der Durchschnitt der Fußballspieler. Man spricht in diesem Fall auch von einer Regression zum Durchschnittsverhalten.

Die Regression ist in der Statistik ein wichtiges Verfahren mit vielen Anwendungen. Angenommen, die Abteilung für Unternehmensmanagement einer bekannten Kleinhandelskette wählt fünf ihrer Geschäfte für eine Untersuchung aus, angefangen bei einem kleinen Outlet-Laden (mit rund 1 000 Kunden pro Monat) bis hin zu einem Großmarkt (mit 10 000 Kunden pro Monat). Man interessiert sich für die Anzahl der Angestellten in den jeweiligen Geschäften. Über ein Regressionsverfahren möchte man abschätzen, wie viele Angestellte für die anderen Geschäfte benötigt werden.

Anzahl der Kunden (in 1 000)	1	4	6	9	10
Anzahl der Angestellten	24	30	46	47	53

Diese Daten werden in ein Diagramm eingetragen, bei dem die x-Koordinate der Anzahl der Kunden entspricht (wir nennen dies die unabhängige Variable) und die y-Koordinate der Anzahl der Angestellten (dies ist die abhängige Variable). Die Anzahl der Kunden lässt sich nicht beeinflussen, aber die Anzahl der Angestellten wird von der Anzahl der Kunden abhängen. Die durchschnittliche Kundenzahl in den ausgewählten Geschäften ist 6 (also 6 000 Kunden) und die durchschnittliche Anzahl der Angestellten ist 40. Die Regressionsgerade verläuft immer durch diesen „Mittelpunkt", im vorliegenden Fall (6,40). Es gibt allgemeine Gleichungen zur Berechnung der den Daten am besten angeglichenen Regressionsgeraden (man spricht auch von der Geraden der minimalen Abstandsquadrate). In unserem Beispiel findet man $\hat{y} = 20,8 + 3,2\,x$. Die Steigung ist also 3,2 und positiv (sie verläuft von links unten nach rechts oben), und die Gerade kreuzt die vertikale y-Achse bei dem Punkt 20,8. Der Ausdruck $\hat{y}$ ist der aus dieser Geraden gewonnene Schätzwert für den y-Wert. Wenn wir also wissen wollen, wie viele Angestellte man in einem Geschäft beschäftigen sollte, das monatlich 5 000 Kunden empfängt, dann sollte man für x den Wert 5 in die Regressionsgleichung einsetzen und erhält als Schätzwert $\hat{y} = 37$ Angestellte. Dies ist ein praktisches Beispiel für die Nützlichkeit von Regression.

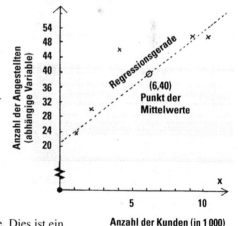

Anzahl der Kunden (in 1 000)
(unabhängige Variable)

Die Wechselwirkung von Daten

37 Genetik

Die Genetik ist ein Zweig der Biologie, weshalb also ein Kapitel in einem Mathematikbuch? Der Grund ist, dass sich diese beiden Gebiete gegenseitig befruchten und bereichern. Die Probleme der Genetik erfordern die Mathematik, doch umgekehrt hat die Genetik auch neue Bereiche der Algebra ins Leben gerufen. Gregor Mendel steht im Mittelpunkt der Genetik, der Wissenschaft von der Vererbung. Vererbte Eigenschaften, wie Augenfarbe, Haarfarbe, Farbenblindheit, Links- oder Rechtshändigkeit und Blutgruppen werden alle durch die Faktoren (Allele) eines Gens bestimmt. Mendel behauptete, dass sich diese Faktoren unabhängig voneinander in die nächste Generation übertragen.

Wie wird der Faktor für die Augenfarbe in die nächste Generation übertragen? In dem einfachsten Modell gibt es zwei Faktoren, b und B:

b ist der Faktor für blaue Augen,
B ist der Faktor für braune Augen.

In einem Individuum treten diese Faktoren paarweise auf und bilden zusammen den möglichen Genotyp bb, bB und BB (denn bB ist dasselbe wie Bb). Eine Person besitzt einen dieser drei Genotypen, und dieser bestimmt die Augenfarbe. Zum Beispiel könnte in einer bestimmten Bevölkerungsgruppe ein Fünftel der Personen den Genotyp bb haben, ein Fünftel den Genotyp bB und die verbleibenden drei Fünftel den Genotyp BB. Ausgedrückt in Prozenten würden diese Genotypen also 20 %, 20 % und 60 % der Population ausmachen. In einem Diagramm kann man diese Verhältnisse von Genotypen verdeutlichen.

Der Faktor B, der für eine braune Augenfarbe steht, ist der dominante Faktor, und b für eine blaue Augenfarbe ist der rezessive Faktor. Eine Person mit dem reinen Genotyp BB hat braune Augen, ebenso eine Person mit dem gemischten Faktor, also dem Genotyp bB, da B dominant ist. Lediglich eine Person mit dem reinen Genotyp bb besitzt blaue Augen.

Zu Beginn des 19. Jahrhunderts tauchte in der Biologie eine brennende Frage auf. Würden braune Augen irgendwann allgemein verbreitet sein und blaue Augen aussterben? Die Antwort war ein klares „Nein".

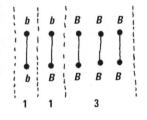

In dieser Population sind die Genotypen bb, bB und BB im Verhältnis 1:1:3 vertreten

Zeitleiste

1718

Abraham de Moivre veröffentlicht
The Doctrine of Chances

1865

Mendel vermutet die Existenz von Genen und formuliert die Vererbungsgesetze

Das Hardy-Weinberg-Gesetz

Das Hardy-Weinberg-Gesetz Die Antwort auf diese Frage folgt aus dem Hardy-Weinberg-Gesetz, einer Anwendung reiner Mathematik auf die Genetik. Es erklärt, weshalb im Rahmen der Mendel'schen Vererbungslehre ein dominantes Gen auf Dauer nicht vollkommen die Oberhand gewinnt und ein rezessives Gen nicht ausstirbt.

G. H. Hardy war ein englischer Mathematiker, und er war stolz darauf, dass die reine Mathematik, wie er glaubte, keine praktischen Anwendungen habe. Auf dem Gebiet der reinen Mathematik war er ein erfolgreicher Forscher, doch allgemein bekannt ist er vermutlich für seinen einzigen Beitrag zur Genetik. Dieses Problem entstand nach einem Cricket-Match als mathematische Idee auf der Rückseite eines Briefumschlags. Demgegenüber hatte Wilhelm Weinberg einen vollkommen anderen Hintergrund. Er war praktizierender Arzt in Deutschland und forschte zeitlebens über die Vererbungslehre. Er entdeckte das Gesetz ungefähr zur selben Zeit wie Hardy im Jahre 1908.

Das Gesetz von Hardy und Weinberg bezieht sich auf große Populationen, in denen alle Paarungen zufällig erfolgen. Es gibt keine bevorzugten Paarungen, sodass sich beispielsweise blauäugige Personen nicht bevorzugt mit anderen blauäugigen Personen paaren. Nach der Paarung erhält das Kind von jedem Elternteil einen Faktor. Wenn sich zum Beispiel ein Mischtyp bB mit einem anderen Mischtyp bB paart, kann jede der Kombinationen bb, bB und BB entstehen, wenn sich jedoch ein reiner Genotyp bb mit einem reinen Genotyp BB paart, kann nur ein Mischtyp bB entstehen. Wie groß ist die Wahrscheinlichkeit, dass ein b-Faktor übertragen wird? Zählen wir die Anzahl der b-Faktoren ab: Es gibt zwei b-Faktoren für jeden bb-Genotyp und einen b Faktor für jeden bB-Genotyp. Damit erhalten wir drei b-Faktoren von insgesamt zehn (in unserem Beispiel einer Population mit einem 1:1:3-Verhältnis der drei Genotypen). Die Übertragungswahrscheinlichkeit, dass sich ein b-Faktor in dem Genotyp eines Kindes befindet, ist gleich der relativen Häufigkeit des b-Faktors und somit im vorliegen Fall 3/10 oder 0,3. Die Übertragungswahrscheinlichkeit für einen B-Faktor ist 7/10 oder 0,7. Die Wahrscheinlichkeit für den Genotyp bb in der nächsten Generation ist somit $0,3 \times 0,3 = 0,09$. Die vollständige Liste der Wahrscheinlichkeiten ist in folgender Tabelle zusammengefasst:

	b		B	
b	bb	$0,3 \times 0,3 = 0,09$	bB	$0,3 \times 0,7 = 0,21$
B	Bb	$0,3 \times 0,7 = 0,21$	BB	$0,7 \times 0,7 = 0,49$

Die gemischten Genotypen bB und Bb sind identisch, sodass die Wahrscheinlichkeit für ihr Auftreten durch $0,21 + 0,21 = 0,42$ gegeben ist. Ausgedrückt in Prozentzahlen sind die Verhältnisse der Genotypen bb, bB und BB in der neuen Generation 9 %, 42 % und 49 %. Da B der dominante Faktor ist, haben 42 % + 49 % = 91 % der Individuen in der ersten Generation braune Augen. Nur eine Person mit dem Genotyp bb besitzt die beobachtbaren Eigenschaften des b-Faktors, demnach haben nur 9 % der Population blaue Augen.

1908
Hardy und Weinberg zeigen, weshalb dominante Gene die rezessiven Gene nicht zum Aussterben bringen

1918
Fisher bringt Darwins Evolutionstheorie mit der Mendel'schen Vererbungslehre zusammen

1953
Die Doppelhelixstruktur der DNA wird entdeckt

Die anfängliche Verteilung der Genotypen war 20 %, 20 % und 60 %, und in der neuen Generation ist sie 9 %, 42 % und 49 %. Was passiert nun? Ausgehend von dieser Verteilung untersuchen wir die Verteilung in der nächsten Generation unter der Annahme einer zufälligen Paarung. Der Anteil der b-Faktoren ist $0,09 + \frac{1}{2} \times 0,42 = 0,3$, der Anteil der B-Faktoren ist $\frac{1}{2} \times 0,42 + 0,49 = 0,7$. Diese Anteile sind identisch mit den vorherigen Übertragungswahrscheinlichkeiten der Faktoren b und B. Die Verteilung der Genotypen bb, bB und BB wird in der nächsten Generation daher dieselbe sein wie in der vorigen Generation, und insbesondere ist der Genotyp bb für blaue Augen nicht ausgestorben, sondern verbleibt bei 9 % der Population. Die jeweiligen Anteile der Genotypen in aufeinanderfolgenden Generationen bei zufälliger Paarung sind somit:

$$20\,\%, 20\,\%, 60\,\% \;\rightarrow\; 9\,\%, 42\,\%, 49\,\% \;\rightarrow\; ... \;\rightarrow\; 9\,\%, 42\,\%, 49\,\%$$

Dies ist die wesentliche Aussage des Hardy-Weinberg-Gesetzes: Nach nur einer Generation bleiben die Verhältnisse der Genotypen in einer Population für die weiteren Generationen konstant. Das Gleiche gilt für die Übertragungswahrscheinlichkeiten.

Das Argument von Hardy

Das Hardy-Weinberg-Gesetz gilt für jede beliebige Anfangspopulation, nicht nur für die 20 %, 20 % und 60 %, die wir in unserem Beispiel gewählt haben. Zum Beweis verwenden wir Hardys ursprüngliches Argument, das er im Jahre 1908 an den Herausgeber der Zeitschrift *Science* schickte.

Hardy beginnt mit der anfänglichen Verteilung der Genotypen bb, bB und BB und bezeichnet diese als p, $2r$ und q. Für die Übertragungswahrscheinlichkeiten bzw. die relativen Häufigkeiten der beiden Faktoren erhält er damit $p + r$ und $q + r$. In unserem Beispiel (von 20 %, 20 % und 60 %) sind $p = 0,2$, $2r = 0,2$ und $q = 0,6$. Die Übertragungswahrscheinlichkeiten für die Faktoren b und B sind $p + r = 0,2 + 0,1 = 0,3$ und $r + q = 0,1 + 0,6 = 0,7$. Wie würde sich eine andere anfängliche Verteilung der Genotypen bb, bB und BB auswirken, beispielsweise wenn wir mit 10 %, 60 % und 30 % beginnen würden? Was würde das Gesetz von Hardy und Weinberg in diesem Fall ergeben? Nun hätten wir $p = 0,1$, $2r = 0,6$ und $q = 0,3$, und die Übertragungswahrscheinlichkeiten für die Faktoren b und B wären jeweils $p + r = 0,4$ und $r + q = 0,6$. Die Verteilung der Genotypen in der nächsten Generation wäre daher 16 %, 48 % und 36 %. Somit finden wir für die jeweiligen Verhältnisse der Genotypen in den Generationen:

$$10\,\%, 60\,\%, 30\,\% \;\rightarrow\; 16\,\%, 48\,\%, 36\,\% \;\rightarrow\; ... \;\rightarrow\; 16\,\%, 48\,\%, 36\,\%$$

Diese Verhältnisse bleiben wie zuvor nach einer Generation unverändert, ebenso wie die Übertragungswahrscheinlichkeiten von 0,4 und 0,6. Mit diesen Zahlen hätten 16 % der Bevölkerung blaue Augen und 48 % + 36 % = 84 % braune Augen, denn der Faktor B ist dominant im Genotyp bB.

Das Gesetz von Hardy und Weinberg besagt somit, dass die Verhältnisse für die Verteilung der Genotypen bb, bB und BB von Generation zu Generation unverändert bleiben. Diese Aussage gilt unabhängig von der anfänglichen Verteilung der Faktoren in der Bevölkerung, allerdings hängt die konkrete Verteilung, die sich nach einer Generation einstellt, von der Anfangsverteilung ab. Die dominanten *B*-Gene verdrängen nicht die anderen Gene, sondern die Verhältnisse der Genotypen bleiben stabil.

Hardy betonte, dass es sich bei diesem Modell nur um eine Näherung handelt. Seine Einfachheit und Eleganz beruhen auf vielen Annahmen, die im tatsächlichen Leben nicht gelten. Die Wahrscheinlichkeiten von Genmutationen oder Veränderungen in den Genen selbst wurden nicht berücksichtigt, und das Ergebnis – die Konstanz der Häufigkeiten der Faktoren – bedeutet, dass dieses Modell keine Aussagen zur Evolution machen kann. In Wirklichkeit gibt es einen „genetischen Drift", und die Häufigkeiten der Faktoren ändern sich. Das führt auch zu einer Veränderung der Gesamtverhältnisse, und es können neue Arten entstehen.

Durch das Gesetz von Hardy und Weinberg rückten zwei Gebiete der Genetik näher zusammen: Die Mendel'sche Vererbungslehre – die „Quantentheorie" der Genetiker – und die Evolutionstheorie von Darwin mit dem Mechanismus der natürlichen Auslese. Es bedurfte jedoch des Genies von R. A. Fisher, um die Mendel'sche Vererbungslehre mit der kontinuierlichen Evolution von Merkmalen in Einklang zu bringen.

Bis in die 1950er-Jahre fehlte der Genetik ein physikalisches Verständnis, worum es sich bei dem genetischen Material handelt. Dann erfolgte die einschneidende Entdeckung von Francis Crick, James Watson, Maurice Wilkins und Rosalind Franklin. Das genetische Material ist die Desoxyribonukleinsäure oder DNA (*deoxyribonucleic acid*). Für die Modellierung der berühmten Doppelhelix (eines Paares von Spiralen, die sich um einen gedachten Zylinder wickeln) war eine große Portion an Mathematik notwendig. Die Gene befinden sich auf den einzelnen Abschnitten dieser Doppelhelix.

Für die Genetik ist die Mathematik unverzichtbar. Angefangen bei der grundlegenden Geometrie der Spiralen der DNA bis hin zu einer realistischeren und durchaus anspruchsvollen Version des Gesetzes von Hardy und Weinberg wurden viele mathematische Modelle entwickelt, unter anderem zur Einbeziehung weiterer Eigenschaften (nicht nur der Augenfarbe) und der Berücksichtigung der Unterschiede zwischen Männern und Frauen sowie nicht zufälliges Paarungsverhalten. Umgekehrt lieferte die Genetik auch wichtige Beiträge zur Mathematik, unter anderem durch die Initiierung neuer algebraischer Strukturen, die sich durch interessante mathematische Eigenschaften auszeichnen.

Unsicherheiten im Genpool

38 Gruppen

Evariste Galois starb bei einem Duell im Alter von 20 Jahren, doch er hinterließ genügend Ideen, um Mathematiker für die nächsten Jahrhunderte zu beschäftigen. Dazu gehörte insbesondere die Theorie der Gruppen, ein mathematisches Konzept zur exakten Behandlung von Symmetrien. Abgesehen von künstlerischen Aspekten spielt die Symmetrie eine besondere Rolle bei Naturwissenschaftlern, die von einer zukünftigen „Theorie von Allem" träumen. Die Gruppentheorie ist der Klebstoff, mit dem „Alles" zusammengehalten wird.

Überall im Alltag stoßen wir auf Symmetrie. Wir finden sie in griechischen Vasen ebenso wie in Schneeflocken, wir begegnen ihr in architektonischen Bauten und sogar in einigen Buchstaben des Alphabets. Es gibt viele Arten von Symmetrien: Besonders auffällig sind Spiegelsymmetrien und Dreh- oder Rotationssymmetrien. Wir beschränken uns auf zweidimensionale Symmetrien – die von uns untersuchten Gegenstände liegen alle in der flachen Ebene dieser Buchseiten.

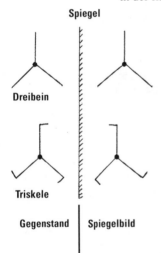

Spiegel

Dreibein

Triskele

Gegenstand | Spiegelbild

Spiegelsymmetrie Gibt es Objekte, deren Spiegelbild dieselbe Form hat wie das Objekt selbst? Die Namen OTTO und ANNA besitzen eine Spiegelsymmetrie, doch TOBI und ANITA nicht. OTTO vor einem Spiegel ist dasselbe wie OTTO im Spiegel, während TOBI vor dem Spiegel zu IBOT im Spiegel wird. Ein Dreibein hat eine Spiegelsymmetrie, eine Triskele (ein Dreibein mit Füßen) aber nicht. Die Triskele als Gegenstand vor dem Spiegel ist rechtshändig, doch das Spiegelbild ist linkshändig.

Rotationssymmetrie Wir können auch die Frage stellen, ob es eine Achse senkrecht zur Papierebene gibt, sodass der Gegenstand in der Ebene um einen bestimmten Winkel gedreht werden kann und wieder seine ursprüngliche Lage und Form einnimmt. Sowohl das Dreibein als auch die Triskele sind rotationssymmetrisch. Die Triskele hat dabei eine besonders interessante Form. Ihre rechtshändige Version finden wir im Symbol der Isle of Man sowie der Flagge von Sizilien. Wenn wir die Figur um 120 Grad oder 240 Grad drehen, hat die gedrehte Figur die-

Zeitleiste

1832	**1854**	**1872**
Galois arbeitet mit der Permutationsgruppe	Cayley versucht, das Konzept einer Gruppe zu verallgemeinern	Felix Klein verkündet sein Programm zur Klassifikation von Geometrien mithilfe von Gruppen

selbe Form und Lage wie die ursprüngliche Figur. Hält man während der Drehung die Augen geschlossen, kann man nicht entscheiden, ob überhaupt eine Drehung stattgefunden hat.

Figuren wie die Triskele haben die besondere Eigenschaft, dass sie durch keine Drehung in der Ebene von einer rechtshändigen Version in eine linkshändige Version überführt werden können. Gegenstände, bei denen sich das Spiegelbild von dem Gegenstand vor dem Spiegel unterscheidet, bezeichnet man als chiral – die beiden Formen sehen zwar ähnlich aus, aber sie sind nicht identisch. Die dreidimensionale molekulare Struktur von manchen chemischen Verbindungen kann sowohl in rechts- als auch linkshändiger Form existieren. Hierbei handelt es sich um chirale Körper. Ein Beispiel ist die Verbindung Limonen, die in der einen Form nach Orangen riecht und in der anderen Form nach Terpentin. Ein anderes Beispiel ist die Droge Thalidomid, deren eine Form eine spezifische therapeutische Wirkung hat, die andere Form jedoch tragische Konsequenzen – Stichwort Contergan – haben kann.

Die Triskele der Isle of Man

Symmetriemessung

Bei unserer Triskele sind die Symmetrieoperationen die Drehungen (im Uhrzeigersinn) R um 120 Grad und S um 240 Grad. Die Transformation I dreht einen Gegenstand um 360 Grad bzw. überhaupt nicht. Die Ergebnisse von Kombinationen dieser Drehungen können wir in einer Tabelle zusammenfassen, ähnlich einer Multiplikationstabelle.

Diese Tabelle gleicht einer gewöhnlichen Multiplikationstabelle von Zahlen, allerdings „multiplizieren" wir nun Symbole. Nach der üblichen Konvention bedeutet die Multiplikation $R \circ S$, dass die Triskele zunächst um 240 Grad gedreht wird (die Operation S) und anschließend nochmals um 120 Grad (die Operation R), immer im Uhrzeigersinn. Das Ergebnis ist eine Drehung um 360 Grad und somit dasselbe, als ob man gar nichts gemacht hätte. Das können wir in folgender Form ausdrücken: $R \circ S = I$. Dieses Ergebnis finden wir im Feld in der vorletzten Zeile und der letzten Spalte der Tabelle.

Die Symmetriegruppe der Triskele besteht aus den Operationen I, R und S sowie der Multiplikationstabelle der Kombinationen aus diesen Operationen. Da die Gruppe drei Elemente enthält, bezeichnet man ihre Größe (oder „Ordnung") als drei. Eine Tabelle dieser Art bezeichnet man auch als Cayley-Tabelle (benannt nach dem Mathematiker Arthur Cayley, einem entfernten Cousin des Flugpioniers Sir George Cayley).

Ähnlich wie die Triskele hat auch das einfache Dreibein ohne Füße eine Rotationssymmetrie. Doch in diesem Fall kommt noch die Spiegelsymmetrie hinzu, und daher ist die Symmetriegruppe größer. Mit U, V und W bezeichnen wir die Reflektionen an den drei Spiegelachsen.

$\circ$	I	R	S
I	I	R	S
R	R	S	I
S	S	I	R

Cayley-Tabelle für die Symmetriegruppe der Triskele

1891

Evgraf Fedorov und Arthur Schönflies klassifizieren unabhängig voneinander die 230 kristallografischen Gruppen

1983

Mit der vollständigen Klassifikation sämtlicher einfachen endlichen Gruppen ist ein umfangreiches Theorem bewiesen

∘	I	R	S	U	V	W
I	I	R	S	U	V	W
R	R	S	I	V	W	U
S	S	I	R	W	U	V
U	U	W	V	I	S	R
V	V	U	W	R	I	S
W	W	V	U	S	R	I

Cayley-Tabelle für die Symmetriegruppe des einfachen Dreibeins

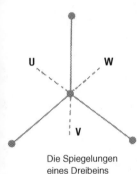

Die Spiegelungen eines Dreibeins

Die größere Symmetriegruppe des einfachen Dreibeins hat die Ordnung sechs und besteht aus den sechs Transformationen I, R, S, U, V und W. Nebenstehend findet man die Multiplikationstabelle.

Interessante Transformationen erhält man, wenn man zwei Reflexionen an verschiedenen Achsen kombiniert, zum Beispiel $U \circ W$ (wobei die Reflektion W zuerst durchgeführt wird). Man erhält insgesamt eine Drehung des Dreibeins um 120 Grad, ausgedrückt in Symbolen: $U \circ W = R$. Führt man die Reflexionen in umgekehrter Reihenfolge aus, $W \circ U = S$, erhält man eine Drehung um 240 Grad. Insbesondere folgt $U \circ W \neq W \circ U$. Hier stoßen wir auf einen wesentlichen Unterschied zwischen der Multiplikationstabelle einer Gruppe und den gewöhnlichen Multiplikationstabellen von Zahlen.

Eine Gruppe, bei der die Reihenfolge der Transformationen keine Rolle spielt, bezeichnet man als Abel'sche Gruppe, benannt nach dem norwegischen Mathematiker Niels Abel. Die Symmetriegruppe des einfachen Dreibeins ist die kleinste nicht Abel'sche Gruppe.

Abstrakte Gruppen Im 20. Jahrhundert wurden die Konzepte der Algebra immer abstrakter, und heute definiert man eine Gruppe durch einige Grundregeln, sogenannte Axiome. Unter diesem Blickwinkel ist die Symmetriegruppe des Dreiecks nur ein spezielles Beispiel für eine abstrakte Struktur. Die Algebra kennt noch fundamentalere Konzepte als Gruppen, zu deren Definition weniger Axiome erforderlich sind. Andere Strukturen sind wesentlich komplizierter und benötigen mehr Axiome. Das Konzept einer Gruppe hat jedoch gerade den richtigen Grad an Komplexität, um es zur wichtigsten algebraischen Struktur überhaupt zu machen. Es ist bemerkenswert, wie aus so wenigen Axiomen ein so reichhaltiges System von Erkenntnissen entstanden ist. Abstrakte Methoden haben den Vorteil, dass sich allgemeine Sätze ableiten lassen, die für alle Gruppen gelten und bei Bedarf auf spezielle Beispiele angewandt werden können.

Innerhalb einer Gruppe können sich auch kleinere Gruppen befinden – sogenannte Untergruppen. Die Symmetriegruppe der Triskele von der Ordnung drei ist eine Untergruppe der Symmetriegruppe des einfachen Dreibeins von der Ordnung sechs. J. L. Lagrange bewies für Untergruppen einen fundamentalen Satz: Die Ordnung einer Untergruppe muss immer ein Teiler der Ordnung der gesamten Gruppe sein. Damit wissen wir sofort, dass die Symmetriegruppe des einfachen Dreibeins keine Untergruppen der Ordnung vier oder fünf haben kann.

Die Klassifikation von Gruppen In der zweiten Hälfte des 20. Jahrhunderts entstand ein umfangreiches Projekt zur Klassifikation aller möglichen endlichen Gruppen. Es geht dabei nicht um eine Aufzählung sämtlicher Gruppen, denn einige Gruppen lassen sich aus einfacheren Gruppen zusammensetzen. Man ist in erster Linie an den einfachen Gruppen interessiert, die sich nicht weiter zerlegen lassen. Diese Art der Klassifikation lässt sich mit dem Periodensystem der Chemie vergleichen: Man ist zunächst an den chemischen Elementen interessiert und nicht an den Verbindungen, die sich daraus bilden lassen. Die Symmetriegruppe des Dreibeins mit ihren sechs Elementen ist eine

---

Axiome für eine Gruppe

Eine Menge G von Elementen, für die eine „Multiplikation" $\circ$ definiert ist, bezeichnet man als Gruppe, wenn folgende Bedingungen erfüllt sind:

1. Es gibt ein Element 1 in G, sodass $1 \circ a = a \circ 1 = a$ für jedes Element a in der Gruppe G gilt (dieses besondere Element 1 bezeichnet man als die Identität bzw. das Identitätselement).

2. Zu jedem Element a in G gibt es ein Element $\bar{a}$ in G mit $\bar{a} \circ a = a \circ \bar{a} = 1$. (Das Element $\bar{a}$ bezeichnet man das inverse Element zu a.)

3. Für alle Elemente a, b und c in G ist folgende Gleichung erfüllt $a \circ (b \circ c) = (a \circ b) \circ c$. (Dies bezeichnet man als das Assoziativgesetz.)

„Verbindung" aus der Gruppe der Drehungen (von der Ordnung drei) und den Spiegelungen (Ordnung zwei).

Fast alle fundamentalen Gruppen lassen sich in bekannte Klassen einteilen. Das Ergebnis der vollständigen Klassifikation wurde von Daniel Gorenstein im Jahre 1983 bekannt gegeben. Dahinter steckten jedoch die Arbeit von 30 Jahren und unzählige Veröffentlichungen von vielen Mathematikern. Bei dieser Klassifikation handelt es sich um einen Atlas sämtlicher bekannten Gruppen. Die fundamentalen Gruppen lassen sich in vier Hauptklassen einteilen, allerdings gibt es 26 Gruppen, die zu keiner dieser Kategorien gehören. Man bezeichnet sie als sporadische Gruppen.

Die sporadischen Gruppen sind Einzelgänger und haben meist eine sehr hohe Ordnung. Fünf der kleineren unter ihnen kannte bereits Emile Mathieu in den 1860er-Jahren, doch ein Großteil der Arbeit wurde zwischen 1965 und 1975 geleistet. Die kleinste sporadische Gruppe hat die Ordnung $7\,920 = 2^4 \times 3^2 \times 5 \times 11$. Am oberen Ende befinden sich jedoch das „Baby-Monster" und schließlich die „Monstergruppe" mit der Ordnung $2^{46} \times 3^{20} \times 5^9 \times 7^6 \times 11^2 \times 13^3 \times 17 \times 19 \times 23 \times 29 \times 31 \times 41 \times 47 \times 59 \times 71$, was ausgedrückt in Dezimalschreibweise ungefähr 8×10^{53} entspricht, oder einer 8 mit 53 Nullen – eine wirklich große Zahl. Man kann zeigen, dass 20 der 26 sporadischen Gruppen als Untergruppen der „Monstergruppe" auftreten. Die sechs verbleibenden Gruppen entziehen sich jedem Klassifikationsschema.

Der Mathematiker liebt knappe Beweise und hat einen Hang zur Kürze. Doch der Beweis der Klassifikation der endlichen Gruppen umfasst rund 10 000 Seiten mit komprimierter Symbolik. Der Fortschritt in der Mathematik beruht nicht immer nur auf der Arbeit eines einzelnen herausragenden Genies.

Symmetriemessung

39 Matrizen

Dies ist die Geschichte der „verallgemeinerten Algebra" – einer Revolution in der Mathematik Mitte des 19. Jahrhunderts. Schon seit Jahrhunderten hatte man mit Blöcken von Zahlen herumgespielt, doch die Idee, diese Blöcke als einzelne „Zahlen" zu behandeln, entstand vor rund 150 Jahren in einer kleinen Gruppe von Mathematikern. Sie erkannten die weitreichenden Möglichkeiten hinter dieser Verallgemeinerung.

Die gewöhnliche Algebra ist die aus der Schule vertraute Algebra, bei der Symbole wie a, b, c, x und y für einfache Zahlen stehen. Für viele ist das schon schwierig genug, aber für die Mathematik war dieser Schritt von Zahlen zu Symbolen ein wichtiger Fortschritt. Doch dieser Schritt war immer noch klein im Vergleich zur Entwicklung der „verallgemeinerten" Algebren. Für viele komplexere Anwendungen erwies sich dieser Schritt von einer eindimensionalen Algebra zu einer mehrdimensionalen Algebra als erstaunlich wertvoll.

Mehrdimensionale Algebren In der gewöhnlichen Algebra kann a für eine Zahl stehen, beispielsweise 7, und wir würden $a = 7$ schreiben. In der Matrixtheorie entspricht einer Matrix A eine „mehrdimensionale" Zahl, beispielsweise ein Block

$$A = \begin{pmatrix} 7 & 5 & 0 & 1 \\ 0 & 4 & 3 & 7 \\ 3 & 2 & 0 & 2 \end{pmatrix}$$

Diese Matrix hat drei Zeilen und vier Spalten (es ist eine „3 mal 4"-Matrix), doch allgemein kann es Matrizen mit einer beliebigen Anzahl von Zeilen und Spalten geben – auch eine riesige „100 mal 200"-Matrix mit 100 Zeilen und 200 Spalten. Ein grundlegender Vorteil der Matrixalgebra liegt darin, dass wir riesige Zahlenmengen, zum Beispiel die Datenmengen in einer Statistik, als eine einzige Größe betrachten können. Darüber hinaus können wir diese Zahlenblöcke einfach und effizient manipulieren. Wenn wir die Einträge von zwei Datenmengen mit jeweils 1 000 Zahlen addieren oder multiplizieren wollen, müssen wir keine 1 000 Rechnungen vornehmen – es reicht eine Rechnung (die Summe oder das Produkt von zwei Matrizen).

Zeitleiste

200 v. Chr.	**1850** n. Chr.	**1858**
Chinesische Mathematiker verwenden bereits Zahlenreihen	J. J. Sylvester führt den Begriff „Matrix" ein	Cayley veröffentlicht *A Memoir on the Theory of Matrices* (Abhandlung zur Theorie der Matrizen)

Ein praktisches Beispiel Nehmen wir an, die Matrix *A* gibt die Produktmenge der AJAX-Gesellschaft in einer Woche wieder. Die AJAX-Gesellschaft besteht aus drei Betrieben in verschiedenen Landesteilen, die insgesamt vier Produkte herstellen, und die Produktmenge wird jeweils in gewissen Einheiten (zum Beispiel 1 000 Teile) gemessen. Dann könnten die Einträge der Matrix *A* in unserem Beispiel folgende Bedeutung haben:

	Produkt 1	Produkt 2	Produkt 3	Produkt 4
Betrieb 1	7	5	0	1
Betrieb 2	0	4	3	7
Betrieb 3	3	2	0	2

In der nächsten Woche könnte die erzeugte Produktmenge anders aussehen, doch wir können sie wieder in Form einer Matrix schreiben. Beispielsweise könnte *B* folgendermaßen aussehen:

$$B = \begin{pmatrix} 9 & 4 & 1 & 0 \\ 0 & 5 & 1 & 8 \\ 4 & 1 & 1 & 0 \end{pmatrix}$$

Wie sieht die Gesamtproduktion der beiden Wochen aus? Die Matrizentheorie sagt uns, es ist die Summe *A* + *B* der beiden Matrizen, wobei die entsprechenden Zahlen jeweils addiert werden müssen:

$$A + B = \begin{pmatrix} 7+9 & 5+4 & 0+1 & 1+0 \\ 0+0 & 4+5 & 3+1 & 7+8 \\ 3+4 & 2+1 & 0+1 & 2+0 \end{pmatrix} = \begin{pmatrix} 16 & 9 & 1 & 1 \\ 0 & 9 & 4 & 15 \\ 7 & 3 & 1 & 2 \end{pmatrix}$$

Das ist vergleichsweise leicht. Leider ist die Matrizenmultiplikation etwas komplizierter. Kehren wir zur AJAX-Gesellschaft zurück. Angenommen, die Gewinne aus den vier Produkten seien pro Einheit jeweils 3, 9, 8 und 2. Wir können nun leicht den Gesamtgewinn für Betrieb 1 ausrechnen, dessen Produktion in dieser Woche 7, 5, 0, 1 Einheiten für die vier Produkte war. Der Gewinn ist: $7 \times 3 + 5 \times 9 + 0 \times 8 + 1 \times 2 = 68$.

Doch statt uns auf einen Betrieb zu konzentrieren, können wir auch den Gesamtprofit *T* für alle drei Betriebe berechnen:

$$T = \begin{pmatrix} 7 & 5 & 0 & 1 \\ 0 & 4 & 3 & 7 \\ 3 & 2 & 0 & 2 \end{pmatrix} \times \begin{pmatrix} 3 \\ 9 \\ 8 \\ 2 \end{pmatrix} = \begin{pmatrix} 7\times 3 + 5\times 9 + 0\times 8 + 1\times 2 \\ 0\times 3 + 4\times 9 + 3\times 8 + 7\times 2 \\ 3\times 3 + 2\times 9 + 0\times 8 + 2\times 2 \end{pmatrix} = \begin{pmatrix} 68 \\ 74 \\ 31 \end{pmatrix}$$

1878

Georg Frobenius beweist einige
wichtige Sätze für Matrizenalgebren

1925

Heisenberg verwendet die
Matrizenmechanik in der
Quantentheorie

Man erkennt hier die „Reihe-mal-Spalte"-Multiplikationsregel, ein wesentliches Element der Matrizenmultiplikation. Wenn wir neben dem Gewinn pro Einheit noch das Einheitsvolumen 7, 4, 1, 5 pro Produkteinheit kennen, können wir in einem Schwung sowohl den Gewinn als auch die Raumkapazitäten für die drei Betriebe in einer Matrizenmultiplikation berechnen:

$$\begin{pmatrix} 7 & 5 & 0 & 1 \\ 0 & 4 & 3 & 7 \\ 3 & 2 & 0 & 2 \end{pmatrix} \times \begin{pmatrix} 3 & 7 \\ 9 & 4 \\ 8 & 1 \\ 2 & 5 \end{pmatrix} = \begin{pmatrix} 68 & 74 \\ 74 & 54 \\ 31 & 39 \end{pmatrix}$$

Der gesamte Bedarf an Lagerraum steht in der zweiten Spalte der Matrix, das heißt 74, 54 und 39. Matrizenrechnen ist sehr effizient. Stellen wir uns eine Gesellschaft mit Hunderten von Betrieben und Tausenden von Produkten vor, und jede Produkteinheit hat einen anderen Gewinn und einen anderen Lagerbedarf, und jede Woche werden unterschiedliche Produktmengen erzeugt. Mit der Matrizenalgebra sind die Berechnungen und insbesondere auch unser Überblick vergleichsweise einfach; die Details werden uns abgenommen.

Matrizenalgebra im Vergleich zur gewöhnlichen Algebra

Es gibt viele Parallelen zwischen Matrizenalgebren und gewöhnlicher Algebra. Der wichtigste Unterschied betrifft die Multiplikation von Matrizen. Wir multiplizieren eine Matrix A mit einer Matrix B und vergleichen die beiden Möglichkeiten in der Reihenfolge:

$$A \times B = \begin{pmatrix} 3 & 5 \\ 2 & 1 \end{pmatrix} \times \begin{pmatrix} 7 & 6 \\ 4 & 8 \end{pmatrix} = \begin{pmatrix} 3 \times 7 + 5 \times 4 & 3 \times 6 + 5 \times 8 \\ 2 \times 7 + 1 \times 4 & 2 \times 6 + 1 \times 8 \end{pmatrix} = \begin{pmatrix} 41 & 58 \\ 18 & 20 \end{pmatrix}$$

$$B \times A = \begin{pmatrix} 7 & 6 \\ 4 & 8 \end{pmatrix} \times \begin{pmatrix} 3 & 5 \\ 2 & 1 \end{pmatrix} = \begin{pmatrix} 7 \times 3 + 6 \times 2 & 7 \times 5 + 6 \times 1 \\ 4 \times 3 + 8 \times 2 & 4 \times 5 + 8 \times 1 \end{pmatrix} = \begin{pmatrix} 33 & 41 \\ 28 & 28 \end{pmatrix}$$

Für Matrizen sind also im Allgemeinen $A \times B$ und $B \times A$ verschieden. Dieser Fall kann in der gewöhnlichen Algebra nicht auftreten, weil die Reihenfolge der Multiplikation von zwei Zahlen für das Ergebnis keine Rolle spielt.

Ein weiterer Unterschied bezieht sich auf das Inverse eines Elements. In der gewöhnlichen Algebra lässt sich das Inverse einer Zahl leicht berechnen. Für $a = 7$ ist das Inverse $\frac{1}{7}$, weil diese Zahl die Eigenschaft hat, dass $\frac{1}{7} \times 7 = 1$ ist. Manchmal schreibt man für das Inverse auch $a^{-1} = \frac{1}{7}$, und es gilt: $a^{-1} \times a = 1$.

Ein Beispiel aus der Matrizentheorie ist $A = \begin{pmatrix} 1 & 2 \\ 3 & 7 \end{pmatrix}$. Wir können leicht überprüfen,

dass $A^{-1} = \begin{pmatrix} 7 & -2 \\ -3 & 1 \end{pmatrix}$, denn $A^{-1} \times A = \begin{pmatrix} 7 & -2 \\ -3 & 1 \end{pmatrix} \times \begin{pmatrix} 1 & 2 \\ 3 & 7 \end{pmatrix} = \begin{pmatrix} 1 & 0 \\ 0 & 1 \end{pmatrix}$, wobei $I = \begin{pmatrix} 1 & 0 \\ 0 & 1 \end{pmatrix}$ die

sogenannte Identitätsmatrix darstellt, die das Matrixäquivalent zur 1 in der gewöhnlichen Algebra ist. In der gewöhnlichen Algebra hat nur 0 kein Inverses, doch in der Matrizenalgebra gibt es viele Matrizen, zu denen es keine inverse Matrix gibt.

Reisepläne Ein weiteres Beispiel für die Nützlichkeit von Matrizen ist die Erstellung des Flugnetzes einer Fluggesellschaft. Angeflogen werden sowohl große Flughäfen mit vielen Verbindungen als auch kleinere Flughäfen. In der Praxis könnte es sich um Hunderte von Bestimmungsorten handeln, doch hier betrachten wir nur ein einfaches Beispiel: die Großflughäfen London (L) und Paris (P) sowie die kleineren Flughäfen Edinburgh (E), Bordeaux (B) und Toulouse (T). Das Netzwerk zeigt die möglichen *Direktflüge* zwischen diesen Flughäfen. Bevor man mit einem Computer solche Netzwerke analysiert, codiert man die Flüge üblicherweise in Matrizen. Wenn es einen Direktflug zwischen zwei Flughäfen gibt, schreibt man eine 1 an die entsprechende Stelle, wo sich die Zeile und die Spalte der beiden Flughäfen treffen (wie beispielsweise von London nach Edingburgh). Die „Zusammenhangsmatrix" für das obige Netzwerk ist A.

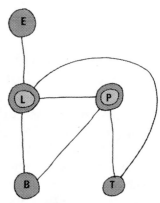

Die untere Teilmatrix (durch eine gestrichelte Linie gekennzeichnet) zeigt an, dass es keine Direktflüge zwischen den drei kleineren Flughäfen gibt. Das Matrixprodukt $A \times A = A^2$ dieser Matrix mit sich selbst hat die Interpretation, die *Verbindungsflüge* zwischen zwei Flughäfen mit genau einem Zwischenstopp anzugeben. So gibt es zum Beispiel drei mögliche Flüge von Paris zu einer anderen Stadt und wieder zurück nach Paris, aber es gibt keinen Flug von London nach Edinburgh mit einem Zwischenstopp. Die Anzahl der Flüge, die entweder direkt *oder* mit einem Zwischenstopp zwei Flughäfen verbinden, wird durch die Elemente der Matrix $A + A^2$ angegeben. Das ist ein weiteres Beispiel für den Vorteil von Matrizen, mit denen sich große Datenmengen im Rahmen einer einzelnen Berechnung verarbeiten lassen.

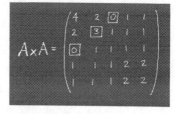

Als eine kleine Gruppe von Mathematikern in den 1850er-Jahren die Theorie der Matrizen entwickelte, wollte sie damit Probleme in der reinen Mathematik lösen. Vom Standpunkt der Anwendungen war die Matrizentheorie eher „eine Lösung auf der Suche nach einem Problem". Doch wie so oft, kamen mit der frisch geborenen Theorie auch die Probleme, die dieser Theorie bedurften. Eine frühe Anwendung fand sich in den 1920er-Jahren, als Werner Heisenberg die „Matrizenmechanik" ausarbeitete, eine Beschreibungsform der Quantentheorie. Ein weiterer Pionier war Olga Taussky-Todd, die eine Zeit lang die Flugeigenschaften von Flügelformen untersuchte und in diesem Zusammenhang numerische Matrizenverfahren entwickelte. Auf die Frage, wie sie zu diesem Thema gekommen sei, antwortete sie, es sei anders herum gewesen: Die Matrizentheorie habe sie gefunden. So kann es manchmal in der Mathematik gehen.

Worum es geht
Rechnen mit Zahlenblöcken

40 Geheimschriften

Was haben Julius Caesar und die moderne digitale Signalübertragung gemein? Die kurze Antwort lautet: Nachrichtenverschlüsselung. Will man digitale Signale an einen Computer oder einen digitalen Fernseher schicken, müssen die Bilder und die Sprache in eine Folge von Nullen und Einsen codiert sein – einen sogenannten Binärcode –, denn eine andere Sprache verstehen diese Geräte nicht. Caesar verwendete für die Kommunikation mit seinen Generälen eine Geheimschrift, bei der er die Buchstaben nach einer bestimmten Vorschrift vertauschte, die nur er und seine Generäle kannten.

Genauigkeit war für Caesar sehr wichtig. Sie ist auch eine der Grundlagen für eine effiziente Übertragung digitaler Signale. Caesar wollte auch nicht, dass andere seine Geheimschriften lesen konnten, ähnlich wie einige Pay-TV-Sender nur den zahlenden Zuschauern zugestehen möchten, dass sie ihre Signale entschlüsseln.

Beginnen wir mit der Genauigkeit. Bei der Übertragung von Signalen kann es immer zu menschlichem Versagen oder „Rauschen" kommen, mit dem man umgehen können muss. Mit mathematischen Verfahren sind wir in der Lage Verschlüsselungssysteme zu erstellen, die automatisch Fehler erkennen und sie teilweise sogar korrigieren können.

Fehlernachweis und Fehlerkorrektur Eines der ersten binären Codierungsverfahren war das Morse-Alphabet. Es verwendete zwei Symbole: Punkte • und Striche –. Im Jahre 1844 verschickte der amerikanische Erfinder Samuel F. B. Morse die erste Nachricht mit diesem Code von Washington nach Baltimore. Der Code war für die Übertragung mit dem Telegrafensystem Mitte des 19. Jahrhunderts gedacht und nicht nach Gesichtspunkten moderner Effizienz entworfen worden. Im Morse-Alphabet wird der Buchstabe A durch • – dargestellt, B durch – •••, C durch – • – • und andere Buchstaben durch ähnliche Folgen von Punkten und Linien. Ein Telegrafist, der die Nachricht „CAB" übermitteln wollte, musste die Folge – • – • / • – / – ••• verschicken. Trotz vieler Vorzüge ist das Morse-Alphabet nicht besonders geeignet, Fehler zu erkennen, geschweige denn zu korrigieren. Wenn der Telegrafist bei der Nachricht „CAB" bei dem Buchstaben C fälschlicherweise den ersten Strich durch einen Punkt ersetzt hätte, beim A den Strich vergessen hätte und das Rauschen bei der Übertragung noch beim B einen Punkt durch

Zeitleiste

55 v. Chr.

Julius Caesar erobert England und verwendet zur Kommunikation mit seinen Generälen verschlüsselte Nachrichten

1750 n. Chr.

Das Euler'sche Theorem legt den Grundstein für die *public key*-Kryptographie

einen Strich ersetzt hätte, wäre beim Empfänger die Symbolfolge ●● - ● / ● / -- ●● angekommen. Er könnte keinen Fehler entdecken und würde die Folge als „FEZ" interpretieren.

Auf wesentlich einfacherem Niveau können wir einen Code betrachten, der nur aus den Symbolen 0 und 1 besteht, wobei 0 einem Wort entspricht und 1 einem anderen Wort. Betrachten wir als Beispiel einen Truppenkommandeur, der an seine Truppen eine Nachricht übermitteln muss, die entweder „Angriff" oder „kein Angriff" lautet. Der Befehl „Angriff" soll durch die „1" codiert werden und der Befehl „kein Angriff" durch die „0". Wurde die 1 oder 0 falsch übermittelt, kann der Empfänger den Fehler nicht feststellen. Er würde den falschen Befehl erhalten – mit möglicherweise verheerenden Folgen.

Die Sache wird etwas besser, wenn die Codewörter aus zwei Symbolen bestehen. Steht nun der Code „11" für „Angriff" und „00" für „kein Angriff", dann würde bei einem Fehler in einer Ziffer der Empfänger entweder 01 oder 10 erhalten. Da nur 11 und 00 als Codewörter erlaubt sind, weiß der Empfänger mit Sicherheit, dass ein Fehler vorliegt. Dieses System hat den Vorteil, dass ein Fehler erkannt wird, allerdings weiß der Empfänger immer noch nicht, was die richtige Nachricht war. Wenn er 01 empfangen hat, woher soll er wissen, ob 00 oder 11 gemeint war?

Ein noch besseres System erhält man bei einer Verschlüsselung mit längeren Codewörtern. Wenn der Befehl „Angriff" mit „111" und der Befehl „kein Angriff" mit „000" verschlüsselt würde, lässt sich wie vorher ein Fehler in einer Ziffer sofort erkennen. Wenn wir wissen, dass nur eine Ziffer betroffen ist (im Allgemeinen eine vernünftige Annahme, da die Wahrscheinlichkeit für das Auftreten von gleich zwei Fehlern in einem Codewort sehr klein ist), kann der Empfänger den Fehler sogar korrigieren. Wenn er beispielsweise 110 empfangen hat, wäre die richtige Nachricht 111. Unter obiger Annahme kann die Nachricht nicht 000 gewesen sein, da dieses Codewort zwei Fehler von 110 entfernt ist. In diesem System gibt es nur die beiden Codewörter 000 und 111, aber sie sind so weit voneinander entfernt, dass sowohl eine Fehlererkennung als auch eine Fehlerkorrektur möglich ist.

Auf einem ähnlichen Verfahren beruhen Textverarbeitungssysteme im Autokorrekturmodus. Wenn wir „befor" schreiben, entdeckt das Textverarbeitungssystem den Fehler und korrigiert ihn zu dem nächsten Wort „bevor". Nicht jedes Wort der deutschen Sprache lässt sich jedoch korrigieren. Schreiben wir ein Wort wie „Seute", gibt es kein eindeutiges nächstes Wort. Die Wörter Leute, Beute, Seite unterscheiden sich alle nur in einem Buchstaben und haben somit denselben Abstand von Seute.

Ein moderner Binärcode besteht aus Codewörtern, die jeweils aus Blöcken von Nullen und Einsen bestehen. Indem man die erlaubten Codewörter weit genug voneinander entfernt wählt, kann man Fehler sowohl erkennen als auch verbessern. Im Morse-Alphabet liegen die Codewörter zu nahe beieinander, doch moderne Verschlüsselungssysteme, wie sie zum Beispiel zur Datenübertragung von Satelliten verwendet werden, besitzen

1844	**1920**er-Jahre	**1950**	**1970**er
Samuel Morse überträgt die erste Nachricht mit seinem Morse-Alphabet	Die „Enigma" wird entwickelt	Richard Hamming veröffentlicht einen grundlegenden Artikel über Codes, die Fehlerfindung und Fehlerkorrektur ermöglichen	Der Grundstein für die *public key*-Kryptographie wird gelegt

alle eine Autokorrektur. Lange Codewörter erlauben zwar eine gute Fehlerkorrektur, allerdings wird auch die Übertragungszeit länger. Daher muss man im konkreten Fall abwägen zwischen einer guten Fehlerkorrektur und einer schnellen Übertragungsrate. Bei den Raumflügen der NASA werden Codes verwendet, die eine Dreifehlerkorrektur zulassen, was sich für das Rauschen bei diesen Übertragungen als ausreichend erwiesen hat.

Geheime Nachrichten   Julius Caesar versuchte seine Nachrichten geheim zu halten, indem er die Buchstaben nach einem bestimmten Schlüssel vertauschte, und diesen Schlüssel kannten nur er und seine Generäle. Fiel der Schlüssel jedoch in die falschen Hände, konnte die Nachricht von seinen Feinden entschlüsselt werden. Im Mittelalter verschickte Maria Stewart, die Königin von Schottland, geheime Nachrichten aus ihrem Gefängnis. Maria wollte ihre Cousine, Königin Elisabeth, vom Thron werfen, doch ihre verschlüsselten Nachrichten wurden abgefangen. Ihr System war komplizierter als das römische Verfahren, bei dem die Buchstaben nur im Alphabet um eine bestimmte Anzahl von Stellen verschoben wurden. Sie verwendete Ersetzungen, die allerdings durch eine Häufigkeitsanalyse der auftretenden Buchstaben und Symbole entschlüsselt werden konnten. Während des Zweiten Weltkriegs wurde der Code der deutschen „Enigma" durch die Entdeckung des Schlüssels geknackt. In diesem Fall war die Entschlüsselung eine erstaunliche Leistung, doch der Code hatte eine gewisse Schwäche, weil er als Teil der Nachricht übertragen wurde.

Eine überraschende Entwicklung in der Nachrichtenverschlüsselung begann in den 1970er-Jahren. Entgegen aller früheren Überzeugungen fand man heraus, dass der Schlüssel, mit dem eine Nachricht verschlüsselt wird, öffentlich verteilt werden kann, ohne die Geheimhaltung der Nachricht zu gefährden. Dies bezeichnet man als *public key*-Kryptographie – Verschlüsselung mit einem öffentlich bekannten Schlüssel. Das Verfahren beruht auf einem 200 Jahre alten Theorem aus einem Bereich der Mathematik, der zeitweise sogar als besonders nutzlos verherrlicht wurde.

Public key-Verschlüsselung   John Sender ist ein Geheimagent, der in Spionagekreisen als „J" bekannt ist. Er ist gerade in seiner Heimatstadt angekommen und möchte seiner Kontaktperson Dr. Rodney Receiver eine geheime Nachricht schicken, um seine Ankunft mitzuteilen. Seine ersten Schritte erscheinen zunächst reichlich seltsam. Er geht in die Stadtbibliothek und sucht in einem besonderen Einwohnerverzeichnis nach Dr. R. Receiver. Im Verzeichnis findet er neben dem Namen von Receiver zwei Zahlen – eine sehr lange Zahl, sagen wir 247, und eine kurze Zahl, zum Beispiel 5. Diese Information ist jeder beliebigen Person zugänglich, und John Sender benötigt zur Verschlüsselung seiner Nachricht auch nur diese beiden Zahlen. Seine Nachricht sei der Einfachheit halber sein Codename „J". Dieser Buchstabe hat die Nummer 74 in einer Liste von Wörtern, die ebenfalls öffentlich ist.

John Sender verschlüsselt die Nachricht 74, indem er 74^5 (modulo 247) berechnet, das heißt er bestimmt den Rest, den man erhält, wenn man 74^5 durch 247 teilt. 74^5 kann man gerade noch mit einem Taschenrechner berechnen, denn das Ergebnis muss exakt sein:

$$74^5 = 74 \times 74 \times 74 \times 74 \times 74 = 2\,219\,006\,624$$

Wenn wir diese riesige Zahl durch 247 teilen, erhalten wir den Rest 120:

$$2\,219\,006\,624 = 8\,983\,832 \times 247 + 120$$

Die verschlüsselte Nachricht von Sender ist 120, und die verschickt er an Receiver. Da die Zahlen 247 und 5 öffentlich zugänglich waren, kann jeder eine Nachricht verschlüsseln. Doch nicht jeder kann die Nachricht entschlüsseln. Dr. R. Receiver hat eine weitere Information, die allerdings geheim ist. Er hat sich seine persönliche Zahl 247 herausgesucht, indem er zwei Primzahlen miteinander multipliziert hat. In diesem Fall erhielt er die Zahl 247 als Produkt von $p = 13$ und $q = 19$, doch das weiß nur er.

An dieser Stelle kommt ein altes Theorem von Leonhard Euler zur Geltung. Dr. R. Receiver nutzt sein Wissen von $p = 13$ und $q = 19$, um eine Zahl a zu finden, die folgende Bedingung erfüllt: $5 \times a \equiv 1$ modulo $(p - 1)(q - 1)$, wobei das Symbol $\equiv$ in der modularen Arithmetik für „ist gleich" steht. Für welche Zahl a gilt, dass $5 \times a$ dividiert durch $12 \times 18 = 216$ den Rest 1 ergibt? Wir überspringen die Rechnung, das Ergebnis ist $a = 173$.

Da Dr. Receiver die einzige Person ist, der die Primzahlen p und q bekannt sind, kann auch nur er die Zahl 173 berechnen. Mit dieser Zahl bestimmt er den Rest, den man erhält, wenn man die riesige Zahl 120^{173} durch 247 teilt. Das ist zwar mit einem gewöhnlichen Taschenrechner nicht mehr möglich, doch es ist kein Problem für einen Computer. Die Antwort lautet 74, wie Euler schon vor rund 200 Jahren wusste. Nun schaut Dr. Receiver das Wort 74 nach und weiß, dass „J" wieder in der Stadt ist.

Nun werden Sie vielleicht einwerfen, dass ein Hacker natürlich die Zerlegung $247 = 13 \times 19$ leicht finden kann, und damit wäre der Code geknackt. In diesem Fall stimmt das natürlich. Doch das Verschlüsselungs- und Entschlüsselungsprinzip bleibt dasselbe, wenn Dr. Receiver eine andere Zahl statt 247 gewählt hätte. Er könnte sich zwei sehr große Primzahlen aussuchen und diese miteinander multiplizieren, um eine wesentlich größere Zahl als 247 zu erhalten.

Das Auffinden von zwei Primfaktoren einer sehr großen Zahl ist praktisch unmöglich. Was sind die Faktoren von $24\,812\,789\,922\,307$? In Wirklichkeit verwendet man Zahlen, die noch sehr viel größer sind als diese. Damit wird das *public key*-System sicher. Selbst wenn sämtliche Supercomputer der Welt in einer Zusammenarbeit tatsächlich eine Verschlüsselungszahl faktorisieren könnten, bräuchte Dr. Receiver einfach nur eine größere Zahl zu wählen. Im Grunde genommen muss Dr. Receiver lediglich „zwei Schachteln mit schwarzem und weißem Sand vermischen". Das ist weitaus einfacher als die Aufgabe des Hackers, der den Sand wieder entmischen muss.

Geheime Nachrichten

41 Fortgeschrittenes Zählen

Die Kombinatorik ist ein umfangreicher Zweig der Mathematik, den man manchmal auch mit „fortgeschrittenem Zählen" verbindet. Es geht dabei nicht um irgendwelche Summen von Zahlen in Spalten oder Zeilen. „Wie viele?" ist zwar eine der häufig auftretenden Fragen, doch ebenso wichtig ist „Wie lassen sich Dinge kombinieren?" Oft sind die Probleme ohne einen großen mathematischen Aufwand gestellt. Es bedarf häufig keiner umfangreichen Vorkenntnisse, um die Ärmel hochkrempeln und mit der Arbeit beginnen zu können. Das macht kombinatorische Probleme so attraktiv. Doch es sollte damit auch eine Warnung einhergehen: Man kann leicht süchtig werden, und Schlafmangel ist eine häufige Begleiterscheinung.

Eine Geschichte von St. Yves   Selbst Kinder können sich mit kombinatorischen Aufgaben beschäftigen. Ein bekannter Kinderreim stellt eine scheinbar kombinatorische Frage:

> Ich ging nach St. Yves im Morgengrauen,
> und traf 'nen Mann mit sieben Frauen,
> jede Frau trug sieben Sack,
> drin sieben Katzen huckepack,
> sieben Kätzchen jede Katze hat,
> Kätzchen, Katzen, Säcke, Frauen
> Wie viel gingen nach St. Yves im Morgengrauen?

Aus der letzten Zeile wird deutlich, dass es sich eigentlich um eine Scherzfrage handelt (die Antwort lautet: einer). Doch die Frage lässt sich auch umkehren: Wie viele *kamen* von St. Yves?

Die Interpretation ist wichtig. Können wir sicher sein, dass der Mann mit seinen sieben Frauen tatsächlich von St. Yves *wegging*? War der Mann in Begleitung seiner sieben

Zeitleiste
ca. **1800** v. Chr.
In Ägypten entsteht der Rhind-Papyrus

ca. **1100** n. Chr.
Bhaskara beschäftigt sich mit Permutationen und Kombinationen

Frauen, oder waren diese woanders? Die oberste Forderung an ein kombinatorisches Problem ist, dass es eindeutig gestellt und klar verstanden wurde.

Wir nehmen an, die Gesellschaft kommt von der kleinen Stadt im Südwesten Englands und „Kätzchen, Katzen, Säcke, Frauen" sind alle dabei. Wie viele kommen von St. Yves? Die folgende Tabelle gibt die Lösung:

Mann	1	1
Frauen	7	7
Säcke	7×7	49
Katzen	$7 \times 7 \times 7$	343
Kätzchen	$7 \times 7 \times 7 \times 7$	2 401
Gesamt		2 801

Als der schottische Antiquar Alexander Rhind im Jahre 1858 Luxor besuchte, entdeckte er in einem Laden einen fünf Meter langen Papyrus aus der Zeit um 1800 v. Chr. Sein Inhalt war angefüllt mit altägyptischer Mathematik. Einige Jahre später gelangte der Papyrus in den Besitz des Britischen Museums und seine Hieroglyphen wurden übersetzt. Problem Nr. 79 des Rhind-Papyrus handelt von Häusern, Katzen, Mäusen und Getreide, und es hat eine auffallende Ähnlichkeit mit der Geschichte von den Kätzchen, Katzen, Säcken und Frauen von St. Yves. In beiden Fällen geht es um Potenzen von 7, und die Berechnungen sind ähnlich. Offenbar hat die Kombinatorik eine lange Geschichte.

Fakultäten Das Problem der Reihenfolge macht uns mit einer wichtigen Waffe des kombinatorischen Arsenals vertraut – den Fakultäten. Angenommen, **A**lan, **B**rian, **C**harlotte, **D**avid und **E**llie stellen sich in einer Reihe auf:

E C A B D

Ellie steht an der Spitze, gefolgt von Charlotte, Alan und Brian, und am Ende schließlich steht **D**avid. Wenn die Personen ihre Plätze tauschen, erhalten wir andere Reihenfolgen. Wie viele verschiedene Reihenfolgen gibt es?

Die Kunst besteht darin, die Alternativen zu zählen. Es gibt 5 Möglichkeiten, welche der Personen an der Spitze der Reihe stehen kann, und wenn diese Person feststeht, gibt es 4 Möglichkeiten für die zweite Person usw. Beim Schlusslicht haben wir keine Wahl mehr, denn es ist nur noch eine Person übrig. Daher gibt es insgesamt $5 \times 4 \times 3 \times 2 \times 1$ = 120 mögliche Reihenfolgen für die 5 Personen. Hätten wir mit 6 Personen begonnen, gäbe es $6 \times 5 \times 4 \times 3 \times 2 \times 1 = 720$ verschiedene Reihenfolgen, und für 7 Personen hätten wir $7 \times 6 \times 5 \times 4 \times 3 \times 2 \times 1 = 5\,040$ mögliche Reihenfolgen.

1850
Kirkman formuliert das Problem
der 15 Schulmädchen

1930
Frank Ramsey arbeitet auf
dem Gebiet der Kombinatorik

1971
Ray-Chaudhuri und Wilson beweisen die
Existenz allgemeiner Kirkman-Systeme

Eine Zahl, die man durch Multiplikation von aufeinanderfolgenden ganzen Zahlen angefangen bei 1 erhält, bezeichnet man als Fakultät. Diese Zahlen treten in der Mathematik so häufig auf, dass man eine eigene Schreibweise für sie eingeführt hat, beispielsweise 5! (ausgesprochen „5 Fakultät") für $5 \times 4 \times 3 \times 2 \times 1$. Wenn wir einen Blick auf die ersten Zahlen der Fakultätsfunktion werfen (wir definieren 0! = 1) erkennen wir, dass schon vergleichsweise „kleine" Konfigurationen zu „riesigen" Fakultäten führen. Schon für vergleichsweise kleine n kann $n!$ sehr groß sein.

Zahl	Fakultät
0	1
1	1
2	2
3	6
4	24
5	120
6	720
7	5 040
8	40 320
9	362 880

Wenn wir immer noch an Reihen mit 5 Personen interessiert sind, diese Personen nun aber aus einer Gruppe von 8 Personen stammen können – sagen wir **A, B, C, D, E, F, G** und **H** – können wir ganz ähnlich vorgehen. Es gibt 8 Möglichkeiten für die Person an der Spitze der Reihe, 7 für den zweiten Platz usw. Diesmal bleiben jedoch immer noch 4 mögliche Kandidaten für den letzten Platz übrig. Die Anzahl der möglichen Reihen ist nun:

$$8 \times 7 \times 6 \times 5 \times 4 = 6\,720$$

Auch diese Zahl können wir mithilfe von Fakultäten ausdrücken:

$$8 \times 7 \times 6 \times 5 \times 4 = 8 \times 7 \times 6 \times 5 \times 4 \times \frac{3 \times 2 \times 1}{3 \times 2 \times 1} = \frac{8!}{3!}$$

Kombinationen In manchen Fällen ist die Reihenfolge in einer Reihe wichtig. Die beiden Reihen

C   E   B   A   D   D   A   C   E   B

bestehen zwar aus denselben Buchstaben, bezeichnen jedoch verschiedene Reihenfolgen. Wir wissen bereits, dass sich aus diesen Buchstaben insgesamt 5! Reihen bilden lassen. Wenn wir jedoch an der Anzahl der Möglichkeiten interessiert sind, 5 Personen aus einer Gruppe von 8 Personen unabhängig von der Reihenfolge auszuwählen, müssen wir $8 \times 7 \times 6 \times 5 \times 4 = 6\,720$ noch durch 5! dividieren. Die Anzahl der Möglichkeiten, 5 Personen aus einer Gruppe von 8 auszuwählen, ist somit:

$$\frac{8 \times 7 \times 6 \times 5 \times 4}{5 \times 4 \times 3 \times 2 \times 1} = 56$$

Diese Zahl schreibt man auch oft in der Form $\binom{8}{3}$, und es gilt

$$\binom{8}{3} = \frac{8!}{3!(8-3)!} = \frac{8!}{3!5!} = 56$$

Im deutschen Lottosystem werden 6 Zahlen aus 49 gezogen. Wie viele Möglichkeiten gibt es?

$$\binom{49}{6} = \frac{49!}{43!6!} = \frac{49 \times 48 \times 47 \times 46 \times 45 \times 44}{6 \times 5 \times 4 \times 3 \times 2 \times 1} = 13\,983\,816$$

Die Chance auf 6 Richtige beträgt also 1 zu fast 14 Millionen.

Das Kirkman'sche Problem Die Kombinatorik ist ein weites Gebiet, und trotz ihres Alters hat sie in den letzten 40 Jahren insbesondere durch die zunehmende Bedeutung der Computer eine rasche Entwicklung erlebt. Probleme der Graphentheorie, Lateinische Quadrate und Ähnliches können als Teil der modernen Kombinatorik angesehen werden.

Das Wesen der Kombinatorik zeigt sich deutlich, wenn wir uns einem der Meister dieses Fachs zuwenden: dem anglikanischen Pfarrer Thomas Kirkman. Er arbeitete schon mit wissenschaftlichen Methoden über dieses Thema zu einer Zeit, als die Kombinatorik noch als Freizeitmathematik angesehen wurde. Neben seinen Arbeiten zur Kombinatorik verfasste er auch viele originelle Beiträge zur diskreten Geometrie und zur Gruppentheorie. Trotzdem wurde er nie an eine Universität berufen. Insbesondere ein Rätsel wird auf ewig mit dem Namen Kirkman in Beziehung gebracht werden und kennzeichnet ihn als ernsthaften Mathematiker. Im Jahre 1850 formulierte er das „Problem der 15 Schulmädchen": An jedem Tag der Woche gehen insgesamt 15 Schulmädchen in fünf Gruppen zu jeweils drei Personen in die Kirche. Wenn Sudoku Sie langweilt, probieren Sie es mit diesem Problem. Es soll ein Plan aufgestellt werden, sodass je zwei Mädchen nur an einem Tag der Woche gemeinsam in einer Gruppe laufen. Aus Gründen, die gleich ersichtlich werden, wählen wir für die Personennamen Groß- und Kleinbuchstaben: annette, beate, constanze, dorothee, emma, franziska, grete, Agnes, Bernadette, Charlotte, Daniela, Edith, Florenze, Gaby und Viktoria: **a, b, c, d, e, f, g, A, B, C, D, E, F, G** und **V**.

Tatsächlich gibt es sieben verschiedene Lösungen für Kirkmans Problem, und die von uns gewählte ist „zyklisch", das heißt man erhält sie, indem man die Namen „der Reihe nach verschiebt". An dieser Stelle wird die Bezeichnung der Mädchen wichtig.

Montag			Dienstag			Mittwoch			Donnerstag			Freitag			Samstag			Sonntag		
a	A	V	b	B	V	c	C	V	d	D	V	e	E	V	f	F	V	g	G	V
b	E	D	c	F	E	d	G	F	e	A	G	f	B	A	g	C	B	a	D	C
c	B	C	d	C	A	e	D	B	f	E	C	g	F	D	a	G	E	b	A	F
d	f	g	e	a	b	f	a	b	g	b	c	a	c	d	b	d	e	c	e	f
e	F	C	f	G	D	g	A	E	a	B	F	b	C	G	c	D	A	d	E	B

Man bezeichnet diese Lösung als zyklisch, weil man die Kombinationen an einem bestimmten Wochentag dadurch erhält, dass man die Kombination des vorherigen Wochentags nimmt, und **a** durch **b** ersetzt, **b** durch **c** usw., bis schließlich **g** durch **a** ersetzt wird. Dasselbe gilt für die Namen mit Großbuchstaben: **A** wird durch **B** ersetzt, **B** durch **C** usw. Lediglich **Viktoria** bleibt immer an derselben Stelle.

Der Grund für die seltsame Schreibweise liegt darin, dass die sieben Dreiergruppen in einer Reihe jeweils den Linien in einer Fano-Geometrie entsprechen (▶Kapitel 28). Das Problem von Kirkman ist nicht nur ein Freizeitspaß, sondern es dringt unmittelbar in fundamentale Bereiche der Mathematik vor.

Die Anzahl der Möglichkeiten

42 Magische Quadrate

G. H. Hardy schrieb einmal: »Ein Mathematiker erschafft – wie ein Maler oder ein Dichter – Muster.« Magische Quadrate können sehr eigenartige Muster haben, selbst für mathematische Standards. Sie liegen an der Grenze zwischen rein symbolischer Mathematik und den faszinierenden Formen geheimnisvoller Esoterik.

Ein magisches Quadrat ist ein Gitter aus quadratischen Feldern, in die verschiedene Zahlen so eingesetzt werden, dass die Summen der Zahlen in jeder horizontalen Zeile, in jeder vertikalen Spalte *und* in jeder Diagonale immer gleich sind.

a	b
c	d

Quadrate mit nur einer Zeile und einer Spalte sind technisch gesprochen zwar magische Quadrate, allerdings sehr langweilig, daher vergessen wir sie einfach. Es gibt kein magisches Quadrat mit nur zwei Zeilen und zwei Spalten. Wenn es eines gäbe, hätte es die nebenstehende Form. Da die Summe der Zeilen und Spalten gleich sein muss, erhalten wir $a + b = a + c$ und damit b = c, was der Forderung widerspricht, dass die Zahlen verschieden sein müssen.

Das Quadrat von Lo Shu   Da es ein magisches 2×2-Quadrat nicht gibt, versuchen wir ein 3×3-Quadrat entsprechend der Regeln mit Zahlen zu besetzen. Wir beginnen zunächst mit einem gewöhnlichen magischen Quadrat, bei dem das Gitter mit den aufeinanderfolgenden Zahlen 1, 2, 3, 4, 5, 6, 7, 8 und 9 ausgefüllt wird.

Für diesen einfachen Fall eines magischen 3×3-Quadrats kann man noch durch reines Ausprobieren ans Ziel gelangen, doch wir überlegen uns zunächst einige notwendige Bedingungen, die uns bei der Konstruktion helfen können. Die Summe *aller* Zahlen ist

$$1 + 2 + 3 + 4 + 5 + 6 + 7 + 8 + 9 = 45$$

Diese Summe müssen wir erhalten, wenn wir die Summen der drei Reihen addieren. Das bedeutet, jede der Reihen (und Spalten und Diagonalen) muss als Summe 15 liefern. Nun betrachten wir das mittlere Feld – den Eintrag nennen wir c. In jeder Diagonalen ist c enthalten, ebenso in der mittleren Spalte und mittleren Zeile. Wenn wir die Zah-

Zeitleiste

ca. **2800** v. Chr.

Ursprung der Legende des
Lo-Shu-Quadrats

ca. **1690** n. Chr.

de la Loubère entwickelt das siamesische
Verfahren zur Konstruktion magischer
Quadrate

len in diesen vier Reihen addieren, erhalten wir $15 + 15 + 15 + 15 = 60$, und dieses Ergebnis muss gleich der Summe *aller* Zahlen in dem Quadrat sein, plus nochmals zusätzlich 3-mal das c. Aus der Gleichung $3c + 45 = 60$ erhalten wir sofort $c = 5$. Wir können uns noch andere Bedingungen überlegen, beispielsweise darf die 1 nicht in einer Ecke stehen. Mit diesen Einschränkungen können wir beginnen und durch Ausprobieren das Quadrat finden. Versuchen Sie es!

8	1	6
3	5	7
4	9	2

Eine Lösung für das 3×3-Quadrat mithilfe des siamesischen Verfahrens

Natürlich hätten wir gerne ein systematisches Verfahren zur Konstruktion von magischen Quadraten. Ein solches wurde von Simon de la Loubère, dem französischen Botschafter am Hofe des Königs von Siam, im späten 17. Jahrhundert gefunden. Loubère interessierte sich für chinesische Mathematik und entwickelte ein Verfahren zur Konstruktion eines magischen Quadrats mit einer ungeraden Anzahl von Spalten und Zeilen. Das Verfahren beginnt damit, dass man eine 1 in das mittlere Feld der ersten Zeile setzt und anschließend durch verschiedene Vorschriften („rauf und runter und drehen etc.") die 2 und die weiteren Zahlen einsetzt. Ist ein Feld bereits besetzt, geht man zur nächsten Zahl über.

Tatsächlich handelt es sich bei dem oben angegebenen magischen Quadrat um das einzige mit drei Zeilen und drei Spalten. Jedes andere magische 3×3-Quadrat erhält man aus diesem durch Drehung um das mittlere Feld und/oder Spiegelung an den mittleren Reihen. Man bezeichnet es als das „Lo-Shu"-Quadrat, und es war schon um 3000 v. Chr. in China bekannt. Nach der Legende entdeckte man es auf dem Rücken einer Schildkröte, die dem Fluss Lo entstieg. Die Leute sahen darin ein Zeichen der Götter, die sie erst von der Pest befreien würden, wenn sie ihre Opfergaben erhöhten.

Wenn es nur ein magisches 3×3-Quadrat gibt, wie viele verschiedene magische 4×4-Quadrate gibt es? Die erstaunliche Antwort lautet 880, und es gibt bereits 2 202 441 792 verschiedene magische Quadrate der Ordnung 5. Es ist immer noch nicht bekannt, wie viele verschiedene magische Quadrate es für allgemeine Werte von n gibt.

Die magischen Quadrate von Dürer und Franklin

Das Lo-Shu-Quadrat ist bekannt wegen seines Alters und seiner Einzigartigkeit, doch es gibt ein magisches 4×4-Quadrat, das zum Symbol für einen berühmten Künstler wurde. Im Gegensatz zu den meisten der 880 verschiedenen Versionen besitzt es noch viele zusätzliche Eigenschaften. Es handelt sich um das 4×4-Quadrat von Albrecht Dürer in seinem Stich *Melencolia* aus dem Jahre 1514.

In Dürers Quadrat ist die Summe aller Zeilen, Spalten und Diagonalen gleich 34. Darüber hinaus gilt das Gleiche für die Summe der 2×2-Quadrate, aus denen sich das Gesamtquadrat zusammensetzt. Dürer gelang es sogar, sein Meisterwerk in der Mitte der untersten Reihe mit dem Datum seiner Fertigstellung zu „signieren".

1693

Bernard Frénicle de Bessy erstellt eine Liste der 880 möglichen magischen 4×4-Quadrate

1770

Euler konstruiert ein Quadrat aus Quadratzahlen

1986

Sallows erstellt sein auf Buchstaben begründetes Quadrat

52	61	4	13	20	29	36	45
14	3	62	51	46	35	30	19
53	60	5	12	21	28	37	44
11	6	59	54	43	38	27	22
55	58	7	10	23	26	39	42
9	8	57	56	41	40	25	24
50	63	2	15	18	31	34	47
16	1	64	49	48	33	32	17

Der amerikanische Wissenschaftler und Diplomat Benjamin Franklin sah in der Konstruktion magischer Quadrate ein effizientes Verfahren zur Schärfung des Verstands. Er war ein Meister in dieser Kunst, und bis heute rätseln viele Mathematiker, wie er zu manchen seiner Quadrate gelangt ist. Große magische Quadrate lassen sich nicht durch Zufall finden. Nach eigenen Angaben hat Franklin in jungen Jahren sehr viel Zeit mit der Konstruktion magischer Quadrate verbracht, obwohl er als Junge nicht gerade dem „Arithme-Tick" verfallen war. Das nebenstehende Quadrat entdeckte er in seiner Jugend.

In diesem gewöhnlichen magischen Quadrat findet man viele interessante Formen von Symmetrien. Alle Zeilen, Spalten und Diagonalen ergeben die Summe 260, ebenso die „gekrümmten Reihen", von denen eine unterlegt ist. Es gibt viele weitere Regelmäßigkeiten; so ist die Summe der Zahlen im zentralen 2×2-Quadrat plus die Zahlen in den Ecken ebenfalls 260. Wenn Sie näher hinschauen, entdecken Sie eine interessante Regel für sämtliche 2×2-Quadrate.

Quadrierte Quadrate

In manchen magischen Quadraten sind die Felder mit verschiedenen Quadratzahlen besetzt. Das Problem für die Konstruktion eines solchen Quadrats wurde vom französischen Mathematiker Edouard Lucas im Jahre 1876 gestellt. Bis heute ist kein 3×3-Quadrat dieser Art bekannt, allerdings ist man ihm schon recht nahe gekommen.

127^2	46^2	58^2
2^2	113^2	94^2
74^2	82^2	97^2

Im nebenstehenden Quadrat sind die Summen in allen Zeilen und allen Spalten sowie in *einer* Diagonalen gleich 21 609, allerdings weicht die andere Diagonale davon ab: $127^2 + 113^2 + 97^2 = 38\,307$. Falls Sie es selbst versuchen möchten, ein solches Quadrat zu finden, sollten Sie folgende bewiesene Aussage kennen: Die Zahl im mittleren Feld muss größer als $2{,}5 \times 10^{25}$ sein. Es lohnt sich also nicht, nach einem Quadrat mit kleinen Zahlen zu suchen. Hierbei handelt es sich um strenge Mathematik, und es gibt unter anderem Zusammenhänge zur Theorie elliptischer Kurven, einem Gebiet der Mathematik, mit dem das letzte Fermat'sche Theorem bewiesen wurde. Mittlerweile konnte man beweisen, dass es keine magischen 3×3-Quadrate gibt, deren Einträge dritte oder vierte Potenzen sind.

Für größere Quadrate war die Suche nach magischen Quadraten aus Quadratzahlen jedoch erfolgreich. Es gibt magische Quadrate mit 4×4 und 5×5 Feldern. Im Jahre 1770 fand Euler ein Beispiel, ohne jedoch sein Konstruktionsverfahren anzugeben. Es wurden auch ganze Familien solcher Quadrate gefunden, die mit der Algebra der Quaternionen zusammenhängen, den vierdimensionalen Erweiterungen der imaginären Zahlen.

Exotische magische Quadrate

Sehr große magische Quadrate haben oft erstaunliche Eigenschaften. Einer der Experten für magische Quadrate, William Benson, fand ein Quadrat mit 32 Spalten und Zeilen, bei dem die Zahlen selbst, ihre Quadrate und ihre dritten Potenzen jeweils magische Quadrate bilden. Im Jahre 2001 fand man ein 1 024×1 024-Quadrat, bei dem alle Potenzen der Zahlen bis zur fünften Potenz magische Quadrate ergaben. Es gibt unzählige Ergebnisse dieser Art.

Weitere magische Quadrate ergeben sich, wenn wir die Anforderungen abschwächen. Ohne die Bedingung, dass auch die Summen der Diagonalelemente gleich der Summen der Zeilen bzw. Spalten sein müssen, erhalten wir eine Fülle von speziellen Ergebnissen. Beispielsweise können wir auch nach magischen Quadraten suchen, deren Elemente nur aus Primzahlen bestehen, oder wir können anstelle von Quadraten andere Formen mit „magischen Eigenschaften" untersuchen. Wir können auch in höhere Dimensionen ausweichen und magische Würfel oder magische Hyperwürfel betrachten.

Denkt man jedoch an Kuriositäten, so geht der erste Preis in jedem Fall an ein ganz erstaunliches magisches Quadrat, das von dem holländischen Elektroingenieur und Liebhaber von Wortspielereien Lee Sallows stammt. Es ist ein bescheidenes 3×3-Quadrat:

5	22	18
28	15	2
12	8	25

Was ist an diesem Quadrat so außergewöhnlich? Dazu schreiben wir die Zahlen (in englischer Sprache) aus:

five	twenty-two	eighteen
twenty-eight	fifteen	two
twelve	eight	twenty-five

Wenn wir die Anzahl der Buchstaben in jedem Feld zählen, erhalten wir:

4	9	8
11	7	3
6	5	10

Erstaunlicherweise ist das wieder ein magisches Quadrat, das aus den aufeinanderfolgenden Zahlen 3, 4, 5, 6, 7, 8, 9, 10 und 11 besteht. Außerdem ist die Anzahl der Buchstaben der magischen Summen der beiden 3×3-Quadrate („twenty-one" und „forty-five") gleich 9, passend zu $3 \times 3 = 9$.

Mathematische Zaubereien

43 Lateinische Quadrate

Seit einigen Jahren ist die Welt verrückt nach Sudoku. Überall kauen die Leute an Stiften und Kugelschreibern herum und überlegen, welche Zahl wohl in welches Feld gehört. Ist es die 4 oder ist es die 5? Vielleicht auch die 9? Pendler steigen morgens aus ihrem Zug und haben bereits mehr geistiges Potenzial verbraucht, als sie für den Rest des Tages benötigen. Abends brennt das Abendessen im Ofen an; ist es 5 oder 4 oder vielleicht doch 7? All diese Leute vergnügen sich mit lateinischen Quadraten. In gewisser Hinsicht sind sie alle Mathematiker.

	4		8		3			
		7						3
		9	7			2	6	
3				1		7		9
			6	9	8			
1		5		2				6
	2	3			6	5		
6						1		
		5		2		8		

Das Geheimnis von Sudoku Beim Sudoku ist ein Quadrat mit 9×9 Feldern vorgegeben, und in einigen dieser Felder stehen bereits Zahlen. Die Aufgabe besteht darin, das Quadrat nach gewissen Regeln zu vervollständigen, wobei die bereits vorhandenen Zahlen Hinweise geben. In jeder Zeile oder Spalte dürfen die Zahlen 1, 2, 3, ..., 9 nur einmal auftreten; das Gleiche gilt für die kleineren 3×3-Quadrate, aus denen sich das große Quadrat zusammensetzt.

Vermutlich wurde Sudoku (mit der Bedeutung „einzelne Ziffern") in den späten 1970er-Jahren erfunden. In Japan war es in den 1980er-Jahren recht populär, bevor es sich 2005 zu einer weltweiten Epidemie ausbreitete. Der Reiz des Puzzles besteht darin, dass man, anders als beim Kreuzworträtsel, nicht besonders belesen sein muss, um erfolgreich zu sein. Andererseits haben Sudokus, ähnlich wie Kreuzworträtsel, etwas Unwiderstehliches, das leicht zu einer Sucht führen kann.

Lateinische 3×3-Quadrate Eine quadratische Anordnung von Feldern, bei denen in jeder Zeile und jeder Spalte ein Symbol genau einmal auftritt, bezeichnet man als lateinisches Quadrat. Die Anzahl der Symbole ist gleich der Größe der Quadrate und wird

Zeitleiste

1779
Euler untersucht die Theorie der lateinischen Quadrate

1900
Tarry beweist, dass es keine orthogonalen lateinischen Quadrate der Ordnung 6 gibt

als ihre „Ordnung" bezeichnet. Können wir ein leeres 3×3-Raster so ausfüllen, dass in jeder Zeile und jeder Spalte jedes der drei Symbole a, b und c genau einmal auftritt? Wenn ja, haben wir ein lateinisches Quadrat der Ordnung 3.

Die Grundidee für lateinische Quadrate geht auf Leonhard Euler zurück, und er nannte sie „eine neue Art von magischen Quadraten". Im Gegensatz zu den magischen Quadraten geht es bei den lateinischen Quadraten jedoch nicht um Arithmetik, und die Symbole müssen auch keine Zahlen sein. Der Name leitet sich einfach daher ab, dass die Symbole für die Quadrate meist dem lateinischen Alphabet entnommen werden, während Euler für andere Quadrate griechische Buchstaben verwendete.

a	b	c
b	c	a
c	a	b

Ein lateinisches 3×3-Quadrat lässt sich schnell aufschreiben.

Denken wir bei a, b und c an die drei Wochentage Montag, Mittwoch und Freitag, dann könnte man mit dem Quadrat einen Plan für die Treffen von zwei Gruppen von Personen erstellen. Gruppe 1 besteht aus den Personen **L**arry, **M**ary und **N**ancy und Gruppe 2 aus **R**oss, **S**ophie und **T**om.

	R	**S**	**T**
L	a	b	c
M	b	c	a
N	c	a	b

Zum Beispiel hat **M**ary von der Gruppe 1 ein Treffen mit **T**om von Gruppe 2 am Montag (im Feld zur Zeile von **M** und Spalte von **T** steht ein a = Montag). Die Regeln des lateinischen Quadrats stellen sicher, dass jedes Gruppenmitglied mit jedem Mitglied der anderen Gruppe ein Treffen hat und dass es keine Terminüberschneidungen gibt.

Es gibt noch weitere mögliche lateinische 3×3-Quadrate. Wenn wir mit A, B und C verschiedene Themen bezeichnen, die bei den Treffen zwischen Gruppe 1 und Gruppe 2 besprochen werden, können wir ein lateinisches Quadrat erstellen, durch das sichergestellt wird, dass jede Person mit einem Mitglied der anderen Gruppe ein anderes Thema bespricht.

	R	**S**	**T**
L	A	B	C
M	C	A	B
N	B	C	A

Mary von Gruppe 1 bespricht Thema C mit **R**oss, Thema A mit **S**ophie und Thema B mit **T**om.

Doch *wann* sollen die Diskussionen stattfinden, und zwischen *wem* und *worüber*? Wie sähe der Plan für diese komplizierte Organisation aus? Glücklicherweise lassen sich die beiden lateinischen Quadrate Zeichen für Zeichen zu einem gemeinsamen lateini-

1925

Fisher verwendet lateinische Quadrate zur Planung statistischer Experimente

1960

Eulers Vermutung über die Nichtexistenz bestimmter Paare von lateinischen Quadraten wird von Bose, Parker und Shrikhande widerlegt

1979

Sudokuartige Spiele werden in New York erfunden

schen Quadrat vereinen, in dem jede der möglichen neun Paarungen von Tagen und Themen in genau einem Feld auftaucht.

	R	S	T
L	a,A	b,B	c,C
M	b,C	c,A	a,B
N	c,B	a,C	b,A

Eine weitere Interpretation solcher Quadrate ist das historische Problem der neun Offiziere. Neun Offiziere von drei Regimentern a, b und c und drei unterschiedlichen Dienstgraden A, B und C sollen bei einer Parade so aufgestellt werden, dass in jeder Reihe und jeder Spalte ein Offizier von jedem Regiment und Rang steht. Wenn sich zwei lateinische Quadrate auf diese Weise kombinieren lassen, bezeichnet man sie als „orthogonal". Der Fall 3×3 ist einfach, doch bei größeren Quadraten ist es alles andere als leicht, sämtliche Paare von orthogonalen lateinischen Quadraten zu finden. Unter anderem war das auch Euler aufgefallen.

Für ein lateinisches 4×4-Quadrat könnte man das entsprechende Problem für 16 Offiziere auch mit Spielkarten arrangieren: Man lege von einem Kartendeck die 16 hohen Karten in ein Quadrat, sodass in jeder Zeile und jeder Spalte nur ein „Rang" (Ass, König, Dame oder Bauer) und nur eine Farbe (Kreuz, Pik, Herz oder Karo) auftritt. Im Jahre 1782 versuchte sich Euler an demselben Problem für 36 Offiziere. Im Wesentlichen suche er zwei orthogonale lateinische Quadrate von der Ordnung 6. Da er keine Lösung fand, stellte er die Vermutung auf, dass es keine Paare von orthogonalen lateinischen Quadraten der Ordnung 6, 10, 14, 18, 22, ... gibt. Lässt sich das beweisen?

Den ersten Schritt machte Gaston Tarry, ein Amateurmathematiker, der als Beamter in Algerien tätig war. Er untersuchte unzählige Beispiele und hatte um 1900 Eulers Vermutung für einen Fall bewiesen: Es gibt kein Paar orthogonaler lateinischer Quadrate von der Ordnung 6. Wie selbstverständlich gingen die Mathematiker davon aus, dass Euler auch in den anderen Fällen 10, 14, 18, 22, ... Recht behalten würde.

Im Jahre 1960 gelang es jedoch drei Mathematikern mit vereinten Kräften zu beweisen, dass Euler in *allen* anderen Fällen falsch gelegen hatte. Raj Bose, Ernest Parker und Sharadchandra Shrikhande bewiesen, dass es tatsächlich orthogonale lateinische Quadrate der Ordnung 10, 14, 18, 22, ... gibt. Der *einzige* Fall, für den es keine orthogonalen Quadrate gibt (abgesehen von den trivialen Fällen der Ordnung 1 und 2), ist die Ordnung 6.

Wir haben gesehen, dass es ein Paar orthogonaler lateinischer Quadrate der Ordnung 3 gibt. Für die Ordnung 4 können wir sogar drei Quadrate konstruieren, die jeweils paarweise orthogonal sind. Allgemein kann man zeigen, dass es niemals mehr als $n-1$ paarweise orthogonale lateinische Quadrate der Ordnung n geben kann. Zum Beispiel kann es für $n = 10$ nicht mehr als neun paarweise orthogonale lateinische Quadrate geben. Doch diese Quadrate zu finden, ist eine andere Geschichte. Bis heute hat noch niemand auch nur drei lateinische Quadrate der Ordnung 10 gefunden, die paarweise orthogonal sind.

Wozu können lateinische Quadrate nützlich sein? R. A. Fisher war ein bekannter Statistiker, und er sah für lateinische Quadrate eine praktische Anwendung. Während seiner Zeit am Rothamsted Forschungszentrum in England verwendete er lateinische Quadrate für die Entwicklung neuer Verfahren in der Landwirtschaft.

Fisher wollte den Einfluss von Düngemitteln auf den Getreideertrag untersuchen. Im Idealfall möchte man Getreide unter identischen Bedingungen anpflanzen, sodass beispielsweise die Bodenqualität keinen unerwünschten Einfluss auf den Ertrag hat. Man könnte dann die verschiedenen Düngemittel untersuchen und wüsste, dass es keinen störenden Effekt durch eine wechselnde Bodenqualität gibt. Doch identische Bodenbedingungen lassen sich nur sicherstellen, wenn man denselben Boden nimmt – andererseits ist es reichlich umständlich, das Getreide ständig umzupflanzen. Und selbst wenn das möglich wäre, könnten unterschiedliche Wetterbedingungen zu einem neuen Problem werden.

Lateinische Quadrate bieten eine Möglichkeit, dieses Problem bestmöglich zu umgehen. Angenommen, wir möchten vier verschiedene Behandlungsformen testen. Wir nehmen ein quadratisches Feld und unterteilen es in 16 Unterfelder, die wir als lateinisches Quadrat in Bezug auf die Bodenbeschaffenheit ansehen können: Die Qualität des Bodens verändert sich in „horizontaler" und „vertikaler" Richtung.

Nun verteilen wir die vier Düngemittel a, b, c und d über die Unterfelder, sodass jeweils eines in jeder Zeile und Spalte auftritt. Auf diese Weise heben sich die Unterschiede in der Bodenqualität auf. Wir können auch noch weitere potenzielle Einflussfaktoren auf den Ertrag berücksichtigen. Angenommen wir glauben, die Tageszeit der Düngerverabreichung wäre ein solcher Faktor. Wir unterscheiden vier Zeitzonen A, B, C und D und verwenden orthogonale lateinische Quadrate als Vorlage, wie die Daten zu erheben sind. Damit ist sichergestellt, dass jede Kombination aus Behandlungsform und Uhrzeit in genau einem der Unterfelder vorliegt. Die Versuchsanordnung wäre in diesem Fall:

a, Uhrzeit A	b, Uhrzeit B	c, Uhrzeit C	d, Uhrzeit D
b, Uhrzeit C	a, Uhrzeit D	d, Uhrzeit A	c, Uhrzeit B
c, Uhrzeit D	d, Uhrzeit C	a, Uhrzeit B	b, Uhrzeit A
d, Uhrzeit B	c, Uhrzeit A	b, Uhrzeit D	a, Uhrzeit C

Durch Versuchsanordnungen mit noch aufwendigeren lateinischen Quadraten lassen sich weitere Faktoren untersuchen. Euler hätte sich kaum träumen lassen, dass seine Lösung zum „Offiziersproblem" einmal in landwirtschaftlichen Experimenten Anwendung finden könnte.

Das Geheimnis von Sudoku

44 Die Mathematik des Geldes

Wenn es um Fahrräder geht, ist Norman ein Topverkäufer; und er sieht es als eine Art ökonomisches Gebot an, jeden auf ein Fahrrad zu bringen. Daher ist er hocherfreut, als ein Kunde in sein Geschäft kommt und ohne lange zu zögern ein Fahrrad im Wert von 400 Euro kauft. Der Kunde zahlt mit einem Scheck über 500 Euro, und da die Banken geschlossen haben, bittet Norman seinen Nachbar, den Scheck einzulösen. Er kommt zurück, gibt seinem Kunden das Wechselgeld von 100 Euro, der sich daraufhin schnell aus dem Staube macht. Danach beginnt der Ärger. Der Scheck ist nicht gedeckt, der Nachbar will sein Geld zurück, und Norman muss sich von einem Freund das Geld borgen. Ursprünglich hat ihn das Fahrrad 300 Euro gekostet, doch wie viel Geld hat Norman insgesamt verloren?

Dieses kleine Puzzle stammt von Henry Dudeney, einem großen Liebhaber von logischen Rätseln. In gewisser Hinsicht handelt es sich um Finanzmathematik, eigentlich jedoch um ein Rätsel, das mit Geld zu tun hat. Es zeigt auch die zeitliche Abhängigkeit des Geldwerts und den Einfluss der Inflation. Dudeney schrieb diese Geschichte in den 1920er-Jahren, damals kostete in Deutschland ein Fahrrad immerhin mehrere Billionen Mark. Die Forderung nach Zinsen ist eine Möglichkeit, der Inflation entgegenzuwirken. Hier geht es um ernste Mathematik und den modernen Finanzmarkt.

Zinseszinsen Es gibt zwei Arten von Zinsen: einfache Verzinsung und Verzinsung mit Zinseszinsen. Betrachten wir als Beispiel zwei Brüder, Charlie und Simon. Ihr Vater gibt jedem von ihnen 1 000 Euro, die beide zur Bank bringen. Charlie wählt eine Kontoform, bei dem eine Verzinsung mit Zinseszinsen erfolgt, doch Simon zieht die einfachere Variante vor, bei der in regelmäßigen Abständen ein einfacher Zins auf das Grundkapital gezahlt wird, allerdings keine Zinseszinsen. Heute ist die zweite Zinsform kaum noch gebräuchlich, aber in der Vergangenheit galt der Zins, und mehr noch der Zinseszins, als Wucher und moralisch verwerflich. Die zweite Zinsform ist jedoch leicht verständlich, und deshalb zieht Simon sie vor.

Zeitleiste

3000 v. Chr.

Die Babylonier verwenden ein Sexagesimalsystem für ihre Geldgeschäfte

1494 n. Chr.

Luca Pacioli veröffentlicht Finanztabellen und eine Beschreibung der doppelten Buchführung

Wenn man über Mathematik spricht, ist es immer gut, Einstein auf seiner Seite zu haben. Natürlich ist die Behauptung weit übertrieben, die Erfindung des Zinseszinses sei die größte Entdeckung aller Zeiten. Aber man muss zugestehen, dass die Zinsformel (mit Zinseszins) im Alltag eine größere Bedeutung hat, als die berühmte Formel $E = mc^2$. Ob man Geld spart, Geld leiht, mit Kreditkarte zahlt, etwas verpfändet, in eine Rentenversicherung einzahlt oder was auch immer: Im Hintergrund steht immer die Formel für den Zins, und sie arbeitet entweder für oder gegen

$$A = K \times (1 + i)^n$$

Die Formel für den Zins

uns. Was ist die Bedeutung der Symbole? K steht für das Grund- oder Startkapital (das Geld, das Sie zur Bank bringen, wenn Sie sparen wollen, oder das Sie leihen), i ist die Zinsrate ausgedrückt in Prozent dividiert durch 100, und n ist die Anzahl der Zeiträume, nach denen jeweils ein Zins gezahlt wird.

Charlie legt seine 1 000 Euro auf einem Konto mit einem Zins von 7 % pro Jahr an. Wie viel wird sich nach drei Jahren angesammelt haben? In diesem Fall ist $K = 1\,000$, $i = 0,07$ und $n = 3$. Das Symbol A steht für den Gesamtbetrag, der nach der entsprechenden Zeit vorhanden ist, und wir erhalten nach dieser Zinsformel $A = 1\,225,04$ Euro.

Für Simons Konto wird dieselbe Zinsrate von 7 % gezahlt, allerdings als einfache Verzinsung. Wie sieht sein Konto nach drei Jahren aus? Er erhält für jedes Jahr 70 Euro Zinsen. Also hat er nach drei Jahren 3×70 Euro oder 210 Euro an Zinsen erhalten. Insgesamt besitzt er nach diesem Zeitraum somit 1 210 Euro. Offensichtlich hat Charlie mit seiner Verzinsungsform die bessere Entscheidung getroffen.

Durch den Zinseszins können Geldsummen sehr rasch zunehmen. Das ist sicherlich angenehm, wenn man Geld sparen möchte, doch weitaus weniger angenehm, wenn man Geld leihen möchte. Eine wichtige Komponente bei der Verzinsung mit Zinseszins ist der Zeitraum, nach dem jeweils eine Verzinsung erfolgt. Charlie hat von einem Angebot gehört, bei dem jede Woche 1 % gezahlt wird – jede Woche ein Cent für jeden Euro. Wie viel würde er mit einem solchen Angebot tatsächlich gewinnen?

Simon glaubt, er wüsste die Antwort: Er behauptet, man müsse die Zinsrate von 1 % einfach mit 52 multiplizieren (der Anzahl der Wochen im Jahr) und würde somit einen jährlichen Zinssatz von 52 % erhalten. Das wäre bei einem Grundkapital von 1 000 Euro ein Zins von 520 Euro nach einem Jahr. Also hätte man nach einem Jahr insgesamt 1 520 Euro. Charlie erinnert ihn jedoch an die Besonderheiten der Verzinsung mit Zinseszins und die entsprechende Formel. Mit $K = 1\,000$ Euro, $i = 0,01$ und $n = 52$ berechnet Charlie für das angesparte Kapital nach einem Jahr $1\,000 \times (1,01)^{52}$, und mit seinem Taschenrechner erhält er das Ergebnis: 1 677,69 Euro. Das ist mehr, als Simon berechnet hatte. Charlies vergleichbare jährliche Zinsrate wäre 67,769 % und ist somit wesentlich größer als die 52 % nach der Rechnung von Simon.

1718

Abraham de Moivre untersucht Sterbestatistiken und die Grundlagen der Rententheorie

1756

James Dodson veröffentlicht *First Lectures on Insurances*

1903

In Berlin konstituiert sich die „Abteilung für Versicherungsmathematik"

Simon ist beeindruckt, allerdings hat er sein Geld bereits auf einem Konto mit einfacher Verzinsung angelegt. Er fragt sich, wie lange es dauern wird, bis sich der ursprüngliche Betrag von 1 000 Euro verdoppelt hat. Bei 70 Euro Zinsen pro Jahr muss er lediglich 1 000 durch 70 teilen und erhält als Ergebnis 14,29. Also kann er sicher sein, dass er nach 15 Jahren mehr als 2 000 Euro auf der Bank haben wird. Das ist eine lange Zeit, und um den Vorteil der Verzinsung mit Zinseszins zu verdeutlichen, bestimmt Charlie die Zeitdauer, bis sich sein Kapital verdoppelt hat. Das ist etwas komplizierter, doch dann erzählt ihm ein Freund von der 72er-Regel.

Die 72er-Regel Für einen gegebenen Zinssatz ist die 72er-Regel eine grobe Daumenregel, um die Anzahl der Zeiträume abzuschätzen, nach der sich ein Grundkapital verdoppelt hat. Obwohl Charlie an der Anzahl der Jahre interessiert ist, gilt die 72er-Regel ebenso für Tage oder Monate. Zur Berechnung der Zeit, nach der sich sein Geld verdoppelt hat, dividiert er 72 durch die Zinsrate. Im vorliegenden Fall erhält er somit $^{72}/_7 = 10,3$. Charlie kann seinem Bruder also berichten, dass sich seine Investition nach 11 Jahren verdoppelt hat, also einige Jahre früher als die 15 Jahre von Simon. Die Regel ist zwar nur eine Näherung, doch für rasche Entscheidungen ist sie ganz nützlich.

Barwert Charlies Vater ist sehr beeindruckt von den Fähigkeiten seines Sohnes. Er nimmt ihn beiseite und sagt: „Ich werde Dir 100 000 Euro geben." Charlie ist begeistert. Doch dann nennt sein Vater die Bedingung: Er gibt ihm die 100 000 Euro erst, wenn Charlie 45 Jahre alt ist. Das wird noch zehn Jahre dauern und Charlies Begeisterung lässt nach.

Charlie möchte das Geld gerne jetzt ausgeben, doch das geht offenbar nicht. Er geht zu seiner Bank und verspricht, in zehn Jahren die 100 000 Euro zu zahlen. Für die Bank ist Zeit Geld, und 100 000 Euro in zehn Jahren ist nicht dasselbe wie 100 000 Euro jetzt. Die Bank muss abschätzen, wie viel Geld man heute investieren müsste, um in zehn Jahren 100 000 Euro zu erhalten. Diesen Betrag wäre die Bank bereit, an Charlie zu zahlen. Die Bank geht davon aus, mit einer Zinsrate von 12 % auf der sicheren Seite zu sein und einen Gewinn machen zu können. Welches Startkapital würde bei einer Verzinsung von 12 % in zehn Jahren auf 100 000 Euro anwachsen? Wir können auch für dieses Problem die obige Zinsformel verwenden. Nun ist der Betrag $A = 100 000$ Euro gegeben, und wir wollen K berechnen, den Barwert oder Gegenwartswert von A. Mit $n = 10$ und $i = 0,12$ ist die Bank bereit, Charlie heute den Betrag $100 000/1,12^{10} = 32 197,32$ Euro zu geben. Charlie ist über diesen geringen Betrag ziemlich schockiert, aber er kann sich das erträumte Auto trotzdem kaufen.

Wie lassen sich regelmäßige Zahlungen berücksichtigen? Nachdem
Charlies Vater versprochen hat, seinem Sohn in zehn Jahren 100 000 Euro zu geben, muss er das Geld nun ansparen. Er beabsichtigt, für die kommenden zehn Jahre jeweils am Ende eines Jahres einen festen Betrag auf ein Sparkonto einzuzahlen. Am Ende der Laufzeit kann er Charlie, wie versprochen, das Geld geben, und Charlie gibt das Geld der Bank zur Tilgung seines Kredits.

Charlies Vater findet eine Anlageform, bei der er dieses Vorhaben umsetzen kann. Es handelt sich um ein Konto, das für die zehn Jahre eine jährliche Zinsrate von 8 % verspricht. Er bittet Charlie, den Betrag der jährlichen Zahlungen zu berechnen. Bisher hatte Charlie die Zinsformel für eine einmalige Zahlung verwendet (das Grundkapital), doch nun geht es um zehn Zahlungen zu verschiedenen Zeiten. Wenn zum Ende eines jeden Jahres regelmäßig ein Betrag von R eingezahlt wird (eine sogenannte nachschüssige Einzahlung) und das angesammelte Kapital mit dem Zinssatz i verzinst wird, lässt sich der nach n Jahren angesparte Betrag anhand der Formel für regelmäßige nachschüssige Einzahlung berechnen.

$$S = R \times \frac{((1+i)^n - 1)}{i}$$

Formel für regelmäßige nachschüssige Einzahlung

Charlie hat folgende Eckdaten: $S = 100\,000$ Euro, $n = 10$ und $i = 0{,}08$. Daraus berechnet er $R = 6\,902{,}95$ Euro.

Nachdem Charlie sich mithilfe des Bankkredits ein neues Auto kaufen konnte, benötigt er nun eine Garage. Er entscheidet sich, für 300 000 Euro ein Haus mit Garage zu kaufen und darauf eine Hypothek aufzunehmen. Er will das geliehene Geld über einen Zeitraum von 25 Jahren durch regelmäßige Tilgungszahlungen zurückzahlen. Es geht für Charlie also um folgendes Problem: 300 000 Euro sind der Barwert bzw. Gegenwartswert. Daraus kann er den Endwert nach 25 Jahren berechnen, und daraus wiederum anhand der Formel für regelmäßige Einzahlungen die jährliche Summe, die notwendig ist, um nach 25 Jahren auf diesen Endwert zu kommen. Für Charlie kein großes Problem. Sein Vater ist einmal mehr beeindruckt und möchte von Charlies Fähigkeiten weiter profitieren. Er hat gerade eine Abfindungssumme von 150 000 Euro von seiner Firma erhalten und möchte in den Ruhestand gehen. Dieses Geld will er in eine Rente einzahlen. „Das ist kein Problem", sagt Charlie, „wir können dieselbe Formel nehmen, denn mathematisch handelt es sich um dieselbe Situation. Statt dass mir die Bank die Hypothek auszahlt, die ich durch regelmäßige Zahlungen an die Bank zurückzahle, gibst Du zunächst der Bank das Geld, und sie zahlen Dir in regelmäßigen Abständen das Geld zurück."

Die Lösung des Rätsels von Henry Dudeney am Anfang des Kapitels ist übrigens 400 Euro: 100 Euro, die Norman dem Kunden in bar gegeben hat, und 300 Euro, die er für das Fahrrad bezahlt hat.

Worum es geht
Zinseszins ist besser

45 Das Diät-Problem

Tanya Smith nimmt ihren Sport sehr ernst. Sie trainiert täglich und achtet genau auf ihre Ernährung. Tanya verdient sich ihren Unterhalt durch Gelegenheitsarbeiten und muss daher mit ihrem Geld genau haushalten. Außerdem ist es für ihre Kondition und Gesundheit wichtig, dass sie jeden Monat die richtige Menge an Mineralien und Vitaminen zu sich nimmt. Ihr Trainer hat die jeweiligen Mengen berechnet. Seiner Meinung nach sollten Kandidaten für die kommenden olympischen Spiele jeden Monat mindestens 120 Milligramm (mg) Vitamine und mindestens 880 mg Mineralien zu sich nehmen. Damit sie die vorgeschriebenen Mengen einhält, verlässt sich Tanya auf zwei Arten von Nahrungsmittelzusätzen. Der eine Zusatz ist fest, heißt Solido und wird in Packungen vertrieben, der andere ist flüssig, hat die Bezeichnung Liquex und ist in Flaschen erhältlich. Das Problem ist nun, wie viel sie von jedem Zusatz monatlich nehmen soll, damit ihr Trainer zufrieden ist.

Das klassische Diät-Problem besteht darin, die preislich günstigste Zusammensetzung an Nahrungsmitteln zu finden, die sämtliche notwendigen Nahrungsstoffe enthalten. Es ist ein typisches Problem für lineare Optimierung bzw. lineare Programmierung, einem Gebiet, das in den 1940er-Jahren entwickelt wurde und heute sehr viele Anwendungen besitzt.

Anfang März geht Tanya in einen Supermarkt und erkundigt sich nach den Inhaltsstoffen von Solido und Liquex. Auf der Packungsrückseite von Solido findet sie die Angaben: 2 mg Vitamine und 10 mg Mineralien. Entsprechend entdeckt sie bei Liquex: 3 mg Vitamine und 50 mg Mineralien. Artig lädt sie 30 Packungen Solido und 5 Flaschen Liquex für diesen Monat in ihren Einkaufswagen. Während sie zur Kasse geht überlegt sie, ob die Menge überhaupt ausreicht. Zunächst berechnet sie die Gesamtmenge an Vitaminen in ihrem Einkaufswagen. Die 30 Packungen Solido enthalten insgesamt $2 \times 30 = 60$ mg Vitamine und in den Liquexflaschen hat sie $3 \times 5 = 15$ mg Vitamine – zusammen also $2 \times 30 + 3 \times 5 = 75$ mg. Sie wiederholt die Rechnung für die Mineralien und findet $10 \times 30 + 50 \times 5 = 550$ mg.

	Solido	Liquex	vorgeschriebene Menge
Vitamine	2 mg	3 mg	120 mg
Minerale	10 mg	50 mg	880 mg

Zeitleiste

1826
Bei Fourier finden sich Ansätze von linearer Optimierung; Gauß löst lineare Gleichungen durch das Gauß'sche Eliminationsverfahren

1902
Farkas gibt Lösungen für Ungleichungssysteme

Da ihr Trainer möchte, dass sie mindestens 120 mg Vitamine und 880 mg Mineralien zu sich nimmt, muss sie mehr Packungen und Flaschen in ihren Wagen laden. Tanya weiß nicht genau, wie viele Packungen und Flaschen sie jeweils von Solido und Liquex nehmen soll, um den Anforderungen des Trainers gerecht werden zu können, aber sie geht zurück zur Gesundheitsabteilung des Supermarkts und holt von beidem noch mehr. Nun hat sie 40 Packungen und 15 Flaschen. Das sollte genug sein, oder? Sie rechnet nochmals nach: $2 \times 40 + 3 \times 15 = 125$ mg Vitamine und $10 \times 40 + 50 \times 15 = 1\,150$ mg Mineralien. Nun sind die Vorgaben des Trainers in jedem Fall erfüllt, und sie hat sogar mehr als die geforderten Mengen.

Erlaubte Lösungen Die Kombination (40, 15) für Solido und Liquex reichen in jedem Fall für den Ernährungsplan. Man bezeichnet dies als mögliche oder erlaubte Lösung. Wie wir gesehen haben, ist (30, 5) keine erlaubte Lösung, also gibt es eine Grenze zwischen diesen beiden Kombinationen – erlaubte Lösungen, bei denen die Anforderungen erfüllt sind, und nicht erlaubte Lösungen, die den Anforderungen nicht entsprechen.

Tanya hat viele Möglichkeiten. Sie hätte zum Beispiel ausschließlich Solido kaufen können, allerdings hätte sie dann mindestens 88 Pakete kaufen müssen. Die Kombination (88, 0) erfüllt beide Bedingungen; sie hätte $2 \times 88 + 3 \times 0 = 176$ mg Vitamine und $10 \times 88 + 50 \times 0 = 880$ mg Mineralien. Auch das andere Extrem ist möglich. Mit 40 Flaschen Liquex hätte sie ebenfalls die Vitamin- und Mineralienanforderungen erfüllt: $2 \times 0 + 3 \times 40 = 120$ mg Vitamine und $10 \times 0 + 50 \times 40 = 2\,000$ mg Mineralien. Bei keiner dieser möglichen Lösungen werden die empfohlenen Mindestwerte *exakt* erreicht, doch der Trainer ist in jedem Fall mit Tanyas Ernährung zufrieden.

Optimale Lösungen Nun kommt das Geld ins Spiel. An der Kasse muss Tanya für ihren Kauf bezahlen. Sie stellt fest, dass sowohl die Packungen als auch die Flaschen jeweils 5 Euro kosten. Für die bisher gefundenen erlaubten Kombinationen (40, 15), (88, 0) und (0, 40) wären die zu zahlenden Beträge jeweils 275 Euro, 440 Euro und 200 Euro. Unter diesen drei Lösungen wäre also die letzte die günstigste – überhaupt kein Solido und stattdessen 40 Flaschen Liquex. Das wäre der billigste Einkauf, bei dem die Ernährungsvorschriften noch erfüllt wären. Bisher haben wir jedoch nur herumprobiert. Tanya hat einfach für verschiedene Kombinationen von Solido und Liquex die Preise berechnet. Gibt es ein besseres Verfahren? Gibt es eine Kombination von Solido und Liquex, die ihren Trainer zufriedenstellt und gleichzeitig am billigsten ist? Am liebsten würde sie zu Hause das Problem mit einem Blatt Papier und einem Bleistift durchrechnen.

Lineare Optimierungsprobleme Tanya wurde immer darauf trainiert, ihre Ziele klar vor Augen zu haben. Wenn das für eine olympische Goldmedaille gilt, weshalb nicht auch für die Mathematik? Also malt sie ein Bild von dem erlaubten Bereich. Da

1945
Stigler löst das Nahrungsproblem mithilfe eines heuristischen Verfahrens

1947
Dantzig formuliert das Simplex-Verfahren und löst das Diät-Problem durch lineare Optimierung

1984
Karmarkar entwickelt einen neuen Algorithmus zur Lösung von linearen Optimierungsproblemen

sie nur zwei Nahrungsmittel vergleicht, ist das noch möglich. Die Linie *AD* entspricht den Kombinationen von Solido und Liquex, die exakt 120 mg Vitamin enthalten. Die Linie *EC* entspricht den Kombinationen mit exakt 880 mg Mineralien. Die Nahrungsmittelkombinationen oberhalb dieser beiden Linien entsprechen dem möglichen Bereich. Hier befinden sich alle erlaubten Kombinationen, die Tanya kaufen könnte.

Probleme dieser Art bezeichnet man als lineare Optimierungsprobleme oder auch lineare Programmierungsprobleme. Das Wort „Programmierung" steht hier für den Entwurf einer Vorschrift (das war seine Bedeutung, bevor es mit Computern in Verbindung gebracht wurde), und „linear" bezieht sich auf die Verwendung gerader Linien. Für Tanyas Problem haben die Mathematiker im Rahmen der linearen Optimierung zeigen können, dass wir nur die Preise für die Nahrungsmittel an den Eckpunkten in Tanyas Zeichnung untersuchen müssen. Tanya hat in der Zeichnung einen neuen erlaubten Punkt B gefunden mit den Koordinaten (48, 8). Dieser Fall entspricht 48 Packungen Solido und 8 Flaschen Liquex. In diesem Fall würde sie die Anforderungen des Trainers

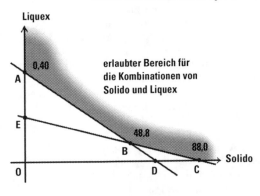

Liquex

0,40

erlaubter Bereich für
die Kombinationen von
Solido und Liquex

A

E

48,8

B

88,0

Solido

0

D

C

exakt erfüllen, denn dieser Punkt entspricht 120 mg Vitaminen und 880 mg Mineralien. Bei 5 Euro pro Packung bzw. Flasche würde sie diese Kombination 280 Euro kosten. Die optimale Lösung bleibt also die alte: Sie sollte überhaupt kein Solido kaufen und stattdessen 40 Flaschen Liquex zu einem Preis von 200 Euro, auch wenn sie dann 1 120 mg Mineralien hat und damit weit über den erforderlichen 880 mg liegt.

Letztendlich hängt die optimale Kombination von den relativen Preisen der Produkte ab. Würde der Preis für Solido auf 2 Euro sinken und der für Liquex auf 7 Euro ansteigen, wären die Gesamtkosten für die Eckpunktkombinationen *A* (0, 40), *B* (48, 8) und *C* (88, 0) jeweils 280 Euro, 152 Euro und 176 Euro.

Bei diesen Preisen würde Tanya am besten 48 Packungen Solido und 8 Flaschen Liquex für einen Gesamtpreis von 152 Euro kaufen.

Zur Geschichte Im Jahre 1947 formulierte der amerikanische Mathematiker George Dantzig, der damals für die US-Luftwaffe arbeitete, ein Verfahren zur Lösung von linearen Optimierungsproblemen, das als Simplex-Verfahren bekannt ist. Es war so erfolgreich, dass Dantzig im Westen als der Vater der linearen Optimierung gilt. In der Sowjetunion entwickelte Leonid Kantorowitsch während der Zeit des Kalten Krieges unabhängig eine Theorie der linearen Optimierung. 1975 erhielten Kantorowitsch und der holländische Mathematiker Tjalling Koopmans den Nobelpreis für Wirtschaftswissenschaften für ihre Arbeiten über Ressourcenverteilung, wozu auch Verfahren der linearen Optimierung gehörten.

Tanya ging es nur um zwei Nahrungsmittel – zwei Variable –, doch heute treten bei vielen Problemen Tausende von Variablen auf. Als Dantzig sein Verfahren entwickelte, gab es noch keine Computer, aber es gab das „Mathematical Table Project" – ein zehnjähriges Projekt zur Erstellung aller möglichen mathematischen Tabellen, das 1938 in New York begann. Für die Lösung eines linearen Optimierungsproblems mit neun Bedingungen und 77 Variablen arbeitete eine Gruppe von zehn Personen mit Taschenrechnern insgesamt 12 Tage.

Obwohl das Simplex-Verfahren und seine Varianten außerordentlich erfolgreich waren, suchte man nach anderen Möglichkeiten. Im Jahre 1984 entwickelte der indische Mathematiker Narendra Karmarkar einen neuen Algorithmus, der auch von praktischer Bedeutung war, wohingegen der Russe Leonid Khachiyan ein Verfahren erfand, das von rein theoretischer Bedeutung ist.

Das grundlegende Modell der linearen Optimierung findet Anwendungen in vielen Situationen, nicht nur bei der Wahl der Diät. Ein Beispiel sind sogenannte Transportprobleme, die sich auf den Warentransport von Fabriken zu Warenhäusern beziehen. Diese Probleme besitzen eine besondere Struktur und wurden zu einem eigenen Forschungsgebiet. In diesem Fall ist das Ziel die Minimierung der Transportkosten. Bei manchen linearen Optimierungsproblemen besteht das Ziel in einer Maximierung (beispielsweise einer Maximierung des Gewinns). Bei anderen Problemen wiederum können die Variablen nur ganze Zahlen sein, oder auch nur 0 oder 1. Diese Probleme erfordern jedoch ihre eigenen Lösungsverfahren.

Ob Tanya Smith ihre Goldmedaille bei den Olympischen Spielen gewinnt, muss abgewartet werden. Falls ja, ist es ein weiterer Sieg der linearen Optimierung.

Die günstigste Art, gesund zu bleiben

46 Der Handlungs-reisende

James Cook aus Bismarck (North Dakota, USA) ist ein hervorragender Vertreter der Staubsaugerfirma Electra. Dreimal hintereinander hat er den Titel „Vertreter des Jahres" gewonnen, was seine besonderen Qualitäten beweist. Sein Verkaufsgebiet umfasst die Städte Albuquerque, Chicago, Dallas und El Paso, und jeden Monat besucht er jede Stadt einmal auf seiner Rundreise. Allerdings fragt er sich, wie er alle Städte besuchen und gleichzeitig die zurückgelegten Meilen minimieren kann. Es handelt sich um das klassische Problem des Handlungsreisenden.

James hat sich eine Tabelle erstellt, auf der die Entfernungen zwischen den einzelnen Städten eingetragen sind. In dieser Tabelle findet man beispielsweise die Entfernung zwischen Bismarck und Dallas in dem (unterlegten) Feld in der Spalte von Bismarck und der Zeile von Dallas: 1 020 Meilen.

Die *nearest-neighbor*-Heuristik James Cook ist praktisch veranlagt, daher zeichnet er zunächst eine Karte seines Verkaufsgebiets. Besondere Genauigkeit ist dabei von untergeordneter Bedeutung; er möchte der Karte nur ungefähr entnehmen können, wo sich die Städte befinden und wie weit sie voneinander entfernt sind. Eine häufig gewählte Route beginnt in Bismarck und führt ihn zunächst nach Chicago und weiter über Albuquerque, Dallas und El Paso schließlich zurück nach Bismarck. Dies ist die Route BCADEB, doch er muss einsehen, dass die Gesamtstrecke von 4 113 Meilen

Albuquerque				
883	Bismarck			
1138	706	Chicago		
580	1020	785	Dallas	
236	100	1256	589	El Paso

ziemlich groß ist. Gibt es einen kürzeren Weg?

Obwohl er sich eine Karte seines Einzugsgebiets erstellt hat, ist James nicht unbedingt in der Stimmung, große Berechnungen anzustellen. Er möchte einfach losfahren und verkaufen. In seinem Büro in Bismarck studiert er eine genauere Karte und sieht, dass Chicago die nächstgelegene Stadt ist. Sie liegt 706 Meilen von Bismarck entfernt,

Zeitleiste

ca. 1810	1831	1926
Charles Babbage erwähnt das Problem des Handlungsreisenden	Das Problem des Handlungsreisenden findet praktische Anwendung	Borůvka führt den *nearest-neighbor*-Algorithmus ein

im Vergleich zu den 883 Meilen nach Albuquerque, den 1 020 Meilen nach Dallas und den 1 100 Meilen nach El Paso. Ohne einen vollständigen Reiseplan fährt er zunächst nach Chicago. Nachdem die geschäftlichen Angelegenheiten in Chicago erledigt sind, überlegt er sich, wohin er nun gehen soll. Er entscheidet sich für Dallas, das im Vergleich zu Albuquerque und El Paso mit 785 Meilen Chicago am nächsten liegt.

In Dallas hat er insgesamt 706 + 785 Meilen zurückgelegt. Nun muss er sich zwischen Albuquerque und El Paso entscheiden. Er wählt Albuquerque, weil es näher liegt; anschließend muss er noch nach El Paso. Nun hat er seine Rundreise beendet; er hat alle Städte besucht und seine Geschäfte erledigt, und er kann nach Bismarck zurückkehren. Insgesamt hat er bei dieser Reiseroute eine Strecke von 706 + 785 + 580 + 236 + 1 100 = 3 407 Meilen zurückgelegt. Diese Route BCDAEB ist also wesentlich kürzer als die frühere, und außerdem hat er dabei noch seine Kohlendioxidemissionen reduziert.

Diese Art des Vorgehens bezeichnet man manchmal als *nearest-neighbor*-Heuristik, denn James Cook entscheidet sich immer erst vor Ort für die jeweils nächste Station. Er befindet sich in einer bestimmten Stadt und sucht nach der nächstgelegenen Stadt, in der er noch nicht war. Bei dieser Art der Suche nach einer kurzen Reiseroute schaut er nie weiter als bis zur nächsten Stadt. Da bei diesem Verfahren El Paso die letzte Station war, musste er einen langen Rückweg nach Bismarck in Kauf nehmen. Er hat zwar eine kürzere Strecke gefunden, aber handelt es sich dabei auch um die kürzeste Strecke? James überlegt.

Da es insgesamt nur um fünf Städte geht, ist das Problem noch überschaubar, und diesen Vorteil will sich James zunutze machen. Bei so wenigen Stationen ist es möglich, sämtliche mögliche Routen aufzulisten und die kürzeste auszuwählen. Bei fünf Städten gibt es insgesamt 24 Möglichkeiten, und wenn wir noch berücksichtigen, dass es zu jeder Reiseroute auch die umgekehrte Reihenfolge der Städte gibt und diese beiden Strecken gleich lang sind, bleiben nur 12 verschiedene Routen. Dieses Verfahren bringt James nochmals weiter, denn er findet, dass die Route BAEDCB (oder auch die umgekehrte Reihenfolge BCDEAB) mit einer Gesamtlänge von 3 199 Meilen tatsächlich die optimale Strecke ist.

Zurück in Bismarck muss James jedoch einsehen, dass seine Reise zu lange dauert. In Wirklichkeit will er nicht an den Meilen sparen, sondern an der Zeit. Also fertigt er eine neue Tabelle mit den Reisezeiten zwischen den verschiedenen Städten in seinem Gebiet an.

Albuquerque				
12 (Auto)	Bismarck			
6 (Flug)	2 (Flug)	Chicago		
2 (Flug)	4 (Flug)	3 (Flug)	Dallas	
4 (Auto)	3 (Flug)	5 (Flug)	1 (Flug)	El Paso

1954	**1971**	**2004**
Dantzig und Dijkstra schlagen verschiedene Verfahren zur Lösung des Problems des Handlungsreisenden vor	Cook formuliert das *P*-versus-*NP*-Konzept für Algorithmen	David Applegate löst das Problem für alle 24 978 Städte in Schweden

Als es noch um Meilen ging, war für James offensichtlich, dass die Summe der Abstände entlang zweier Seiten eines Dreiecks immer größer ist als die Länge der direkten Verbindung. Graphen mit dieser Eigenschaft bezeichnet man als euklidisch, und es ist einiges über mögliche Lösungsverfahren bekannt. Diese Eigenschaft gilt jedoch nicht mehr, wenn man es als ein Problem der Zeit formuliert. Ein Flug entlang der Hauptstrecken ist oft schneller als einer entlang von Nebenstrecken, und James Cook bemerkt, dass der Flug von El Paso nach Chicago über Dallas schneller ist als der Direktflug. Die sogenannte Dreiecksungleichung gilt nicht mehr.

Wendet man den *nearest-neighbor*-Algorithmus auf das Zeitproblem an, erhält man für die Route BCDEAB 22 Stunden, wohingegen es zwei verschiedene optimale Routen mit jeweils 14 Stunden gibt: BCADEB und BCDAEB. Von diesen Strecken ist die erste 4 113 Meilen lang und die zweite 3 407 Meilen. James Cook ist froh, dass er bei der Route BCDAEB am meisten gespart hat. Als nächstes Projekt möchte er ausrechnen, welche Route am billigsten ist.

Von Sekunden zu Jahrhunderten

Das eigentliche Problem im Zusammenhang mit dem Handlungsreisenden wird erst deutlich, wenn es um eine sehr große Anzahl von Städten geht. Da James Cook so erfolgreich ist, wird er bald befördert, und ihm wird ein größerer Bereich zugeteilt. Nun muss er von Bismarck aus 13 Städte statt der früheren vier besuchen. Der *nearest-neighbor*-Algorithmus stellt ihn nicht wirklich zufrieden, und am liebsten möchte er sich die vollständige Liste aller möglichen Routen anschauen. Also beginnt er, eine Liste aller Routen für seine 13 Städte anzufertigen. Sehr bald bemerkt er jedoch, dass er insgesamt $3{,}1 \times 10^9$ Routen untersuchen müsste. Mit anderen Worten, wenn ein Computer jede Sekunde eine Route ausdrucken würde, dauerte es ungefähr 100 Jahre, bis alle Routen vorlägen. Ein Problem mit 100 Städten würde einen Computer für Millionen von Jahren beschäftigen.

Für das Problem des Handlungsreisenden wurden einige sehr anspruchsvolle Verfahren entwickelt. Es gibt exakte Verfahren, die für bis zu 5 000 Städte in die Praxis umgesetzt werden können, und in einem konkreten Fall konnte sogar ein Problem mit 33 810 Städten gelöst werden, allerdings wurde dabei eine riesige Menge an Rechenleistung benötigt. Es gibt auch Verfahren, die zwar nicht exakt sind, die jedoch zu Routen führen, die nur innerhalb eines bestimmten Prozentsatzes von der optimalen Route abweichen. Mit solchen Verfahren lassen sich Millionen von Städten behandeln.

Berechnungskomplexität

Wenn wir nur vom Standpunkt des Computers aus das Problem betrachten, können wir uns die benötigte Zeit überlegen, bis eine Lösung gefunden werden würde. Das aufwendigste Verfahren wäre die Erstellung einer Liste aller möglichen Routen. James hatte berechnet, dass dieses direkte Verfahren für 13 Städte bereits fast ein Jahrhundert dauern würde. Schon bei 15 Städten würde die Zeit auf über 20 000 Jahre ansteigen.

Natürlich hängen solche Schätzungen von dem jeweiligen Computer ab, doch für n Städte wächst die Zeitdauer mit n Fakultät (dem Produkt aller ganzen Zahlen von 1 bis n). Für 13 Städte erhielten wir auf diese Weise $3{,}1 \times 10^9$ Routen. Die Zeit für die Entscheidung, ob eine Route die kürzeste ist, wächst wie die Fakultätsfunktion – also sehr, sehr schnell.

Es gibt andere Verfahren zur Lösung dieses Problems, bei denen die Zeitdauer für n Städte wie 2^n zunimmt (n-mal die 2 mit sich selbst multipliziert). Bei 13 Städten wären das ungefähr 8 192 Entscheidungen (achtmal mehr als für 10 Städte). Von einem Verfahren mit dieser Komplexität sagt man, es sei in *exponentieller* Zeit lösbar. Der heilige Gral dieser „kombinatorischen Optimierungsprobleme" wäre ein Algorithmus, bei dem die benötigte Zeitdauer nicht von der n-ten Potenz von 2 abhängt, sondern von einer festen Potenz von n. Je kleiner diese Potenz ist, umso besser. Würde beispielsweise die benötigte Zeitdauer zur Lösung des Problems mit n^2 anwachsen, dann benötigte man für die 13 Städte nur 169 Entscheidungen, weniger als das Doppelte im Vergleich zu 10 Städten. Von einem Verfahren mit dieser Komplexität sagt man, es sei in *Polynomialzeit* lösbar. Probleme dieser Art sind „rasche Probleme" und lassen sich in Minuten im Vergleich zu Jahrhunderten lösen.

Die Klasse der Probleme, die sich mit einem Computer in Polynomialzeit *lösen* lassen, bezeichnet man mit P. Es ist nicht bekannt, ob das Problem des Handlungsreisenden dazu gehört. Bisher hat noch niemand einen Algorithmus mit Polynomialzeit gefunden, allerdings konnte man auch noch nicht beweisen, dass es keinen geben kann.

Eine größere Klasse sogenannter NP-Probleme besteht aus allen Problemen, deren Lösungen sich in Polynomialzeit *verifizieren* lassen. Das Problem des Handlungsreisenden gehört in jedem Fall dazu, denn die Überprüfung, ob eine *gegebene* Route kürzer ist als eine vorgegebene Entfernung, lässt sich in Polynomialzeit durchführen. Man addiert einfach die Entfernungen der Teilstücke entlang der vorgegebenen Route und vergleicht das Ergebnis mit der gegebenen Zahl. Finden und Überprüfen können vollkommen unterschiedliche Schwierigkeitsgrade haben. Es ist beispielsweise leicht zu überprüfen, dass $167 \times 241 = 40\,247$, doch die Faktoren von $40\,247$ zu finden, ist vergleichsweise schwierig.

Lässt sich jedes Problem, bei dem eine Lösung in Polynomialzeit verifiziert werden kann, auch in Polynomialzeit lösen? Sollte das der Fall sein, wären die beiden Klassen P und NP identisch, und wir könnten schreiben: $P = NP$. Ob dies tatsächlich der Fall ist, ist für die Computerwissenschaften die große Frage. Die meisten Wissenschaftler halten diese Aussage für falsch. Sie glauben, dass es Probleme gibt, die sich zwar in Polynomialzeit überprüfen lassen, sich aber nicht in Polynomialzeit lösen lassen. Es handelt sich dabei um ein derart wichtiges Problem, dass das Clay Mathematics Institute einen Preis von 1 000 000 US-Dollar für den Beweis von $P = NP$ oder $P \neq NP$ ausgeschrieben hat.

Der kürzeste Weg

47 Spieltheorie

Für viele Leute war er die klügste Person überhaupt: Johann von Neumann war ein Wunderkind, und er wurde später in der Mathematik zu einer Legende. Als man erfuhr, dass er gerade auf dem Weg zu einem Treffen in einem Taxi sein berühmtes „Minimax-Theorem" der Spieltheorie bewiesen hatte, zuckte man nur mit den Schultern. Genau für solche Sachen war er bekannt. Er leistete wichtige Beiträge zur Quantenmechanik, zur Logik, zur Algebra – weshalb sollte gerade die Spieltheorie verschont bleiben? Sie blieb es nicht: Zusammen mit Oskar Morgenstern schrieb er den einflussreichen Klassiker *Spieltheorie und wirtschaftliches Verhalten*. Allgemein betrachtet ist die Spieltheorie ein sehr altes Thema, doch Johann von Neumann begründete in mathematischer Strenge die Theorie der „Zwei-Personen-Nullsummenspiele".

Zwei-Personen-Nullsummenspiele Es klingt kompliziert, doch ein Zwei-Personen-Nullsummenspiel ist einfach eine Art „Spiel", an dem zwei Personen, Firmen oder Gruppen teilnehmen, und bei dem die eine Seite gewinnt was die andere verliert. Wenn A 200 Euro gewinnt, hat B 200 Euro verloren – das bedeutet „Nullsumme". Es gibt für A keinen Grund, mit B zu kooperieren, sondern es handelt sich bei diesen Spielen um ein reines Gegeneinander. Am Ende gibt es einen Gewinner und einen Verlierer. Drückt man alles durch Gewinne aus, kann man auch sagen: A gewinnt 200 Euro und B „gewinnt" -200 Euro, und für die Summe gilt $200 + (-200) = 0$. Das ist der Ursprung des Ausdrucks „Nullsumme".

Stellen wir uns zwei Medienkonzerne ATV und BTV vor, die sich um einen zusätzlichen Nachrichtenservice entweder in Schottland oder England bewerben. Jeder Konzern darf nur ein Angebot unterbreiten und muss sich für eines der beiden Länder entscheiden. Die Entscheidung hängt von dem erwarteten Zuwachs an Zuschauern ab. Medienanalysten haben diesen Zuwachs geschätzt und beide Konzerne haben Zugang zu den Daten. Zur Übersicht kann man diese Daten in einer „Auszahlungsmatrix" zusammenfassen, die Einträge beziehen sich jeweils auf eine Million Zuschauer.

Wenn sich sowohl ATV als auch BTV für Schottland entscheiden, wird ATV 5 Millionen Zuschauer gewinnen und BTV wird 5 Millionen Zuschauer verlieren. Das Minus-

		BTV	
		Schottland	England
ATV	Schottland	+5	−3
	England	+2	+4

zeichen der Auszahlung −3 bedeutet, dass ATV ungefähr 3 Millionen Zuschauer *verlieren* wird. Die Auszahlungen mit einem Pluszeichen sind gut für ATV, und die Auszahlungen mit einem Minuszeichen sind gut für BTV.

Wir nehmen an, die Konzerne müssen sich ein für allemal entscheiden und können keinen Rückzieher machen. Sie treffen diese Entscheidung auf der Grundlage der Auszahlungstabelle, und die Gebote erfolgen gleichzeitig und in versiegelten Umschlägen. Jeder Konzern will für sich das Beste herausholen.

Entscheidet sich ATV für Schottland, ist das Schlimmste, was passieren kann, ein Verlust von 3 Millionen Zuschauern; entscheidet sich der Konzern für England, können sie schlimmstenfalls 2 Millionen gewinnen. Die naheliegende Strategie von ATV wäre somit die Entscheidung für England (zweite Zeile). Unabhängig von der Wahl von BTV kann es für ATV nicht schlimmer kommen, als zwei Millionen Zuschauer zu gewinnen. Ausgedrückt in Zahlen sind die beiden ungünstigsten Verhältnisse für ATV (die jeweiligen Minima in den Zeilen) durch −3 und 2 gegeben, und ATV wählt die Zeile mit dem größeren dieser beiden Werte.

Für BTV sieht die Lage schlechter aus. Doch sie können zumindest eine Strategie ausarbeiten, bei der ihre potenziellen Verluste so gering wie möglich sind und dann auf eine bessere Zuschauerstatistik für das nächste Jahr hoffen. Wenn sich BTV für Schottland entscheidet (Spalte 1), wäre der schlimmstmögliche Fall ein Verlust von 5 Millionen Zuschauern; wählen sie England, ist der schlimmste Fall der Verlust von 4 Millionen Zuschauern. Die bessere Strategie für BTV wäre somit die Wahl von England

A Beautiful Mind

John F. Nash (*1928) erhielt im Jahre 1994 den Nobelpreis für Wirtschaftswissenschaften für seine Beiträge zur Spieltheorie. Der Film *A Beautiful Mind – Genie und Wahnsinn* portraitiert das ereignisreiche und teilweise tragische Leben von Nash.

Nash hatte zusammen mit anderen die Spieltheorie auf Fälle erweitert, bei denen mehr als zwei Spieler beteiligt sind. Außerdem bestand bei diesen Spielen die Möglichkeit, dass Spieler miteinander kooperieren oder sich gegen einen dritten Spieler verbünden. Das „Nash-Gleichgewicht" (vergleichbar mit einem Sattelpunkt-Gleichgewicht) erlaubte eine allgemeinere Sichtweise als der von Neumann'sche Formalismus und führte so zu einem besseren Verständnis von ökonomischen Situationen.

1950

Tucker formuliert das Gefangenendilemma und Nash entwickelt eine Theorie des Nash-Gleichgewichts

1982

Maynard Smith veröffentlicht *Evolution and the Theory of Games*

1994

Nash erhält den Nobelpreis für Wirtschaftswissenschaften für seine Arbeiten über die Spieltheorie

(Spalte 2), denn ein Verlust von 4 Millionen ist immer noch besser als ein Verlust von 5 Millionen. Wie auch immer die Entscheidung bei ATV ausfällt, mehr als 4 Millionen Zuschauer wird BTV nicht verlieren.

Dies wären die günstigsten Strategien für die beiden Spieler. ATV würde 4 Millionen zusätzliche Zuschauer gewinnen und BTV würde sie verlieren.

Wann liegt der Ausgang eines Spiels fest?
Im darauffolgenden Jahr ergibt sich für die beiden Medienkonzerne eine zusätzliche Option – ein Nachrichtenservice in Wales. Wegen der veränderten Umstände gibt es auch eine neue Auszahlungstabelle.

		BTV			
		Wales	Schottland	England	Zeilenminimum
	Wales	+3	+2	+1	+1
ATV	Schottland	+4	−1	0	−1
	England	−3	+5	−2	−3
	Spalten-maximum	+4	+5	+1	

Wie schon zuvor ist die sicherste Strategie für ATV die Wahl der Zeile, in welcher der ungünstigste Wert möglichst hoch ist. Das Maximum der Minimalwerte in jeder Zeile $\{+1, -1, -3\}$ wäre die Wahl von Wales (Zeile 1). Umgekehrt ist die sicherste Strategie für BTV die Wahl der Spalte, in welcher der höchste Wert (für die drei Spalten $\{+4, +5, +1\}$) möglichst niedrig ist. Das ist England (Spalte 3).

Durch die Wahl von Wales (Zeile 1) gewinnt ATV mit Sicherheit nicht weniger als eine Million Zuschauer, unabhängig von der Wahl von BTV, und durch die Wahl von England (Spalte 3) verliert BTV in jedem Fall nicht mehr als eine Million Zuschauer, unabhängig von der Wahl von ATV. Diese Entscheidungen sind daher die besten Strategien für beide Seiten, und in diesem Sinne ist der Ausgang des Spiels vorherbestimmt (allerdings immer noch unfair für BTV). In diesem Spiel ist

$$\text{Maximum von } \{+1, -1, -3\} = \text{Minimum von } \{+4, +5, +1\}$$

Beide Seiten enthalten den gemeinsamen Wert +1. Im Gegensatz zu dem ersten Spiel spricht man bei dieser Version von einem Sattelpunkt-Gleichgewicht von +1.

Spiele mit Wiederholungen
Das vermutlich bekannteste Spiel, das man beliebig oft hintereinander spielen kann, ist „Schere – Stein – Papier". Im Gegensatz zum „Spiel" der Medienkonzerne, bei dem es nur um eine Entscheidung geht, spielt man dieses Spiel gewöhnlich mehrere Male – bei den Wettkämpfen der jährlichen Weltmeisterschaften sogar einige Hundert Male.

Bei „Schere – Stein – Papier" zeigt jeder der beiden Spieler entweder eine flache Hand oder zwei gespreizte Finger oder eine Faust. Die Hand steht für Papier, die beiden Finger für Schere und die Faust für Stein. Sie zählen bis drei und müssen dann gleichzeitig ihre Hand zeigen: Papier und Papier sind unentschieden, Papier wird von Schere geschlagen (weil die Schere das Papier schneiden kann) und Papier schlägt den Stein

	Papier	Schere	Stein	Zeilenminimum
Papier	unentschieden = 0	verliert = −1	gewinnt = +1	−1
Schere	gewinnt = +1	unentschieden = 0	verliert = −1	−1
Stein	verliert = −1	gewinnt = +1	unentschieden = 0	−1
Spalten-maximum	+1	+1	+1	

(weil es den Stein einwickeln kann). Entscheidet man sich für Papier, sind die Möglichkeiten somit 0, −1, +1, was der obersten Zeile in der Auszahlungstabelle entspricht.

Bei diesem Spiel gibt es keinen Sattelpunkt und auch keine klare offensichtliche Strategie, die man verfolgen kann. Wenn sich ein Spieler immer für dasselbe entscheidet (Papier), dann merkt sein Gegner das irgendwann und wählt einfach Schere, sodass er immer gewinnt. Nach dem von Neumann'schen „Minimax-Theorem" gibt es eine „gemischte Strategie", bei der man die verschiedenen Aktionen zufällig wählt.

Rein mathematisch betrachtet sollten die Spieler ihre Entscheidungen zufällig treffen, und insgesamt sollten Schere, Stein und Papier gleich häufig auftreten. Dieser „blinde" Zufall ist möglicherweise jedoch nicht die beste Strategie, denn Weltmeister wählen ihre Strategien mit einer „psychologischen Komponente". Sie versuchen, die Entscheidungen ihres Gegners zu erahnen.

Wann ist ein Spiel *kein* Nullsummenspiel?

Nicht jedes Spiel ist ein Nullsummenspiel – manchmal hat jeder Spieler seine eigene Auszahlungstabelle. Ein berühmtes Beispiel ist das „Gefangenendilemma" von A. W. Tucker.

Zwei Personen, Andreas und Bert, werden von der Polizei unter dem Verdacht des Diebstahls verhaftet und vor dem Verhör in getrennte Zellen gesperrt, damit sie sich nicht absprechen können. Bei den „Auszahlungen" handelt es sich in diesem Fall um die Gefängnisstrafen. Diese hängen allerdings nicht nur von den einzelnen Antworten bei dem Polizeiverhör ab, sondern auch davon, wie sie *gemeinsam* geantwortet haben. Wenn A gesteht und B nicht, dann erhält A nur ein Jahr Gefängnisstrafe (+1 in der Auszahlungstabelle von A), während der ungeständige B 10 Jahre erhält (+10 in der Auszahlungstabelle von B). Wenn umgekehrt B gesteht und A nicht, sind auch die Strafen umgekehrt. Wenn beide gestehen, erhält jeder vier Jahre Haft, doch wenn keiner gesteht, kann man ihre Schuld nicht nachweisen, und sie werden beide auf freien Fuß gesetzt.

A		B gesteht	B gesteht nicht
A	gesteht	+4	+1
	gesteht nicht	+10	0

B		B gesteht	B gesteht nicht
A	gesteht	+4	+10
	gesteht nicht	+1	0

Könnten sich die Gefangenen absprechen, würden sich beide für die optimale Lösung entscheiden und nicht gestehen – das wäre eine Situation, bei der beide gewinnen.

Mathematik ohne Verlierer

48 Relativitätstheorie

Wenn sich ein Gegenstand bewegt, wird seine Bewegung in Bezug auf andere Gegenstände gemessen. Wenn wir mit 100 Stundenkilometern eine Landstraße entlangfahren, und hinter uns fährt ein zweites Auto ebenfalls mit 100 Stundenkilometern in dieselbe Richtung, so ist die Relativgeschwindigkeit zwischen den beiden Autos null. Trotzdem bewegen sich beide Autos mit 100 Stundenkilometern relativ zur Straße. Und wenn uns ein Auto mit 100 Stundenkilometern entgegenkommt, dann beträgt unsere Geschwindigkeit relativ zu diesem Auto 200 Stundenkilometer. In der Relativitätstheorie gelten diese vertrauten Überlegungen nicht mehr.

Die Anfänge der Relativitätstheorie gehen auf den holländischen Physiker Hendrik Lorentz gegen Ende des 19. Jahrhunderts zurück, doch der entscheidende Fortschritt gelang Albert Einstein im Jahre 1905. Einsteins berühmter Artikel über die Spezielle Relativitätstheorie veränderte unsere Vorstellungen von der Bewegungslehre von Gegenständen. Newtons klassische Theorie, die zu seiner Zeit eine herausragende Leistung darstellte, wurde zu einem Grenzfall der neuen Theorie.

Zurück zu Galilei Für eine Skizze der Elemente der Relativitätstheorie wählen wir ein Beispiel des Meisters persönlich: Einstein liebte Gedankenexperimente, und er sprach besonders gerne über Züge. In unserem Beispiel befinde sich Jim Diamond in einem Zug, der mit 90 Stundenkilometern durch die Gegend fährt. Von seinem Sitz im hinteren Zugteil aus geht er mit 3 Stundenkilometern nach vorne in das Bordrestaurant. Relativ zu den Schienen beträgt seine Geschwindigkeit 93 Stundenkilometer. Bei Jims Rückkehr zu seinem Platz bewegt er sich relativ zu den Schienen mit 87 Stundenkilometern, denn nun läuft er entgegen der Fahrtrichtung des Zuges. So lernen wir es aus der Newton'schen Theorie. Die Geschwindigkeit ist ein relatives Konzept, und Jims Bewegungsrichtung bestimmt, ob man die beiden Geschwindigkeiten addieren oder subtrahieren muss.

Weil jede Form von Bewegung relativ ist, sprechen wir von einem „Bezugssystem", relativ zu dem eine bestimmte Bewegung gemessen wird. Bei der eindimensionalen Bewegung des Zuges entlang der Schienen können wir als ein festes Bezugssystem den Bahnsteig eines Bahnhofs wählen, und wir messen Entfernungen x und Zeiten t relativ zu diesem Bezugssystem. Der Nullpunkt wird durch einen Punkt auf dem Bahnsteig

Zeitleiste

ca. 1632	1676	1687
Galilei formuliert die „Galilei-Transformationen" für fallende Körper	Rømer bestimmt den Wert der Lichtgeschwindigkeit aus Beobachtungen der Jupitermonde	In Newtons *Principia* werden die klassischen Bewegungsgesetze beschrieben

markiert, und die Zeit beziehen wir auf die Bahnhofsuhr. Die (Entfernung, Zeit)-Koordinaten relativ zu diesem Bezugssystem im Bahnhof bezeichnen wir mit (x, t).

Es gibt auch ein Bezugssystem im Zug. Wenn wir Abstände immer vom Zugende aus messen und die Zeit der Armbanduhr von Jim entnehmen, erhalten wir einen anderen Satz von Koordinaten. Wir können diese beiden Koordinatensysteme auch synchronisieren, das heißt wir können die Uhren aufeinander abstimmen. Wenn der Zug an der Nullmarkierung auf dem Bahnsteig vorbeifährt, dann ist $x = 0$, und die Bahnhofsuhr sei bei $t = 0$. Für diesen Augenblick setzt Jim seine Armbanduhr ebenfalls auf $\bar{t} = 0$. Nun können wir eine Beziehung zwischen diesen Koordinaten aufstellen.

In dem Augenblick, in dem der Zug durch den Bahnhof fährt, macht sich Jim auf den Weg in das Bordrestaurant. Wir können berechnen, wie weit er nach fünf Minuten von der Nullmarkierung im Bahnhof entfernt ist. Wir wissen, dass sich der Zug mit 1,5 Kilometern pro Minute bewegt, sodass er sich in dieser Zeit um 7,5 Kilometer weiterbewegt hat. Und da Jim in dieser Zeit $\bar{x} = \frac{15}{60}$ Kilometer oder 250 Meter zurückgelegt hat (das ist das Produkt aus der Geschwindigkeit von 3 Stundenkilometern multipliziert mit der Zeit $\frac{5}{60}$ Stunde), ist Jim insgesamt nach fünf Minuten vom Bahnhof 7,75 Kilometer entfernt (das ist x). Die Beziehung zwischen x und $\bar{x}$ ist daher durch die Formel $x = \bar{x} + v \times t$ gegeben (hier ist $v = 90$). Umgekehrt erhalten wir für den Abstand, den Jim relativ zum Zug zurückgelegt hat,

$$\bar{x} = x - v \times t$$

In der klassischen Newton'schen Theorie wird die Zeit als ein eindimensionaler Fluss von der Vergangenheit in die Zukunft aufgefasst. Die Zeit ist für alle dieselbe, und sie ist unabhängig vom Raum. Da es sich bei ihr um eine absolute Größe handelt, ist Jims Zeit im Zug dieselbe wie die Zeit für den Bahnhofsvorsteher auf dem Bahnsteig, es gilt also:

$$\bar{t} = t$$

Diese beiden Gleichungen für $\bar{x}$ und $\bar{t}$ wurden zuerst von Galilei abgeleitet. Man bezeichnet diesen Typ von Gleichungen als Transformationen, weil Größen von einem Bezugssystem zu einem anderen Bezugssystem transformiert werden. Entsprechend der klassischen Newton'schen Theorie sollte die Lichtgeschwindigkeit ebenfalls diesen beiden Galilei-Transformationen für $\bar{x}$ und $\bar{t}$ genügen.

Im 17. Jahrhundert stellte man fest, dass Licht eine endliche Geschwindigkeit hat. Der ungefähre Wert dieser Geschwindigkeit wurde im Jahre 1676 von dem dänischen Astronomen Ole Rømer gemessen. Als Albert Michelson im Jahre 1881 eine genauere Messung der Lichtgeschwindigkeit durchführen konnte, erhielt er einen Wert von ungefähr 299 900 Kilometern pro Sekunde. Wichtiger war jedoch eine andere Entdeckung: Die Übertragung von Licht unterschied sich wesentlich von der Übertragung von Schall.

1881

Michelson führt sehr genaue Messungen der Lichtgeschwindigkeit durch

1887

Die Lorentz-Transformationen werden zum ersten Mal aufgeschrieben

1905

Einstein veröffentlicht seinen Artikel *Zur Elektrodynamik bewegter Körper*, in dem die Spezielle Relativitätstheorie beschrieben wird

1915

Einstein veröffentlicht *Die Feldgleichungen der Gravitation*, in der er die Allgemeine Relativitätstheorie formuliert

Michelson fand heraus, dass die Richtung eines Lichtstrahls, im Gegensatz zu der Bewegungsrichtung unseres Beobachters im fahrenden Zug, keinen Einfluss auf die Lichtgeschwindigkeit hat. Dieses scheinbar widersprüchliche Ergebnis bedurfte einer Erklärung.

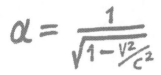

Der Lorentz-Faktor

$$\alpha = \frac{1}{\sqrt{1 - \frac{v^2}{c^2}}}$$

Die Spezielle Relativitätstheorie

Die mathematischen Gleichungen, welche die Beziehungen zwischen den Abständen und Zeiten in zwei relativ zueinander mit konstanter Geschwindigkeit v bewegten Bezugssystemen beschreiben, wurden zuerst von Lorentz aufgestellt. Diese Lorentz-Transformationen gleichen den Galilei-Transformationen, allerdings enthalten sie noch einen sogenannten Lorentz-Faktor, der von v und der Lichtgeschwindigkeit c abhängt.

Einsteins Beitrag

Einstein erhob die experimentellen Befunde von Michelson bezüglich der Lichtgeschwindigkeit zu einem Postulat seiner Theorie:

Die Lichtgeschwindigkeit hat für alle Beobachter denselben Wert und ist richtungsunabhängig.

Wenn Jim Diamond eine Taschenlampe kurz ein- und wieder ausschaltet während der Zug durch den Bahnhof fährt, breitet sich das Licht durch die Wagen in Fahrtrichtung des Zuges aus. Er würde für die Geschwindigkeit dieses Lichtstrahls den Wert c messen. Einsteins Postulat bedeutet, dass auch der Bahnhofsvorsteher auf dem Bahnsteig für diesen Lichtstrahl die Geschwindigkeit c messen würde, und nicht $c + 90$ Stundenkilometer. Einstein nahm noch ein zweites Grundprinzip an:

In zwei Bezugssystemen, die sich relativ zueinander mit konstanter Geschwindigkeit bewegen, gelten dieselben physikalischen Gesetze.

Das Besondere an Einsteins Artikel aus dem Jahre 1905 beruht unter anderem auf der Art, wie er die Problematik anging, teilweise motiviert durch mathematische Eleganz. Schallwellen breiten sich als die Schwingungen von Molekülen in einem Trägermedium aus. Die meisten Physiker gingen damals davon aus, dass Licht ebenfalls ein solches Medium für seine Ausbreitung benötigt. Niemand wusste, worum es sich dabei handeln könnte, doch es gab schon einen Namen – *lichttragender Äther*.

Einstein hatte keinen Grund, das Vorhandensein eines Äthers als Träger für die Lichtausbreitung anzunehmen. Stattdessen leitete er die Lorentz-Transformationen aus den beiden einfachen Postulaten der Relativitätstheorie ab, und der Rest der Theorie folgte von selbst. Insbesondere zeigte er, dass die Energie E eines Teilchens durch die Gleichung $E = \alpha \times mc^2$ gegeben ist. Für einen ruhenden Körper (wenn $v = 0$ ist und somit $\alpha = 1$) folgt daraus die berühmte Gleichung, die eine Äquivalenz von Masse und Energie zum Ausdruck bringt:

$$E = mc^2$$

Lorentz und Einstein wurden beide für den Nobelpreis im Jahre 1912 vorgeschlagen. Doch Lorentz hatte 1902 bereits einen Nobelpreis erhalten, und Einstein musste noch bis 1921 warten, bis ihm schließlich der Preis für seine Arbeiten zum photoelektrischen Effekt verliehen wurde. Auch diese Arbeit hatte er im Jahre 1905 veröffentlicht. Für den Angestellten des Schweizer Patentamts war es wirklich ein besonderes Jahr.

Einstein ersetzt Newton Solange es um Messungen an langsam fahrenden Zügen geht, ist der Unterschied zwischen der Einstein'schen Relativitätstheorie und der klassischen Newton'schen Theorie nur sehr klein. In diesen Fällen ist die relative Geschwindigkeit v im Vergleich zur Lichtgeschwindigkeit so klein, dass der Lorentz-Faktor α nahezu 1 ist. Die Lorentz-Gleichungen sind damit praktisch dieselben wie die klassischen Galilei-Transformationen. Für kleine Geschwindigkeiten stimmen Einstein und Newton daher überein. Die Geschwindigkeiten müssen schon sehr groß sein, damit sich die Unterschiede zwischen den beiden Theorien bemerkbar machen. Selbst der momentane Rekordhalter unter den Zügen, der französische TGV, ist von diesen Geschwindigkeiten noch weit entfernt, und es wird noch eine Weile dauern, bis Züge so schnell werden, dass wir die Newton'sche Theorie zugunsten von Einsteins Theorie aufgeben müssen. Für Raumflüge muss man jedoch Einsteins Theorie berücksichtigen.

Die Allgemeine Relativitätstheorie Einstein veröffentlichte seine Allgemeine Relativitätstheorie im Jahre 1915. Diese Theorie bezieht sich auf Bezugssysteme, die relativ zueinander *beschleunigt* werden, und stellt eine Beziehung zwischen dem Einfluss der Beschleunigung und dem Einfluss der Gravitation her.

Mit der Allgemeinen Relativitätstheorie konnte Einstein verschiedene physikalische Erscheinungen vorhersagen, beispielsweise die Ablenkung von Lichtstrahlen am Gravitationsfeld von schweren Körpern wie der Sonne. Seine Theorie erklärte auch, wie sich die Achse der Ellipsenbahn des Merkurs um die Sonne bewegt. Diese sogenannte Präzession ließ sich nicht vollständig durch die Newton'sche Theorie der Gravitation und die von den anderen Planeten auf Merkur ausgeübten Kräfte erklären. Seit den 1840er-Jahren hatten sich die Astronomen mit diesem Problem beschäftigt.

Das angemessene Bezugssystem für die Allgemeine Relativitätstheorie ist die vierdimensionale Raumzeit. Der euklidische Raum ist flach (er hat keine Krümmung), doch Einsteins vierdimensionale Raumzeitgeometrie (oder Riemann'sche Geometrie) ist gekrümmt. Im Rahmen der Einstein'schen Allgemeinen Relativitätstheorie bewirkt diese Krümmung der Raumzeit die Anziehung zwischen schweren Körpern, und sie ersetzt somit die alte Vorstellung von einer Gravitationskraft. Für die Physik bedeutete diese Arbeit von Einstein aus dem Jahre 1915 eine weitere Revolution.

Worum es geht

Die Lichtgeschwindigkeit ist absolut

49 Fermats letzter Satz

Wir können zwei Quadratzahlen addieren und erhalten eine dritte Quadratzahl, zum Beispiel: $5^2 + 12^2 = 13^2$. Aber können wir auch zwei dritte Potenzen von ganzen Zahlen addieren, sodass wir wieder eine dritte Potenz einer ganzen Zahl erhalten? Und wie sieht es mit höheren Potenzen aus? Erstaunlicherweise geht das nicht. Der letzte Satz von Fermat besagt, dass es keine vier ganzen Zahlen x, y, z und n gibt, sodass die Gleichung $x^n + y^n = z^n$ erfüllt ist, sofern n größer ist als 2. Fermat behauptete, er habe einen „wunderbaren Beweis" für diese Aussage, wodurch Generationen von Mathematikern angestachelt wurden, diesen Beweis zu finden. Unter ihnen befand sich auch ein zehn Jahre alter Junge, der von dieser mathematischen Schatzsuche aus einem Buch in der örtlichen Bibliothek erfuhr.

Der letzte Satz von Fermat bezieht sich auf eine diophantische Gleichung, ein in vielen Fällen besonders schwieriger Gleichungstyp. Es wird gefordert, dass die Lösungen ganze Zahlen sind. Benannt sind sie nach Diophantos von Alexandrien, dessen *Arithmetica* zu einem Meilenstein der Zahlentheorie wurde. Im 17. Jahrhundert lebte in Toulouse in Frankreich der Anwalt und Staatsbeamte Pierre de Fermat. Er war ein vielseitig gebildeter Mathematiker und genoss ein hohes Ansehen besonders in der Zahlentheorie. Bekannt ist er hauptsächlich für eine Behauptung, die als sein letzter Satz in die Geschichte der Mathematik einging. Fermat behauptete, diesen Satz bewiesen zu haben, denn er schrieb an den Rand seiner Ausgabe von Diophantos' *Arithmetica*: »Ich habe einen wahrhaft wunderbaren Beweis gefunden, für den jedoch auf dem Rand nicht genügend Platz ist.«

Fermat löste viele schwierige mathematische Probleme, aber es deutet einiges darauf hin, dass sein letzter Satz nicht dazu gehörte. Dieser Satz beschäftigte unzählige Mathematiker für 300 Jahre, und er konnte erst vor Kurzem bewiesen werden. Der Beweis lässt sich nicht auf den Rand eines Buches schreiben, und die anspruchsvollen modernen

Zeitleiste

1665	1753	1825	1839
Fermat stirbt, ohne eine Aufzeichnung seines „wunderbaren Beweises" hinterlassen zu haben	Euler beweist den Satz für $n = 3$	Legendre und Dirichlet finden unabhängig voneinander einen Beweis für $n = 5$	Lamé findet einen Beweis für $n = 7$

Verfahren, mit denen er geführt wurde, lassen große Zweifel an Fermats Behauptung aufkommen.

Die Gleichung $x + y = z$

Wie können wir diese Gleichung mit den drei Variablen x, y und z lösen? Gewöhnlich gibt es in einer Gleichung eine Unbekannte x, doch hier haben wir gleich drei. Aus diesem Grund lässt sich die Gleichung $x + y = z$ allerdings sehr leicht lösen. Wir wählen beliebige Werte für x und y, und erhalten daraus z. Diese drei Zahlen sind dann eine Lösung. So einfach geht das.

Wenn wir zum Beispiel $x = 3$ und $y = 7$ wählen, bilden die Zahlen $x = 3$, $y = 7$ und $z = 10$ eine Lösung der Gleichung. Nicht alle Drillinge von Zahlen x, y und z sind Lösungen. Beispielsweise bilden $x = 3$, $y = 7$ und $z = 9$ keine Lösung, weil für diese Zahlen die linke Seite der Gleichung $x + y$ nicht gleich der rechten Seite z ist.

Die Gleichung $x^2 + y^2 = z^2$

Nun geht es um Quadratzahlen. Das Quadrat einer Zahl x ist das Produkt aus dieser Zahl mit sich selbst, wofür wir x^2 schreiben. Für $x = 3$ ist $x^2 = 3 \times 3 = 9$. Nun geht es um die Gleichung

$$x^2 + y^2 = z^2$$

Können wir diese Gleichung ebenso wie $x + y = z$ lösen, indem wir Werte für x und y vorgeben und dann z berechnen? Mit den Werten $x = 3$ und $y = 7$ erhalten wir für die linke Seite der Gleichung $3^2 + 7^2$, also $9 + 49 = 58$. Zur Berechnung von z müssen wir die Quadratwurzel aus 58 ziehen ($z = \sqrt{58}$), was ungefähr 7,6158 ist. Natürlich sind $x = 3$, $y = 7$ und $z = \sqrt{58}$ eine Lösung von $x^2 + y^2 = z^2$, doch bei diophantischen Gleichungen geht es um Lösungen durch ganze Zahlen. Da $\sqrt{58}$ keine ganze Zahl ist, ist $x = 3$, $y = 7$ und $z = \sqrt{58}$ auch keine diophantische Lösung.

Die Gleichung $x^2 + y^2 = z^2$ lässt sich im Zusammenhang mit Dreiecken einfach veranschaulichen. Wenn wir mit x, y und z jeweils die Längen der drei Seiten in einem rechtwinkligen Dreieck bezeichnen, erfüllen sie diese Gleichung. Umgekehrt, wenn x, y und z diese Gleichung erfüllen, dann ist der Winkel zwischen x und y ein rechter Winkel. Wegen dieses Zusammenhangs mit dem Satz des Pythagoras bezeichnet man ganzzahlige Lösungen x, y und z der Gleichung auch als Pythagoreische Tripel.

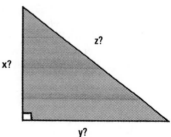

Wie kann man Pythagoreische Tripel finden? Hier kommt die Stunde des Baumeisters. Zur Ausstattung früherer Baumeister gehörte das allgegenwärtige 3-4-5-Dreieck. Die Werte $x = 3$, $y = 4$ und $z = 5$ sind eine Lösung der Art, wie wir sie suchen, denn $3^2 + 4^2 = 9 + 16 = 5^2$. Umgekehrt muss ein Dreieck mit den Seitenlängen 3, 4 und 5 auch einen rechten Winkel haben. Diese mathematische Tat-

1843	**1907**	**1908**	**1994**
Kummer behauptet, den Satz bewiesen zu haben, doch Dirichlet findet einen Fehler	von Lindemann behauptet, einen Beweis zu haben, der sich jedoch ebenfalls als falsch erweist	Wolfskehl setzt einen Preis für eine Lösung innerhalb der nächsten 100 Jahre aus	Wiles beweist schließlich den letzten Satz von Fermat

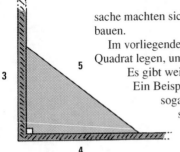

sache machten sich die alten Baumeister zunutze, um Wände im rechten Winkel zu bauen.

Im vorliegenden Fall können wir ein 3×3-Quadrat zerlegen und die Teile um ein 4×4-Quadrat legen, um ein 5×5-Quadrat zu erhalten. Es gibt weitere Lösungen der Gleichung $x^2 + y^2 = z^2$ in Form von ganzen Zahlen. Ein Beispiel ist $x = 5$, $y = 12$ und $z = 13$, denn $5^2 + 12^2 = 13^2$. Tatsächlich gibt es sogar unendlich viele ganzzahlige Lösungen zu dieser Gleichung. Die Lösung der Baumeister $x = 3$, $y = 4$ und $z = 5$ steht an der Spitze, weil sie die kleinste Lösung ist, außerdem ist sie die einzige Lösung aus hintereinanderfolgenden Zahlen. Es gibt viele Lösungen, bei denen zwei Zahlen aufeinander folgen, wie $x = 20$, $y = 21$ und $z = 29$ oder $x = 9$, $y = 40$ und $z = 41$, doch keine weitere mit drei solchen Zahlen.

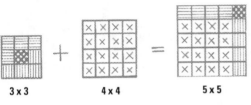

3 x 3   4 x 4   5 x 5

Vom Überfluss zum Mangel

Der Schritt von $x^2 + y^2 = z^2$ zu $x^3 + y^3 = z^3$ erscheint zunächst klein. Können wir denselben Trick wie bei den Quadraten nochmals bei den dritten Potenzen anwenden? Können wir einen Würfel zerlegen und die Teile an einen zweiten Würfel anlegen, sodass wir einen dritten Würfel erhalten? Dieser Weg erweist sich als unmöglich. Die Gleichung $x^2 + y^2 = z^2$ hat unendlich viele Lösungen, aber Fermat konnte nicht eine Lösung in ganzen Zahlen für die Gleichung $x^3 + y^3 = z^3$ finden. Die Geschichte ging sogar noch weiter: Nachdem Leonhard Euler keine Lösungen finden konnte, formulierte er den letzten Satz in folgender Form:

Es gibt keine Lösungen in ganzen Zahlen für die Gleichung $x^n + y^n = z^n$ für Werte von n größer als 2.

Für einen Beweis kann man mit niedrigen Werten von n beginnen und sich langsam hocharbeiten. So ging auch Fermat vor. Der Fall $n = 4$ ist tatsächlich einfacher als $n = 3$, und vermutlich hatte Fermat einen Beweis für diesen Fall. Im 18. und 19. Jahrhundert füllte Euler zunächst die Lücke $n = 3$, Adrien-Marie Legendre vervollständigte den Fall $n = 5$, und Gabriel Lamé bewies den Fall $n = 7$. Lamé glaubte ursprünglich, er habe einen Beweis für die allgemeine Aussage, was sich jedoch als falsch erwies.

Sehr wichtige Beiträge kamen von Ernst Kummer, der im Jahre 1843 sogar ein Manuskript mit einem allgemeinen Beweis einreichte. Peter Gustav Lejeune Dirichlet entdeckte jedoch einen Fehler in dieser Arbeit. Die Französische Akademie der Wissenschaften setzte einen Preis von 3000 Francs für einen gültigen Beweis aus, der schließlich an Kummer ging, dessen weitreichende Erkenntnisse immer noch den größten Fortschritt darstellten. Kummer bewies den Satz für alle Primzahlen unter 100 (sowie weitere Zahlen), abgesehen von den irregulären Primzahlen 17, 59 und 67. Beispielsweise konnte er nicht beweisen, dass es keine ganzen Zahlen gibt, für welche die Gleichung $x^{67} + y^{67} = z^{67}$ erfüllt ist. Sein Fehlschlag, einen allgemeinen Beweis für Fermats letzten Satz vorlegen zu können, führte jedoch zur Entwicklung vieler hilfreicher Verfahren in der abstrakten Algebra. Vermutlich war sein Beitrag auf diese Weise für die Mathematik sogar wertvoller, als wenn er die eigentliche Frage beantwortet hätte.

Im Jahre 1907 behauptete Ferdinand von Lindemann, der die Unmöglichkeit der Quadratur des Kreises bewiesen hatte (▶Kapitel 5), einen Beweis für Fermats Satz zu haben, der sich aber ebenfalls als falsch erwies. Im Jahre 1908 wurde von Paul Wolfs-kehl ein Preis von 100 000 Goldmark für den ersten gültigen Beweis gestiftet, sofern dieser innerhalb der nächsten 100 Jahre erfolgen sollte. Innerhalb der nächsten Jahre wurden um die 5 000 Beweise eingereicht, überprüft und als falsch zurückgewiesen.

Der Beweis   Der Bezug zum Satz des Pythagoras gilt nur für $n = 2$, doch allgemein erwies sich der Bezug zur Geometrie für den endgültigen Beweis als wesentlich. Der Zusammenhang erfolgte über die Theorie von Kurven und beruhte auf einer Vermutung der beiden japanischen Mathematiker Yutaka Taniyama und Goro Shimura. Im Jahre 1993 hielt Andrew Wiles einen Vortrag über diese Theorie in Cambridge und trug dabei auch seinen Beweis für den letzten Fermat'schen Satz vor. Leider erwies sich der Be-weis als falsch.

Für den französischen Mathematiker mit dem ähnlich klingenden Namen André Weil war die Angelegenheit damit erledigt. Für ihn war ein Beweis dieses Theorems ver-gleichbar mit der Besteigung des Mount Everest, wenn jemand jedoch 100 Meter vor dem Ziel aufgeben muss, hat er den Everest eben nicht bestiegen. Damit erhöhte sich der Druck auf Andrew Wiles. Er zog sich vollkommen zurück und arbeitete wie wahn-sinnig an dem Problem. Viele glaubten, Wiles würde schließlich in die Gruppe der vie-len anderen eingereiht, die einen Beinahebeweis vorgelegt haben.

Doch mit der Hilfe einiger Kollegen konnte Wiles seinen Fehler beheben und durch ein korrektes Argument ersetzen. Diesmal hatte er die Fachwelt überzeugt und den Satz bewiesen. 1995 wurde sein Beweis veröffentlicht, und damit lag er gerade eben noch in-nerhalb der Laufzeit für den Wolfskehl-Preis. Als zehn Jahre alter Junge hatte er zum ersten Mal in einer öffentlichen Bibliothek in Cambridge über das Problem gelesen. Bis zum Beweis war es ein langer Weg.

Worum es geht
Der Beweis einer Randbemerkung

50 Die Riemann'sche Vermutung

Die Riemann'sche Vermutung erweist sich als eines der hartnäckigsten Probleme der reinen Mathematik. Die Poincaré-Vermutung und der letzte Satz von Fermat wurden in den letzten Jahren bezwungen, doch die Riemann'sche Vermutung noch nicht. Sollte dies einmal geschehen, egal in welche Richtung, werden tiefgründige Fragen zur Verteilung der Primzahlen geklärt sein und viele neue Fragen für die Mathematik daraus erwachsen.

Die Geschichte beginnt mit der Summe von Brüchen der Art

$$1 + \frac{1}{2} + \frac{1}{3}$$

Die Antwort lautet 1⅚ (ungefähr 1,83). Doch was passiert, wenn wir weitere Brüche dieser Art addieren, beispielsweise die ersten zehn?

$$1 + \frac{1}{2} + \frac{1}{3} + \frac{1}{4} + \frac{1}{5} + \frac{1}{6} + \frac{1}{7} + \frac{1}{8} + \frac{1}{9} + \frac{1}{10}$$

Mit einem Taschenrechner können wir diese Brüche addieren und erhalten in Dezimalschreibweise ungefähr 2,9. Einer Tabelle können wir entnehmen, wie die Summe langsam anwächst, wenn weitere Terme hinzukommen.

Die Reihe

$$1 + \frac{1}{2} + \frac{1}{3} + \frac{1}{4} + \frac{1}{5} + \ldots$$

bezeichnet man als harmonische Reihe. Die Bezeichnung geht auf die Pythagoreer zurück, die glaubten, dass man aus einer Saite durch Halbieren, Dritteln, Vierteln etc. die harmonischen Klänge der Musik erhält.

Anzahl der Terme	Summe (ungefähr)
1	1
10	2,9
100	5,2
1 000	7,5
10 000	9,8
100 000	12,1
1 000 000	14,4
1 000 000 000	21,3

Zeitleiste

Bei der harmonischen Reihe werden immer kleinere Brüche addiert, doch wie verhält sich die Summe? Wächst sie beliebig an, oder gibt es eine obere Grenze, die niemals überschritten wird? Zur Beantwortung dieser Frage verwenden wir einen Trick: Wir fassen die Terme in Gruppen zusammen, wobei wir jeweils die Anzahl der zusammengefassten Brüche verdoppeln. Wir betrachten zunächst nur die ersten acht Terme (und verwenden die bekannte Schreibweise $8 = 2 \times 2 \times 2 = 2^3$):

$$S_{2^3} = 1 + \frac{1}{2} + \left(\frac{1}{3} + \frac{1}{4}\right) + \left(\frac{1}{5} + \frac{1}{6} + \frac{1}{7} + \frac{1}{8}\right)$$

(wobei S für „Summe" steht). Nun berücksichtigen wir, dass ⅓ größer ist als ¼ und dass ⅕ größer ist als ⅛ usw. Damit finden wir, dass diese Summe größer ist als folgender Ausdruck:

$$1 + \frac{1}{2} + \left(\frac{1}{4} + \frac{1}{4}\right) + \left(\frac{1}{8} + \frac{1}{8} + \frac{1}{8} + \frac{1}{8}\right) = 1 + \frac{1}{2} + \frac{1}{2} + \frac{1}{2}$$

Somit gilt

$$S_{2^3} > 1 + \frac{3}{2}$$

oder allgemeiner

$$S_{2^k} > 1 + \frac{k}{2}$$

Wenn wir $k = 20$ wählen, sodass $2^k = 1\,048576$ (mehr als eine Million Terme), dann ist die Summe dieser Reihe etwas größer als 11 (siehe Tabelle). Sie wächst quälend langsam, doch für jede noch so große vorgegebene Zahl kann man einen Wert für k wählen, sodass die Summe der Reihe größer ist als diese Zahl. Man sagt auch, diese Reihe divergiert nach unendlich. Anders verhält sich die Reihe der quadrierten Terme

$$1 + \frac{1}{2^2} + \frac{1}{3^2} + \frac{1}{4^2} + \frac{1}{5^2} + \frac{1}{6^2} + \ldots$$

Auch in diesem Fall werden immer kleinere Zahlen addiert, doch die Summe der Reihe erreicht eine Grenze, die kleiner ist als 2. Vergleichsweise rasch konvergiert die Reihe gegen $\pi^2/6 = 1{,}64493\ldots$

Bei dieser Reihe ist die Potenz der einzelnen Terme jeweils 2. Bei der harmonischen Reihe war die Potenz der Nenner jeweils 1, und dies ist ein kritischer Wert. Wenn die Potenz auch nur um einen winzigen Betrag größer ist als 1, konvergiert die Reihe, doch wenn die Potenz gleich 1 ist oder kleiner, dann divergiert die Reihe. Die harmonische Reihe liegt gerade auf der Grenze zwischen Konvergenz und Divergenz.

1900

Hilbert nimmt die Vermutung in seine Liste der Schlüsselprobleme der Mathematik auf

1914

Hardy beweist, dass unendlich viele Nullstellen auf der kritischen Linie liegen

2004

Für die ersten zehn Billionen Nullstellen wird gezeigt, dass sie auf der kritischen Linie liegen

Die Riemann'sche Zeta-Funktion

Die berühmte Riemann'sche Zeta-Funktion $\zeta(s)$ kannte bereits Euler im 18. Jahrhundert, doch erst Bernhard Riemann erkannte ihre volle Bedeutung. ζ ist der griechische Buchstabe zeta, und die Zeta-Funktion ist definiert als:

$$\zeta(s) = 1 + \frac{1}{2^s} + \frac{1}{3^s} + \frac{1}{4^s} + \frac{1}{5^s} + \dots$$

Verschiedene Werte der Zeta-Funktion lassen sich exakt berechnen, insbesondere auch $\zeta(1) = \infty$, denn $\zeta(1)$ entspricht der harmonischen Reihe. Der Wert von $\zeta(2)$ ist $\pi^2/6$, das von Euler entdeckte Ergebnis. Man kann zeigen, dass sich die Werte von $\zeta(s)$ für alle geraden s durch π ausdrücken lassen. Für ungerade Werte von s ist $\zeta(s)$ schwieriger zu bestimmen. Roger Apéry hat bewiesen, dass $\zeta(3)$ eine irrationale Zahl ist, doch sein Verfahren lässt sich nicht auf $\zeta(5)$, $\zeta(7)$, $\zeta(9)$ usw. erweitern.

Die Riemann'sche Vermutung

Die Variable s in der Riemann'schen Zeta-Funktion steht zunächst für eine reelle Variable, doch sie lässt sich auch zu einer komplexen Zahl (▶Kapitel 08) erweitern. Auf diese Weise lassen sich sehr effiziente Verfahren der komplexen Analysis anwenden.

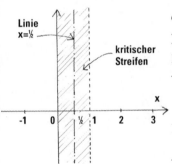

Linie
x=½

kritischer
Streifen

Die Riemann'sche Zeta-Funktion besitzt unendlich viele Nullstellen, das heißt es gibt unendlich viele Wert von s, für die $\zeta(s) = 0$ ist. In einem Artikel, den Riemann 1859 der Berliner Akademie der Wissenschaften vorlegte, zeigte er, dass alle wichtigen Nullstellen bei komplexen Zahlen liegen müssen, die sich in dem kritischen Streifen zwischen $x = 0$ und $x = 1$ befinden. Außerdem stellte er seine berühmte Vermutung auf:

Alle Nullstellen der Riemann'schen Zeta-Funktion liegen auf der Linie $x = \frac{1}{2}$; der Linie in der Mitte des kritischen Streifens.

Der erste wirkliche Schritt zu einem Beweis dieser Vermutung gelang 1896 den beiden Mathematikern Charles de la Vallée-Poussin und Jacques Hadamard. Unabhängig voneinander konnten sie zeigen, dass die Nullstellen im Inneren dieses Streifens liegen müssen (x also nicht 0 oder 1 sein kann). Im Jahre 1914 bewies der englische Mathematiker G. H. Hardy, dass unendlich viele Nullstellen auf der Linie $x = \frac{1}{2}$ liegen. Trotzdem könnten sich immer noch unendlich viele Nullstellen außerhalb dieser Linie befinden.

Bis zum Jahre 1986 wurden die ersten 1 500 000 000 Nullstellen überprüft, und sie alle liegen auf der kritischen Linie $x = \frac{1}{2}$. Bis heute konnte dies für die ersten zehn Billionen Nullstellen gezeigt werden. Auch wenn diese numerischen Ergebnisse die Richtigkeit der Vermutung wahrscheinlich erscheinen lassen, besteht immer noch die Möglichkeit, dass sie falsch ist. Die Vermutung lautet, dass *alle* Nullstellen auf der kritischen Linie liegen, und dafür fehlt ein Beweis ebenso wie ein Gegenbeispiel.

Weshalb ist die Riemann'sche Vermutung so wichtig?   Es gibt eine unerwartete Beziehung zwischen der Riemann'schen Zeta-Funktion $\zeta(s)$ und der Theorie der
Primzahlen (▶Kapitel 09). Die Primzahlen sind 2, 3, 5, 7, 11 usw., also alle Zahlen, die
nur durch 1 und sich selbst teilbar sind. Mit den Primzahlen können wir folgenden Ausdruck bilden

$$\left(1-\frac{1}{2^s}\right)\times\left(1-\frac{1}{3^s}\right)\times\left(1-\frac{1}{5^s}\right)\times\ldots$$

Es zeigt sich, dass dies eine andere Schreibweise für die Riemann'sche Zeta-Funktion
$\zeta(s)$ ist. Aus den Eigenschaften der Riemann'schen Zeta-Funktion lernen wir somit
etwas über die Verteilung der Primzahlen und damit über die elementaren Bausteine der
Mathematik.

Im Jahre 1900 stellte David Hilbert seine berühmte Liste von 23 Problemen für die
Mathematik auf. Von seinem achten Problem sagte er: »Wenn ich nach 500 Jahren
Schlaf erwachen sollte, wäre meine erste Frage: Ist die Riemann'sche Vermutung bewie-
sen?«

Der Atheist Hardy missbrauchte die Riemann'sche Vermutung als eine Art Lebens-
versicherung, als er nach einem Sommerbesuch bei seinem Freund Harald Bohr in
Dänemark auf einem Schiff die Nordsee überqueren musste. Bevor er den Hafen verließ,
schrieb er seinem Freund eine Postkarte mit der Behauptung, er habe gerade eben die
Riemann'sche Vermutung bewiesen. Es war eine geschickte Wette, bei der er nicht verlieren konnte. Wenn das Boot sinken sollte, würde man ihn nach seinem Tode für die
Lösung dieses großen Problems ehren. Andererseits, falls Gott existieren sollte, würde
er einen Atheisten wie Hardy sicherlich nicht sterben lassen, damit ihm diese Ehre zuteil
würde. Gott würde somit das Boot nicht sinken lassen.

Wer auch immer dieses Problem endgültig lösen wird, kann einen Preis von einer
Million Dollar gewinnen, der vom Clay Mathematics Institute für die Lösung ausgeschrieben wurde. Doch in diesem Fall dürfte Geld nicht die treibende Kraft sein. Die
meisten Mathematiker wären mit dem Beweis und dem damit verbundenen Ehrenplatz
im Pantheon der großen Mathematiker mehr als zufrieden.

Worum es geht
Die ultimative Herausforderung

Glossar

Ableitung Eine Grundoperation der Differenzialrechnung, die zu der Änderungsrate führt. Für einen Ausdruck, der eine (zurückgelegte) Strecke als Funktion der Zeit angibt, ist die Ableitung die Geschwindigkeit. Die Ableitung der Funktion für die Geschwindigkeit ist die Beschleunigung.

Algebra In der Algebra wird mit Buchstaben statt Zahlen gerechnet, sie ist somit eine Erweiterung der Arithmetik. Es handelt sich um ein allgemeines Verfahren, das in allen Bereichen der Mathematik und ihren Anwendungen eingesetzt wird. Das Wort „Algebra" leitet sich von *al-jabr* ab, das in einem arabischen Text aus dem neunten nachchristlichen Jahrhundert auftritt.

Algorithmus Eine mathematische Vorschrift; eine feste Routine zur Lösung eines Problems.

Argand-Diagramm Eine grafische Darstellung der zweidimensionalen Ebene der komplexen Zahlen.

Axiom Eine Behauptung ohne weitere Rechtfertigung zur Definition eines Systems. Die Griechen verwendeten in diesem Zusammenhang den Ausdruck „Postulat", verstanden darunter jedoch eine selbstevidente Wahrheit.

Basis Die Basis eines Zahlensystems. Die Babylonier verwendeten ein Zahlensystem, das auf der Zahl 60 beruhte, während wir heute als Basis 10 verwenden (das Dezimalsystem).

Binäres Zahlensystem Ein Zahlensystem, das auf den beiden Symbolen 0 und 1 beruht. Mit diesem System rechnen Computer.

Bruch – Eine ganze Zahl geteilt durch eine andere, zum Beispiel $\frac{3}{7}$.

Chaos-Theorie Die Theorie dynamischer Systeme, die scheinbar zufälliges Verhalten zeigen, denen aber doch gewisse Regelmäßigkeiten zugrunde liegen.

Diophantische Gleichung Eine Gleichung, deren Lösungen nur ganze Zahlen (manchmal auch Brüche) sein dürfen. Benannt sind sie nach dem griechischen Mathematiker Diophantos von Alexandrien (um 250 n. Chr.).

Diskret Ein Ausdruck, der das Gegenteil von kontinuierlich bezeichnet. Bei diskreten Zahlenwerten gibt es Lücken zwischen den Zahlen, beispielsweise die Lücken zwischen den ganzen Zahlen 1, 2, 3, 4, ...

Eins-zu-eins-Beziehung Die Eigenschaft einer Beziehung zwischen zwei Mengen, wenn es zu jedem Element der einen Menge genau ein Element in der anderen Menge gibt und umgekehrt.

Exponent Eine Notation der Arithmetik. Das Produkt einer Zahl mit sich selbst, zum Beispiel 5×5, wird als 5^2 geschrieben, wobei 2 der Exponent ist. Für $5 \times 5 \times 5$ schreibt man 5^3 usw. Diese Schreibweise lässt sich verallgemeinern, so bezeichnet zum Beispiel $5^{1/2}$ die Quadratwurzel von 5.

Folge Eine (möglicherweise unendliche) Reihe von Zahlen oder Symbolen.

Gegenbeispiel Ein Beispiel, das eine Behauptung widerlegt. Die Behauptung „Alle Schwäne sind weiß." ist falsch, wenn man einen schwarzen Schwan als Gegenbeispiel vorweisen kann.

Geometrie Geometrie in ihrer klassischen Form als Lehre von den Eigenschaften von Linien, Figuren und Räumen wurde in den *Elementen* von Euklid im dritten vorchristlichen Jahrhundert formalisiert. In fast allen mathematischen Zweigen findet man geometrische Konzepte, und die moderne Geometrie hat nicht mehr die strenge historische Bedeutung.

Größter gemeinsamer Teiler, ggT Der ggT von zwei Zahlen ist die größte Zahl, durch die beide Zahlen ohne Rest teilbar sind. Beispielsweise ist 6 der ggT der beiden Zahlen 18 und 84.

Hexadezimalsystem Ein Zahlensystem zur Basis 16 mit den 16 Symbolen 0, 1, 2, 3, 4, 5, 6, 7, 8, 9, A, B, C, D, E und F. Es wird viel im Zusammenhang mit Computern verwendet.

Imaginäre Zahlen Das Produkt aus einer reellen Zahl mit der imaginären Einheit $i = \sqrt{-1}$. Zusammen mit den gewöhnlichen (oder reellen) Zahlen bilden sie die komplexen Zahlen.

Integration Eine Grundoperation der Integralrechnung, bei der eine Fläche bestimmt wird. Man kann zeigen, dass die Integration die Umkehroperation zur Ableitung ist.

Irrationale Zahlen Zahlen, die sich nicht als Brüche darstellen lassen (zum Beispiel die Quadratwurzel von 2).

Iteration Die wiederholte Anwendung einer Operation ausgehend von einem Anfangswert a bezeichnet man als Iteration. Wenn man zum Beispiel bei 3 beginnt und wiederholt eine 5 addiert, erhält man die iterierte Folge 3, 8, 13, 18, 23, ...

Kardinalität Die Anzahl der Elemente in einer Menge. Die Kardinalität der Menge {a, b, c, d, e} ist 5, aber Kardinalität kann auch für unendliche Mengen definiert werden.

Kegelschnitte Der Sammelname für eine klassische Familie von Kurven, zu denen Kreise, Geraden, Ellipsen, Parabeln und Hyperbeln gehören. Jede dieser Kurven lässt sich als Schnittmenge zwischen der Mantelfläche eines Kegels und einer Ebene darstellen.

Kommutativität Die Multiplikation in einer Algebra ist kommutativ, wenn $a \times b = b \times a$ gilt, wie in der gewöhnlichen Arithmetik (zum Beispiel $2 \times 3 = 3 \times 2$). In vielen Zweigen der modernen Algebra ist das nicht der Fall (zum Beispiel in Matrizenalgebren).

Korollar Eine Folgerung aus einem mathematischen Satz.

Leere Menge Die Menge, die keine Elemente enthält. Üblicherweise wird sie durch ∅ gekennzeichnet. Sie ist ein nützliches Konzept der Mengenlehre.

Lemma Eine Behauptung, die als Zwischenschritt zu dem eigentlichen Theorem bewiesen wird.

Matrix Eine Anordnung von Zahlen oder Symbolen in einem Quadrat oder Rechteck. Matrizen lassen sich addieren und multiplizieren, und sie bilden ein algebraisches System.

Menge Eine Ansammlung von Objekten bzw. Elementen. Ein Beispiel wäre die folgende Menge von Möbelstücken: M = {Sessel, Tisch, Sofa, Stuhl, Wandschrank}.

Nenner Der untere Teil eines Bruchs. Bei dem Bruch $^3/_7$ ist die Zahl 7 der Nenner.

Optimale Lösung Bei vielen Problemen sucht man nach der besten oder optimalen Lösung. Das kann die Lösung sein, die bestimmte Kosten minimiert oder die einen Gewinn maximiert. Solche Lösungen werden beispielsweise in der linearen Optimierung gesucht.

Polyeder Ein fester Körper mit vielen flachen Seiten. Zum Beispiel hat ein Tetraeder vier dreieckige Seiten und ein Würfel hat sechs quadratische Seiten.

Primzahl Eine ganze Zahl, die nur durch 1 oder sich selbst teilbar ist. Beispielsweise ist 7 eine Primzahl, 6 jedoch nicht (weil 6 : 2 = 3). Üblicherweise beginnt die Folge der Primzahlen mit 2.

Primzahlzwillinge Zwei Primzahlen, die nur durch eine Zahl getrennt sind. Zum Beispiel sind 11 und 13 Primzahlzwillinge. Es ist nicht bekannt, ob es unendlich viele Primzahlzwillinge gibt.

Quadratwurzel Die Zahl, deren Produkt mit sich selbst gleich der gegebenen Zahl ist. Zum Beispiel ist 3 die Quadratwurzel aus 9, weil $3 \times 3 = 9$.

Quadratur des Kreises Das Problem der Konstruktion eines Quadrats, dessen Fläche gleich der Fläche eines gegebenen Kreises ist, wobei nur ein Lineal (zum Zeichnen gerader Linien) und ein Zirkel (zum Zeichnen von Kreisen) verwendet werden dürfen. Diese Konstruktion gibt es nicht.

Quadratzahl Das Ergebnis der Multiplikation einer ganzen Zahl mit sich selbst. Die Zahl 9 ist eine Quadratzahl, weil $9 = 3 \times 3$. Die Quadratzahlen sind 1, 4, 9, 16, 25, 36, 49, 64, ...

Quaternionen Vierdimensionale Erweiterung der komplexen Zahlen, die von W. R. Hamilton entdeckt wurde.

Rationale Zahlen Alle ganzen Zahlen und Brüche.

Rest Wenn eine ganze Zahl durch eine andere ganze Zahl geteilt wird, bezeichnet man den übrig gebliebenen Teil als Rest. Teilt man die Zahl 17 durch 3, so ist das Ergebnis 5 mit Rest 2.

Satz des Pythagoras Wenn man die Seiten eines rechtwinkligen Dreiecks mit x, y und z bezeichnet, dann gilt $x^2 + y^2 = z^2$, wobei z die Länge der längsten Seite (der Hypotenuse) gegenüber dem rechten Winkel ist.

Stammbruch Ein Bruch, bei dem der Zähler (oben) gleich 1 ist. Das alte ägyptische Zahlensystem beruhte teilweise auf Stammbrüchen.

Stellenwertsystem Der Wert einer Zahl hängt von den Stellen ab, an denen ihre Ziffern stehen. In 73 bedeutet der Stellenwert von 7 „7 Zehner" und der Stellenwert von 3 bedeutet „3 Einer".

Symmetrie Regelmäßigkeiten einer Form. Wenn eine Form gedreht werden kann, sodass sie wieder mit ihrer

ursprünglichen Form übereinstimmt, dann besitzt diese Form eine Dreh- oder Rotationssymmetrie. Eine Form hat eine Spiegelsymmetrie, wenn ihre Reflektion in einem Spiegel mit ihrer ursprünglichen Form identisch ist.

Teiler Eine ganze Zahl, durch die sich eine andere ganze Zahl ohne Rest teilen lässt. Die Zahl 2 ist ein Teiler von 6, denn 6 : 2 = 3. Somit ist 3 ebenfalls ein Teiler von 6, denn 6 : 3 = 2.

Theorem (Satz) Dieser Ausdruck ist einer bewiesenen Tatsache vorbehalten.

Transzendente Zahl Eine Zahl, die sich nicht als Lösung einer algebraischen Gleichung darstellen lässt. Eine algebraische Gleichung hat beispielsweise die Form $ax^2 + bx + c = 0$ (oder höhere, aber endlich viele Potenzen von x), wobei a, b und c ganze Zahlen oder Brüche sind. Die Zahl π ist eine transzendente Zahl.

Venn-Diagramm Eine bildliche Darstellung in der Mengenlehre (Ballondiagramme).

Vermutung Eine vorläufige Behauptung, die noch nicht bewiesen oder widerlegt wurde. Eine äquivalente Bezeichnung ist Hypothese.

Wahrscheinlichkeitsverteilung Die Verteilung der Wahrscheinlichkeiten von Ereignissen, die in einem Experiment oder einer Situation auftreten können. Zum Beispiel gibt die Poisson-Verteilung für jeden Wert von r an, mit welcher Wahrscheinlichkeit ein seltenes Ereignis r-mal auftritt.

x-y-Ebene Eine Idee von René Descartes, bei der Punkte in der Ebene durch eine x-Koordinate (horizontale Achse) und eine y-Koordinate (vertikale Achse) dargestellt werden.

Zähler Der obere Teil eines Bruchs. In dem Bruch $^3/_7$ ist 3 der Zähler.

Index

Titel der Originalausgabe:
50 Mathematical Ideas You Really Need to Know

Copyright © Tony Crilly 2007
Published by arrangement with Quercus Publishing PLC (UK)

Bibliografische Information der Deutschen Nationalbibliothek
Die Deutsche Nationalbibliothek verzeichnet diese Publikation in der Deutschen Nationalbibliografie; detaillierte bibliografische Daten sind im Internet über http://dnb.d-nb.de abrufbar.

Springer ist ein Unternehmen von Springer Science+Business Media
springer.de

© Spektrum Akademischer Verlag Heidelberg 2009
Spektrum Akademischer Verlag ist ein Imprint von Springer

09 10 11 12 13   5 4 3 2 1

Planung und Lektorat: Frank Wigger, Martina Mechler
Umschlaggestaltung: wsp design Werbeagentur GmbH, Heidelberg
Titelfotografie: © Fotolia
Redaktion: Annette Hess
Satz: TypoDesign Hecker, Leimen

Printed in China

ISBN 978-3-8274-2118-0